AutoCAD 2020 中文版
入门与提高

中文版

建筑水暖电设计

CAD/CAM/CAE技术联盟 ◎编著

清华大学出版社
北京

内 容 简 介

本书以工程理论知识为基础,以典型的实际建筑水暖电工程施工图为案例,引导读者全面学习 AutoCAD 2020 中文版,希望读者能从本书中重温 AutoCAD 的平面绘图基础知识,同时能够熟悉绘制建筑水暖电工程实际建设施工图的基本要求和思路。

本书可作为从事建筑水暖电施工和设计的相关工程人员的自学辅导教材,也可供相关学校作为授课教材使用。

图书在版编目(CIP)数据

AutoCAD 2020 中文版入门与提高. 建筑水暖电设计/CAD/CAM/CAE 技术联盟编著.—北京:清华大学出版社,2020.11

(CAD/CAM/CAE 入门与提高系列丛书)

ISBN 978-7-302-56057-9

Ⅰ.①A… Ⅱ.①C… Ⅲ.①给排水系统—计算机辅助设计—AutoCAD 软件 ②采暖设备—计算机辅助设计—AutoCAD 软件 ③电气设备—计算机辅助设计—AutoCAD 软件 Ⅳ.①TP391.72 ②TU8-39

中国版本图书馆 CIP 数据核字(2020)第 126976 号

责任编辑:秦 娜 赵从棉
封面设计:李召霞
责任校对:王淑云
责任印制:吴佳雯

出版发行:清华大学出版社

网　　址:http://www.tup.com.cn,http://www.wqbook.com
地　　址:北京清华大学学研大厦 A 座　　邮　　编:100084
社 总 机:010-62770175　　邮　　购:010-62786544
投稿与读者服务:010-62776969,c-service@tup.tsinghua.edu.cn
质量反馈:010-62772015,zhiliang@tup.tsinghua.edu.cn

印 装 者:大厂回族自治县彩虹印刷有限公司
经　　销:全国新华书店
开　　本:185mm×260mm　　印　张:27　　字　数:657 千字
版　　次:2020 年 12 月第 1 版　　印　次:2020 年 12 月第 1 次印刷
定　　价:99.80 元

产品编号:086271-01

材实例同步微视频。读者可以先看视频，像看电影一样轻松愉悦地学习本书内容，然后再对照课本加以实践和练习，这样可以大大提高学习效率。

2. AutoCAD 应用技巧、疑难解答等资源

（1）AutoCAD 应用技巧大全：汇集了 AutoCAD 绘图的各类技巧，对提高作图效率很有帮助。

（2）AutoCAD 疑难问题汇总：疑难解答的汇总，对入门者来讲非常有用，可以扫除学习障碍，让学习少走弯路。

（3）AutoCAD 经典练习题：额外精选了不同类型的练习，读者只要认真去练，到一定程度就可以实现从量变到质变的飞跃。

（4）AutoCAD 常用图库：作者在多年工作中积累了内容丰富的图库，有些图纸可以稍加修改后使用，有些图纸无需修改便可直接使用，这对于提高作图效率极为重要。

（5）AutoCAD 快捷键命令速查手册：汇集了 AutoCAD 常用快捷命令，熟记可以提高作图效率。

（6）AutoCAD 快捷键速查手册：汇集了 AutoCAD 常用快捷键，绘图高手通常会直接用快捷键。

（7）AutoCAD 常用工具按钮速查手册：熟练掌握 AutoCAD 工具按钮的使用方法也是提高作图效率的方法之一。

（8）软件安装过程详细说明文本和教学视频：此说明文本或教学视频可以帮助读者解决让人烦恼的软件安装问题。

（9）AutoCAD 官方认证考试大纲和模拟考试试题：本书完全参照官方认证考试大纲编写，模拟试题利用作者独家掌握的考试题库编写而成。

3. 10 套大型图纸设计方案及长达 8 小时的同步教学视频

为了帮助读者拓展视野，特意赠送 10 套设计图纸集、图纸源文件，以及视频教学录像（动画演示，时长 8 小时）。

4. 全书实例的源文件和素材

本书附带了很多实例，包含实例和练习实例的源文件和素材，读者可以安装 AutoCAD 2020 软件，打开并使用它们。

三、关于本书的服务

1. 关于本书的技术问题或有关本书信息的发布

读者如遇到有关本书的技术问题，可以登录网站 http://www.sjzswsw.com 或将问题发到邮箱 714491436@qq.com，我们将及时回复；也欢迎加入图书学习交流群 QQ：597056765 交流探讨。

2. 安装软件的获取

按照本书中的实例进行操作练习，以及使用 AutoCAD 进行建筑水暖电设计与制图时，需要事先在计算机上安装相应的软件。读者可从网络下载相应软件，或者从当地电脑城、软件经销商处购买。本书相关 QQ 交流群也会提供下载地址和安装方法教学

前 言

Preface

本书共分 4 篇 17 章,其中第 1 篇介绍 AutoCAD 2020 基础知识,包括基本绘图界面和参数设置、基本绘图命令和编辑命令的使用方法、基本绘图工具以及辅助绘图工具。第 2 篇为建筑电气施工图的绘制,主要以某别墅的电气设计过程为例介绍照明工程图、弱电工程图、插座工程图、防雷接地工程图的基本知识以及设计绘图步骤。第 3 篇为建筑给水排水施工图的绘制,主要使读者掌握建筑给水排水和消防工程图的基本知识以及施工图的绘制。第 4 篇为暖通空调施工图的绘制,主要介绍采暖和空调通风施工图的设计方法和步骤。

一、本书特点

☑ 作者权威

本书由 Autodesk 中国认证考试管理中心首席专家胡仁喜博士领衔的 CAD/CAM/CAE 技术联盟编写,所有编者都是多年在高校从事计算机辅助设计教学研究工作的一线人员,具有丰富的教学实践经验与教材编写经验,前期出版的一些相关书籍经过市场检验很受读者欢迎。多年的教学工作使他们能够准确地把握学生的心理与实际需求。本书是由编者总结多年的设计经验以及教学的心得体会,历时多年的精心准备编写而成,力求全面、细致地展现 AutoCAD 软件在机械设计应用领域的各种功能和使用方法。

☑ 实例丰富

本书的实例不管是数量还是种类,都非常丰富。从数量上说,本书结合大量的建筑水暖电设计实例,详细讲解了 AutoCAD 知识要点,可以让读者在学习案例的过程中潜移默化地掌握 AutoCAD 软件的操作技巧。

☑ 突出提升技能

本书从全面提升 AutoCAD 实际应用能力的角度出发,结合大量的案例来讲解如何利用 AutoCAD 软件进行建筑水暖电设计,使读者了解 AutoCAD,并能够独立地完成各种建筑水暖电设计与制图。

本书中的很多实例本身就是建筑水暖电设计项目案例,经过作者精心提炼和改编,不仅可以保证读者能够学好知识点,更重要的是能够帮助读者掌握实际的操作技能,同时培养建筑水暖电设计实践能力。

二、本书的配套资源

本书通过二维码提供了极为丰富的学习配套资源,期望读者能够在最短的时间学会并精通这门技术。

1. 配套教学视频

本书提供 30 个经典中小型案例,4 个大型综合工程应用案例,专门制作了 50 节教视频,需要的读者可以关注。

  本书由 CAD/CAM/CAE 技术联盟主编。CAD/CAM/CAE 技术联盟是一个集 CAD/CAM/CAE 技术研讨、工程开发、培训咨询和图书创作于一体的工程技术人员协作联盟,包括 20 多位专职和众多兼职 CAD/CAM/CAE 工程技术专家。

  CAD/CAM/CAE 技术联盟负责人由 Autodesk 中国认证考试中心首席专家担任,全面负责 Autodesk 中国官方认证考试大纲制定、题库建设、技术咨询和师资力量培训工作,成员精通 Autodesk 系列软件。联盟创作的很多教材成为国内具有领导性的旗帜作品,在国内相关专业方向图书创作领域具有举足轻重的地位。

  书中主要内容来自编者几年来使用 AutoCAD 的经验总结,也有部分内容取自国内外有关文献资料。虽然编者几易其稿,但由于时间仓促,加之水平有限,书中纰漏与失误在所难免,恳请广大读者批评指正。

编 者

2020 年 5 月

目 录

Contents

第2篇 建筑电气篇

Note

第3篇　给水排水篇

第1篇 基础篇

本篇主要介绍建筑水暖电设计的一些基础知识，包括AutoCAD入门和建筑水暖电设计理论等。

还介绍了AutoCAD应用于建筑水暖电设计的一些基本功能，可以为后面的具体设计打下基础。

第 1 章

建筑水暖电制图基础

本章导读

　　建筑水暖电工程是建筑设备工程中的给水排水工程、暖通空调工程和建筑电气工程的简称。

　　本章主要介绍建筑水暖电工程 CAD 制图的有关规范和规定，以及一些常用的符号和应用图例，为后面章节的学习进行必要的知识准备。

学习要点

◆ 建筑水暖电制图相关标准
◆ 建筑水暖电设计常用符号

1.1 建筑水暖电制图相关标准

建筑水暖电工程的 CAD 制图必须遵循我国颁布的相关制图标准,其涉及的规范包括《房屋建筑制图统一标准》(GB/T 50001—2017)、《电气简图用图形符号 第 1 部分:一般要求》(GB/T 4728.1—2005)、《电气简图用图形符号 第 2 部分:符号要素、限定符号和其他常用符号》(GB/T 4728.2—2005)、《电气简图用图形符号 第 3 部分:导体和连接件》(GB/T 4728.3—2005)、《电气简图用图形符号 第 4 部分:基本无源件》(GB/T 4728.4—2005)、《电气简图用图形符号 第 5 部分:半导体管和电子管》(GB/T 4728.5—2005)、《电气简图用图形符号 第 6 部分:电能的发生与转换》(GB/T 4728.6—2008)、《电气简图用图形符号 第 7 部分:开关、控制和保护器件》(GB/T 4728.7—2008)、《电气简图用图形符号 第 8 部分:测量仪表、灯和信号器件》(GB/T 4728.8—2008)、《电气简图用图形符号 第 9 部分:电信交换和外围设备》(GB/T 4728.9—2008)、《电气简图用图形符号 第 10 部分:电信传输》(GB/T 4728.10—2008)、《电气简图用图形符号 第 11 部分:建筑安装平面布置图》(GB/T 4728.11—2008)、《电气简图用图形符号 第 12 部分:二进制逻辑件》(GB/T 4728.12—2008)、《电气简图用图形符号 第 13 部分:模拟件》(GB/T 4728.13—2008)、《电气技术用文件的编制 第 1 部分:规则》(GB/T 6988.1—2008)、《电气技术用文件的编制 第 5 部分:索引》(GB/T 6988.5—2006)、《电气工程CAD 制图规则》(GB/T 18135—2008)、《建筑给水排水制图标准》(GB/T 50106—2010)、《工业建筑供暖通风与空气调节设计规范》(GB 50019—2015)等多项制图标准。

1.1.1 图纸

建筑水暖电工程对图纸的幅面和样式进行了规定。

1. 图纸的幅面规格

根据建筑水暖电工程规模的大小、类别等,可适当选用 A0、A1、A2、A3、A4 五种规格的图纸,不同幅面图纸大小成 1/2 倍数的尺寸关系。建筑电气施工图图纸规格的选用通常与建筑平面图图纸规格一致,以保证建筑电气设施的清晰表达。图纸的幅面尺寸如表 1-1 所示。

表 1-1　图纸幅面规格

尺寸 ＼ 幅面	A0	A1	A2	A3	A4
$b \times l$/(mm×mm)	841×1189	594×841	420×594	297×420	210×297
c/mm	10			5	
a/mm	25				

选择图纸幅面时,应保证制图紧凑、清晰及使用便捷,应在标准规定的几种幅面中进行选择。

2. 图纸样式

图纸的使用可分为立式与横式。以短边作为垂直边的图纸称为横式图纸;以短边作

Note

为水平边的图纸称为立式图纸。一般 A0～A3 图纸宜横式使用,必要时也可立式使用。

以下介绍立式与横式布置的图框,供读者参考学习。

图 1-1 所示为 A0～A3 横式图纸样式。

图 1-2 所示为 A4 横式图纸样式。

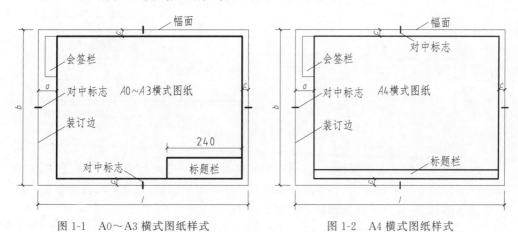

图 1-1　A0～A3 横式图纸样式　　　　　图 1-2　A4 横式图纸样式

图 1-3 所示为 A0～A3、A4 立式图纸样式。

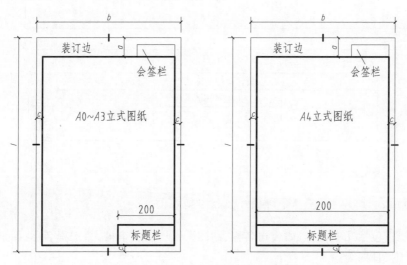

图 1-3　A0～A3 立式图纸、A4 样式

对于图 1-3 中所示的 a、b、c 尺寸,读者可查阅相关制图标准,这里不另行说明。

幅面尺寸共计上述的 A0～A4 五种,某些情况下,可能因特殊工程需要,工程制图尺寸过于狭长,而对图纸加长。一般 A0～A2 号图纸不得加长,A3、A4 号图纸则可因需要沿短边的倍数加长。如幅面代号为 A4×3,其中 A4 图的尺寸宽×长=210mm×297mm,则按短边 3 倍加长为宽×长=297mm×630mm,其他依次类推。

3. 标题栏、会签栏及装订边

图纸的标题栏、会签栏及装订边的位置都有一定的规定,一般不同的建筑设计院都制有自己的标准图纸样式,对本设计单位的图框进行标志设计,统一使用,其标题栏、会签栏往往都会带有鲜明的本院特色风格,以达到良好醒目的效果,便于交流以及宣传本设计单位形象。图 1-4 所示为某公司的标题栏样式。

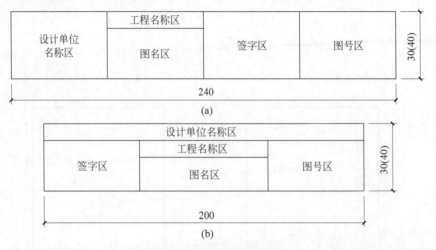

⚠ XX XX 建筑设计有限公司			建筑工程设计 甲级证书 00xx00-xx		工程号	总设xx-xxx-xxxx
审定人	专 业	工程名称	×× ×× 饭店		图 别	给水排水
设计总	负责人				图 号	
负责人	设计人	图 名	×× ×× 平面图		水施一	
校审人	制图人				版 号	A 版
					日 期	2001.1

出图比例 1∶100

图 1-4　某公司的标题栏

标题栏一般位于图纸幅面的右下角,也有将其设置于图纸右侧边的。标题栏往往是一个单位的专用形象标志,许多单位都有自己的专用标题栏,以达到醒目的效果。根据建筑制图标准,标题栏的基本尺寸如图 1-5 所示。

设计单位名称区	工程名称区		签字区	图号区	30(40)
	图名区				

240

(a)

设计单位名称区					30(40)
签字区	工程名称区		图号区		
	图名区				

200

(b)

图 1-5　标题栏的基本尺寸

标题栏包括几项内容,如公司名称、制图人、设计人、审核人、工程名称、图别、图号、比例、版本、日期等。

会签栏如图 1-6 所示,其尺寸应为 100mm×20mm,会签栏内写明会签人员所代表的专业、姓名和日期。当一个会签栏不够用时,可另加一个,两个会签栏并列使用。不

(专业)	(实名)	(签名)	(日期)	5
				5
				5
				5

| 25 | 25 | 25 | 25 |

100

图 1-6　会签栏

需要会签栏的图纸,可不设会签栏。

4．图框的调用

一般设计院都已设计好本单位的标准图框,制图人员可直接调用,方便快捷。另外,AutoCAD 安装目录 Template 文件下也有一些中文和英制图框的模板文件等,可在一些涉外工程中使用,读者可参考学习使用英制模板的格式。图 1-7 所示的两幅图框即为从 Template 文件中调用的 GB_a1 及 GB_a4 建立的图框。

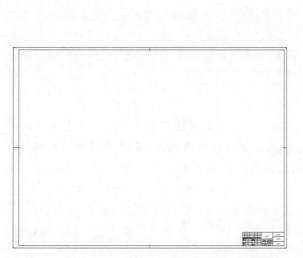

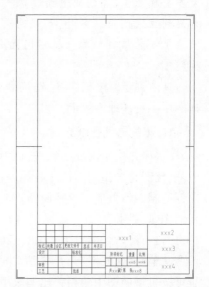

图 1-7　GB_a1 图框与 GB_a4 图框

位于 Template 文件夹列表内的文件均为模板文件,文件名以"GB_"为开头的模板为我国的"国标"。其他如 ISO 则为国际标准的意思,为英制;ANSI 为美国国家标准学会;IEC 为国际电工委员会等。读者也可打开其他模板,了解一下相关模板的设置方法。

1.1.2　比例

《房屋建筑制图统一标准》(GB/T 50001—2017)对建筑制图的比例作了详细的说明,常用绘图比例如表 1-2 所示。

表 1-2　建筑图纸比例

名　　称	比　　例
平面图	1∶50,1∶100 等
立面图	1∶20,1∶30,1∶50,1∶100 等
顶棚图	1∶50,1∶100 等
构造详图	1∶1,1∶2,1∶5,1∶10,1∶20 等
系统图	1∶50,1∶100 等

Note

 小技巧：

为获得一定制图比例的图纸，绘图时一般先插入 1：1 尺寸的标准图框，再利用图样与图框的数值关系，将图框按"制图比例的倒数"进行缩放，则可绘制 1：1 的图形，而不必通过缩放图形的方法来实现，实际工程制图中也多采用此法。如果通过缩放图形的方法来实现，往往会对"标注"尺寸带来影响。每个公司都有不同的图幅规格的图框，大多会按照 1：1 的比例绘制 A0、A1、A2、A3、A4 图框。其中，A1 和 A2 图幅的还经常用到立式图框。另外，如果需要用到加长图框，应该在图框的长边方向，按照图框长边 1/4 的倍数增加。把不同大小的图框按照应出图的比例放大，将图框"套"住图样即可。

具体到建筑电气图纸、建筑给水排水图纸以及建筑暖通空调图纸的比例，相关国家标准作了更详细的规定。

1．建筑电气图纸比例

《房屋建筑制图统一标准》(GB/T 50001—2017)对建筑制图的比例作了详细的说明，电气图是采用图形符号绘制表达的，表现的是示意图(如电路图、系统图等)，不必按比例绘制。但电气工程平面图一般是在建筑平面图基础上表示相关电气设备位置关系的图纸，故位置图一般采用与建筑平面图同比例绘制，其缩小比例可取如下几种：1：10，1：20，1：50，1：100，1：200，1：500 等。

其他与"建筑图"无直接联系的电气工程施工图，可任选比例或不按比例画示意图，也可按机械制图中的相关比例取用。

2．建筑给水排水图纸比例

《房屋建筑制图统一标准》(GB/T 50001—2017)及《建筑给水排水制图标准》(GB/T 50106—2010)对建筑制图的比例、给水排水工程制图的比例作了详细的说明，比例大小的合理选择关系到图样表达的清晰程度及图纸的通用性。

给水排水专业的图纸种类繁多，包括平面图、系统图、轴测图、剖面图、详图等。在不同的专业设计阶段，图纸要求表达的内容及深度不同，并且工程的规模大小、工程的性质等都关系到比例的合理选择。

给水排水工程制图中的常见比例如表 1-3 所示。

表 1-3　给水排水图纸比例

名　　称	比　　例
区域规划图	1：10000，1：25000，1：50000
区域位置图	1：2000，1：5000
厂区总平面图	1：300，1：500，1：1000
管道纵断面图	横向：1：300，1：500，1：1000； 纵向：1：50，1：100，1：200
水处理厂平面图	1：500，1：200，1：100
水处理高程图	可无比例
水处理流程图	可无比例
水处理构筑物、设备间、泵房等	1：30，1：50，1：100

续表

名　　称	比　　例
建筑给水排水平面图	1∶100,1∶150,1∶200
建筑给水排水轴测图	1∶50,1∶100,1∶150
详图	2∶1,1∶1,1∶5,1∶10,1∶20,1∶50

　　建筑给水排水平面图及轴测图宜与建筑专业图纸比例一致,以便于识图。另外,在管道纵断面图中,根据表达需要,其在横向与纵向可采用不同的比例绘制。水处理的高程图、流程图及给水排水的系统原理图也可不按比例绘制。建筑给水排水的轴测图局部绘制表达困难时也可不按比例绘制。

3. 建筑暖通空调图纸比例

　　我国所执行的两个相关制图标准,即《房屋建筑制图统一标准》(GB/T 50001—2017)及《暖通空调制图标准》(GB/T 50114—2010),分别对建筑制图的比例、暖通空调工程制图的比例作了详细的说明,比例大小的选择关系到图样表达的清晰程度及图纸的通用性。

　　暖通空调专业的图纸种类繁多,也包括平面图、系统图、轴测图、剖面图、详图等。在不同的专业设计阶段,图纸要求表达的内容及深度不同,且工程的规模大小、工程的性质等都关系到比例的合理选择。暖通空调工程制图中的常见比例如表1-4所示。

表1-4　暖通空调工程图纸的制图比例

名　　称	比　　例
总平面图	1∶500,1∶1000
总图中管道断面图	1∶50,1∶100,1∶200
平面图与剖面图	1∶20,1∶50,1∶100
详图	2∶1,1∶1,1∶5,1∶10,1∶20,1∶50

1.1.3　线型

　　制图中的各种建筑、设备等多数图样通过不同式样的线条来表示,以线条的形式来传递相应的信息。不同的线条代表不同的含义,通过对线条的调整设置,包括线型及线宽等的设置,以及诸如填充图案样式等的灵活运用,可以使图样清晰、表达信息明确、制图快捷。

　　图线的宽度 b 一般取以下系列:2.0mm、1.4mm、1.0mm、0.7mm、0.5mm、0.35mm。对每个图样,应根据其复杂程度,在保证表达清晰的基础上选定基本线宽。

　　对于线型的选用及制图时应注意的细节,读者可参考有关制图标准及教科书,此处不再详细叙述。例如,相互平行的图线,其间隙不宜小于其中的粗线宽度,且不宜小于0.7mm;图线不得与文字、数字、符号等重叠、混淆,不可避免时,应首先保证文字等信息的清晰度;同一张图纸中,相同比例的图样应选用相同的线宽等。

　　具体到建筑电气图纸、建筑给水排水图纸以及建筑暖通空调图纸的线型,相关国家标准作了更详细的规定。

1. 建筑电气图纸线型

《房屋建筑制图统一标准》(GB/T 50001—2017)对线型作了详细的解释。建筑电气工程中涉及建筑制图方面的线型应严格执行上述规定。另外,还有电气专业在制图方面关于线型表达的一些规定,应将两者结合,共同处理,完成建筑电气工程制图。

表1-5列出建筑电气工程中线型的一些表达规则。

表 1-5　建筑电气工程一般线型的表达规则

线型	线宽	一 般 应 用	电气工程制图应用
实线	b	基本线、简图主要内容用线、可见轮廓线、可见导线	电路中的主回线
	0.5b		交流配电线路
	0.35b		建筑物的轮廓线
虚线	0.35b	辅助线、屏蔽线、机械连接线、不可见轮廓线、不可见导线、计划扩展内容用线	事故照明线、直线配电线路、钢索或屏蔽等,以虚线的长短区分用途
点划线	0.35b	分界线、结构围框线、功能围框线、分组围框线	控制及信号线
双点划线	0.35b	辅助围框线	50V 及以下的电力、照明线路

2. 建筑给水排水图纸线型

《房屋建筑制图统一标准》(GB/T 50001—2017)、《建筑给水排水制图标准》(GB/T 50106—2010)中对线型作了详细的解释。图线的宽度b的选择,主要考虑到图纸的类别、比例、表达内容与复杂程度。给水排水专用的图纸中的基础线宽一般取 1.0mm 及 0.7mm 两种。

表1-6列出给水排水图纸中线型的一些表达规则。

表 1-6　给水排水图纸中线型的使用

名 称	线 宽	表 达 用 途
粗实线	b	新设计的各种排水及其他重力流管线
粗虚线		新设计的各种排水及其他重力流管线不可见轮廓线
中粗实线	0.75b	新设计的各种给水和其他压力流管线
		原有的各种排水及其他重力流管线
中粗虚线		新设计的各种给水和其他压力流管线不可见轮廓线
		原有的各种排水及其他重力流管线不可见轮廓线
中实线	0.5b	给水排水设备、零件的可见轮廓线
		总图中新建筑物和构筑物的可见轮廓线及原有的各种给水和其他压力流管线
虚实线		给水排水设备、零件的不可见轮廓线
		总图中新建筑物和构筑物的不可见轮廓线
		原有的各种给水和其他压力流管线的不可见轮廓线
细实线	0.25b	建筑的可见轮廓线,总图中原有建筑物和构筑物的可见轮廓线
细虚线		建筑的不可见轮廓线,总图中原有建筑物和构筑物的不可见轮廓线
单点长划线		中心线、定位轴线
折断线		断开线
波浪线		平面图中的水面线、局部构造层次范围线、保温范围示意线

Note

3. 建筑暖通空调图纸线型

《房屋建筑制图统一标准》(GB/T 50001—2017)、《暖通空调制图标准》(GB/T 50114—2010)中对线型作了详细的解释,暖通空调专用的图纸中的基础线宽一般取 1.0mm 及 0.7mm 两种。建筑暖通空调工程制图方面的线型规定如表 1-7 所示。

表 1-7 建筑暖通空调工程制图线型的一些表达规则

名 称	线 宽	表 达 用 途
粗实线	b	(1) 采暖供水、供汽干管、立管; (2) 风管及部件轮廓线; (3) 系统图中的管线; (4) 设备、部件编号的索引标志线; (5) 非标准部件的轮廓线
粗虚线		(1) 采暖回水管、凝结水管; (2) 平、剖面图中非金属风道的内表面轮廓线
中粗实线	0.5b	(1) 散热器及其连接支管线; (2) 采暖、通风、空气调节设备的轮廓线; (3) 风管的法兰盘线
中粗虚线		风管被遮挡部分的轮廓线
细实线	0.35b	(1) 平、剖面图中土建轮廓线; (2) 尺寸线、尺寸界线; (3) 材料图例线、引出线、标高符号等
细虚线		(1) 原有风管轮廓线; (2) 采暖地沟; (3) 工艺设备被遮挡部分的轮廓线
细点划线		(1) 设备中心线、轴心线; (2) 风管及部件中心线; (3) 定位轴线
细双点划线		工艺设备外轮廓线
折断线		不需要画全的断开线
波浪线		(1) 不需要画的断开界线; (2) 构造层次的断开界线

1.1.4 字体

制图中的文字包括数字、字母及中英文文字。

相关制图标准或书籍对字体的格式都作了叙述,包括文字的字高、字的高宽比、字体、排列格式、倾斜度、有关单位制的格式等。此处不作重复说明,读者可自行查阅。

工程制图对字体的高度有要求,字体的号数按字体高度值分为 20mm、14mm、10mm、7mm、5mm、3.5mm、2.5mm 共计七种;字体宽度约为字体高度的 2/3,汉字笔画宽度约为字体高度的 1/5,而数字和字母的笔画宽度约为字体高度的 1/10。因汉字的笔画较多,不宜采用 2.5 号字。

图纸上的字体大小:从识读及图纸晒图、复印、缩微等方面考虑,一般字体的最小高度如表 1-8 所示。

表 1-8　图纸字体最小高度值　　　　　　　　　　　　　mm

图幅	A0	A1	A2	A3	A4
字体最小高度	5	3.5	2.5	2.5	2.5

图 1-8 所示为常见几种字体的实际效果。

建筑暖通空调工程制图 Hydraulic——仿宋-GB2312
建筑暖通空调工程制图 Hydraulic——txt
建筑暖通空调工程制图 Hydraulic——仿宋-GB2312

图 1-8　字体样式

 小技巧：

（1）在选用字体文件时，应尽量选用通用字体，以便于不同用户间的图纸交流。某些建筑设计院会使用一些个性特色字体，用户可以到一些官方网站下载，如 www.autodesk.com。

（2）在选用字体时，还应结合本专业的需要。某些字体是考虑到专业需求而设计的，特别是字体中含有一些专业符号，非常便于用户调用。

1.1.5　标注

建筑工程图形中的标注一般包括尺寸标注、标高标注和文字标注等，下面进行简要介绍。

1. 尺寸标注

工程制图需要对线段的长度、曲线的弧长、圆的半径、角的弧度、引线标注进行数值说明。尺寸标注首先需要进行的是设置标注样式，用户应根据制图的需要设置不同的标注样式，如建筑制图与机械制图的样式是不同的，不同比例的标注样式设置也是不同的。标注样式的设置应风格统一，以便阅读，使图纸表达规范清晰。

使用 AutoCAD 的"标注"菜单和"标注"工具栏里的标注工具可以完成各种尺寸标注，读者可自行练习，掌握其使用方法，以提高制图速度。

2. 标高标注

标高符号为一等腰直角三角形（其底边的高约为 3mm），并辅以相应的引出线，三角尖所指为实际高度线。长横线上、下都可用来注写尺寸，尺寸单位为 m，并注写到小数点后面三位数，总平面图上可只注到小数点后两位。标高符号的具体应用方法详见各制图标准规范。

需要指出的是，标高方式视图纸类型而定，如总平面图、平面图、剖面图标注方式是有差异的；制图时，应注意标高的性质，例如是绝对标高还是相对标高等。

在平面图、系统图中，管道的标高采用以下方式进行标注，见图 1-9。

需要说明的是，AutoCAD 中并没有"标高三角符号"，只能由用户自己绘制，或将标高符号创建为块，需用时可直接进行块的调用。也有一些以 AutoCAD 为平台开发

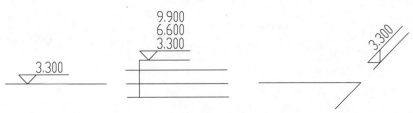

图1-9 标高的标注方法

的其他建筑软件,如天正、广厦等专业软件,其提供了专门的标高标注块,使用相当方便,读者可以试一试。

3．文字标注

文字标注主要涉及一些设计说明、注释、设备型号或编号等的文字说明,这些都是图纸清晰表达的重要环节。

进行文字标注时,应注意字体样式、字体高度的设置,做到图纸风格统一、简约。

1.1.6 《房屋建筑制图统一标准》(GB/T 50001—2017)

1．图层

图层是在CAD数据文件中存放一组相关实体的一种数据结构。采用图层的目的是组织、管理、交换CAD图形的实体数据以及控制实体的屏幕显示和打印输出。图层具有颜色、线型、状态等属性。

2．图层的组织原则

图层组织根据不同的用途、阶段、实体属性和使用对象等可采取不同的方法,但应具有一定的逻辑性,便于操作。

3．图层的命名规则

在CAD系统中的共享范围内,图层名应唯一,且中、英文命名格式不得混用。

图层名不宜超过31个字符,可由字母、数字、连接符、汉字及下划线组成。图层名应具有可读性,便于记忆和检索。

图层名宜采用国内外通用的信息分类的编码标准。

4．图层名的命名格式

为便于各专业交流,图层名应采用中文或西文的格式化命名方式,编码之间用西文"-"连接。

1) 中文命名格式

中文图层名格式应采用以下四种之一,如图1-10所示。

专业码——由两个汉字组成,用于说明专业类别(如建筑、结构等)。

主组码——由两个汉字组成,用于详细说明专业特征,可以和任意专业码组合(如墙体)。

次组码——由两个汉字组成,用于进一步区分主组码类型,是可选项,用户可以自定义次组码(如全高)。次组码可以和不同主组码组合。

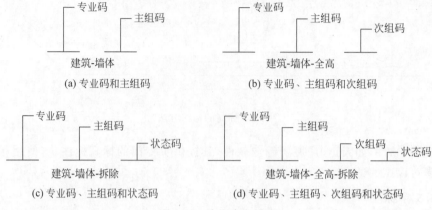

(a) 专业码和主组码　　　　　　　　　(b) 专业码、主组码和次组码

(c) 专业码、主组码和状态码　　　　　(d) 专业码、主组码、次组码和状态码

图 1-10　中文命名格式

状态码——由两个汉字组成，用于区分改建、加固房屋中该层实体的状态（如新建、拆迁、保留和临时等），是可选项。

2）西文命名格式

西文图层名格式应采用以下四种之一，如图 1-11 所示。

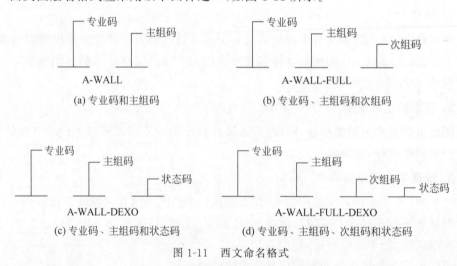

(a) 专业码和主组码　　　　　　　　　(b) 专业码、主组码和次组码

(c) 专业码、主组码和状态码　　　　　(d) 专业码、主组码、次组码和状态码

图 1-11　西文命名格式

其中，专业码由一个字符组成，主组码、次组码、状态码由四个字符组成。

5．图层的基本操作

图层可以设置、修改颜色和线型，并可进行建立、打开、关闭、冻结、解冻、加锁、解锁等基本操作。

6．图形文件交换格式

不同系统间图形的交换应采用《工业自动化系统和集成——产品数据表达与交换第 1 部分 概述与基本原理》(GB 16656.1—2008)系列标准或 CAD 软件的中性文件格式。

7．图层名举例

图层名详见表 1-9。

表 1-9　图层名举例说明

专业号码中文名	英 文 名	英 文 解 释
建筑	A	Architectural
电气	E	Electrical
总图	G	General plan
室内	I	Interiors
暖通	H	HVAC
给排	P	Plumbing
设备	Q	Equipment
结构	S	Structural
通信	T	Telecommunications
其他	O	Other disciplines
新建	NEWW	New work
保留	EXST	Existing to remain
拆除	DEMO	Existing to demolish
拟建	FUTR	Future work
临时	TEMP	Temporary work
搬迁	MOVE	Items to be moved
改建	RELO	Relocated items
契外	NICN	Not in contract
阶段	PHS1-9	Phase in numbers

1.1.7　图纸的编排

图纸的编排应遵循以下基本原则。

(1) 工程图纸应按专业顺序编排。一般顺序为图纸目录、总图、建筑图、结构图、给水排水图、暖通空调图、电气图等。

(2) 各专业的图纸应该按图纸内容的主次关系和逻辑关系有序排列。编排时,应利用简写加罗马数字来进行规序,如"电施-1,电施-2,……"。

以下给出某建筑设计单位的 CAD 制图标准的目录,供读者参考。

目录:

(1) 制图规范;

(2) 图纸目录;

(3) 图纸深度;

(4) 图纸字体;

(5) 图纸版本及修改标志;

(6) 图纸幅面;

(7) 图层及文件交换格式;

(8) 门窗表和材料表;

(9) 补充说明。

1.2 建筑水暖电设计常用符号

1.2.1 建筑常用符号

1. 详图索引符号及详图符号

建筑平、立、剖面图中，在需要另设详图表示的部位标注一个索引符号，以表明该详图的位置，这个索引符号即详图索引符号。详图索引符号采用细实线绘制，圆圈直径为10mm，如图1-12所示。其中，图1-12(d)、(e)、(f)、(g)用于索引剖面详图。当详图就在本张图纸时，采用图1-12(a)的形式；详图不在本张图纸时，采用图1-12(b)~(g)的形式。

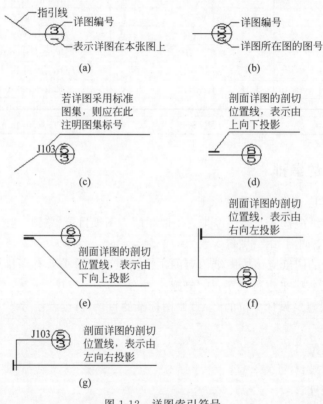

图 1-12 详图索引符号

详图符号即详图的编号，用粗实线绘制，圆圈直径为14mm，如图1-13所示。

2. 引出线

由图样引出一条或多条线段指向文字说明，该线段就是引出线。引出线与水平方向的夹角一般采用0°、30°、45°、60°、90°，常见的引出线形式如图1-14所示。其中，图1-14(a)、(b)、(c)、(d)为普通引出线，图1-14(e)、(f)、(g)、(h)为多层构造引出线。使用多层构造引出线时，应注意构造分层的顺序要与文字说明的分层顺序一致。文字说明可以放在引出线的端头,如图 1-14(a)～(h)所示,也可放在引出线水平段之上,如图 1-14(i)所示。

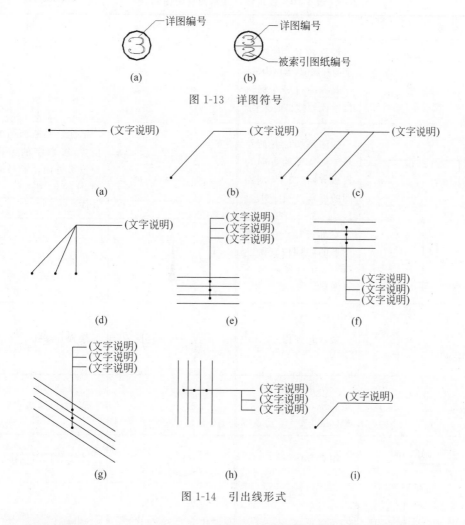

图 1-13　详图符号

图 1-14　引出线形式

3. 内视符号

在房屋建筑中,一个特定的室内空间领域总存在竖向分隔(隔断或墙体),因此,根据具体情况,就有可能绘制一个或多个立面图来表达隔断、墙体及家具、构配件的设计情况。内视符号标注在平面图中,包含视点位置和方向、编号三个信息,从而建立平面图和室内立面图之间的联系。内视符号的形式如图 1-15 所示。图中立面图编号可用英文字母或阿拉伯数字表示,黑色的箭头指向表示的立面方向。其中,图 1-15(a)为单向内视符号;图 1-15(b)为双向内视符号;图 1-15(c)为四向内视符号,A、B、C、D 顺时针标注。

图 1-15　内视符号

为了方便读者查阅，本书将其他常用符号及其意义列于表1-10。

表1-10　建筑设计图常用符号图例

符　号	说　明	符　号	说　明
▽3.600　▽3.600	标高符号。线上数字为标高值，单位为m。此标高符号在标注位置比较拥挤时采用	i=5%	表示坡度
1　　　1（剖切符号）	标注剖切位置的符号。标数字的方向为投影方向，"1"与剖面图的编号"1—1"对应	2　　　2	标注绘制断面图的位置，标数字的方向为投影方向，"2"与断面图的编号"2—2"对应
（对称符号）	对称符号。在对称图形的中轴位置画此符号，可以省画另一半图形	（指北针）	指北针
（楼板开方孔图示）	楼板开方孔	（楼板开圆孔图示）	楼板开圆孔
@	表示重复出现的固定间隔，如"双向木格栅@500"	ϕ	表示直径，如$\phi 30$
平面图1∶100	图名及比例	①　1∶5	索引详图名及比例
（单扇平开门图示）	单扇平开门	（旋转门图示）	旋转门
（双扇平开门图示）	双扇平开门	（卷帘门图示）	卷帘门
（子母门图示）	子母门	（单扇推拉门图示）	单扇推拉门
（单扇弹簧门图示）	单扇弹簧门	（双扇推拉门图示）	双扇推拉门

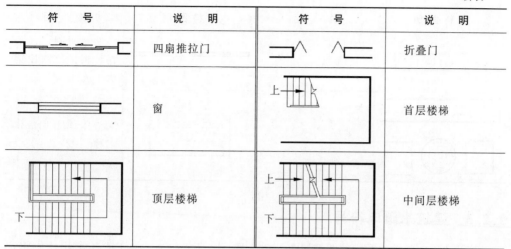

符　号	说　明	符　号	说　明
	四扇推拉门		折叠门
	窗		首层楼梯
	顶层楼梯		中间层楼梯

1.2.2 材料符号

建筑水暖电设计图中经常应用材料图例来表示材料,在无法用图例表示的地方,也可采用文字说明。为了方便读者使用,本书将常用的图例汇集于表 1-11。

表 1-11 常用材料图例

材料图例	说　明	材料图例	说　明
	自然土壤		夯实土壤
	毛石砌体		普通砖
	石材		砂、灰土
	空心砖		松散材料
	混凝土		钢筋混凝土
	多孔材料		金属
	矿渣、炉渣		玻璃

Note

续表

材 料 图 例	说　明	材 料 图 例	说　明
	纤维材料		防水材料，上、下两种根据绘图比例大小选用
	木材		液体，须注明液体名称

1.2.3　建筑水暖电符号

建筑水暖电工程中常用的图例如图 1-16～图 1-19 所示。为了便于读者使用，本书将这些图例制作成图块，放到前言二维码资源中，读者在后面章节的练习过程中可以随时调用。

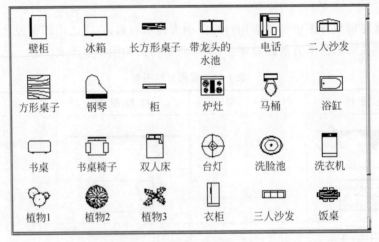

图 1-16　室内设施图例

图 1-17　暖气与空调图例

Note

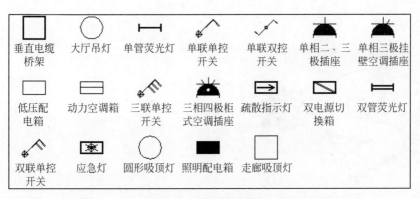

图 1-18 强电布置图例

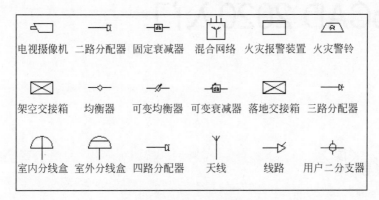

图 1-19 弱电布置图例

第 2 章

AutoCAD 2020入门

　　AutoCAD 2020 是美国 Autodesk 公司于 2019 年推出的最新版本，这个版本与 2009 版的 DWG 文件及应用程序兼容，具有很好的整合性。

　　本章开始介绍使用 AutoCAD 2020 绘图的有关基本知识，了解如何设置图形的系统参数、样板图，熟悉建立新的图形文件、打开已有文件的方法等。

学 习 要 点

◆ 操作界面
◆ 配置绘图系统
◆ 设置绘图环境
◆ 图形显示工具

Note

2.1 操作界面

AutoCAD 的操作界面是显示、编辑图形的区域。启动 AutoCAD 2020 后的默认界面是 AutoCAD 2009 以后出现的新界面风格,为了便于学习和使用过 AutoCAD 2020 及以前版本的用户学习本书,下面对 AutoCAD 的操作界面进行介绍,参见图 2-1。

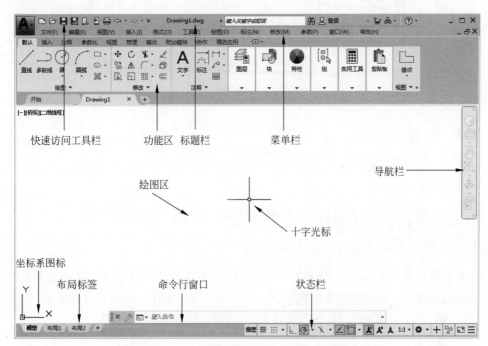

图 2-1 AutoCAD 2020 中文版操作界面

注意:需要将 AutoCAD 的工作空间切换到"草图与注释"模式下(单击操作界面右下角的"切换工作空间"按钮,在打开的菜单中选择"草图与注释"命令),才能显示如图 2-1 所示的操作界面。本书所有操作均在"草图与注释"模式下进行。

一个完整的 AutoCAD 操作界面包括标题栏、功能区、绘图区、十字光标、坐标系图标、命令行窗口、状态栏、布局标签、导航栏和快速访问工具栏等。

注意:安装 AutoCAD 2020 后,在绘图区中右击,弹出快捷菜单,如图 2-2 所示。选择"选项"命令,打开"选项"对话框,切换到"显示"选项卡,将窗口元素对应的"颜色主题"设置为"明",如图 2-3 所示,单击"确定"按钮,退出对话框。其操作界面如图 2-1 所示。

图 2-2 快捷菜单

图 2-3 "选项"对话框

2.1.1 标题栏

AutoCAD 2020 操作界面的最上端是标题栏,它显示了当前软件的名称和用户正在使用的图形文件,DrawingN. dwg(N 是数字)是 AutoCAD 的默认图形文件名;最右边的三个按钮控制 AutoCAD 2020 当前的状态:最小化、最大化和关闭。

2.1.2 菜单栏

单击快速访问工具栏右侧的下三角按钮 ,在下拉菜单中选取"显示菜单栏"选项,如图 2-4 所示,调出后的菜单栏如图 2-5 所示。AutoCAD 2020 的菜单栏位于标题

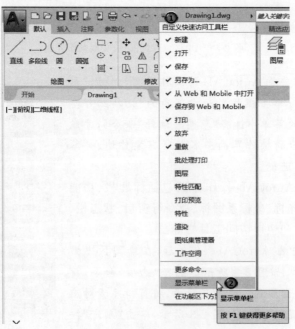

图 2-4 调出菜单栏

栏的下方。同 Windows 程序一样，AutoCAD 的菜单也是下拉形式的，并在菜单中包含子菜单，如图 2-6 所示。从菜单栏中选择命令是执行各种操作的途径之一。

图 2-5　菜单栏显示界面

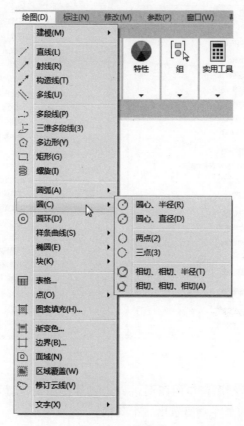

图 2-6　下拉菜单

一般来讲，AutoCAD 2020 下拉菜单有以下三种类型。

（1）右边带有小三角形的菜单项：表示该菜单后面带有子菜单，将光标放在上面会打开它的子菜单。

（2）右边带有省略号的菜单项：表示单击该项后会打开一个对话框。

（3）右边没有任何内容的菜单项：选择它可以直接执行一个相应的 AutoCAD 命令，在命令提示窗口中显示出相应的提示。

2.1.3　工具栏

选择菜单栏中的"工具"→"工具栏"→AutoCAD 命令，调出所需要的工具栏，如

图 2-7 所示。单击某一个未在界面显示的工具栏名，系统自动在界面打开该工具栏；反之，则关闭工具栏。工具栏是执行各种操作最方便的途径。工具栏是一组图标型按钮的集合，单击这些图标按钮就可调用相应的 AutoCAD 命令。AutoCAD 2020 的标准菜单提供有几十种工具栏，每一个工具栏都有一个名称。对工具栏的操作有以下几种。

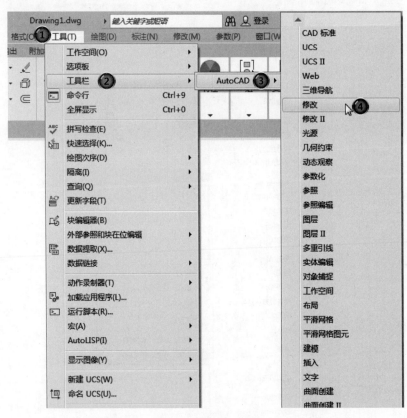

图 2-7　调出工具栏

（1）固定工具栏。绘图窗口的四周边界为工具栏固定位置，在此位置上的工具栏不显示名称。工具栏的最左端显示出一个句柄。

（2）浮动工具栏。拖动固定工具栏的句柄到绘图窗口内，工具栏转变为浮动状态，此时显示出该工具栏的名称，拖动工具栏的左、右、下边框可以改变工具栏的形状。

2.1.4　绘图区

绘图区是显示、绘制和编辑图形的矩形区域。其左下角是坐标系图标，表示当前使用的坐标系和坐标方向，根据工作需要，用户可以打开或关闭该图标的显示。十字光标由鼠标控制，其交叉点的坐标值显示在状态栏中。

1. 改变绘图窗口的颜色

（1）选择菜单栏中的"工具"→"选项"命令，打开"选项"对话框。

（2）切换到"显示"选项卡，如图 2-8 所示。

图 2-8 "选项"对话框中的"显示"选项卡

（3）单击"窗口元素"选项区中的"颜色"按钮，打开如图 2-9 所示的"图形窗口颜色"对话框。

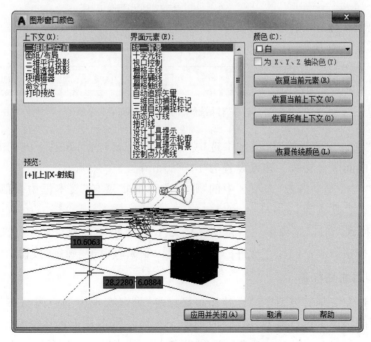

图 2-9 "图形窗口颜色"对话框

（4）从"颜色"下拉列表框中选择某种颜色，例如白色，单击"应用并关闭"按钮，即可将绘图窗口改为白色。

2．改变十字光标的大小

在图 2-8 所示的"显示"选项卡中拖动"十字光标大小"区域的滑块，或在文本框中直接输入数值，即可对十字光标的大小进行调整。

3．设置自动保存时间和位置

（1）选择菜单栏中的"工具"→"选项"命令，打开"选项"对话框。

（2）切换到"打开和保存"选项卡，如图 2-10 所示。

图 2-10 "选项"对话框中的"打开和保存"选项卡

（3）在"文件安全措施"选项区中选中"自动保存"复选框，在其下方的文本框中输入自动保存的间隔分钟数。建议设置为 10～30min。

（4）在"文件安全措施"选项区中的"临时文件的扩展名"文本框中，可以改变临时文件的扩展名。默认为"ac$"。

（5）切换到"文件"选项卡，在"自动保存文件"文本框中设置自动保存文件的路径，单击"浏览"按钮修改自动保存文件的存储位置。完成后单击"确定"按钮。

4．模型与布局标签

绘图窗口左下角有模型空间标签和布局标签，可以实现模型空间与布局之间的转换。模型空间提供了设计模型（绘图）的环境。布局是指可访问的图纸显示，专用于打印。AutoCAD 2020 可以在一个布局上建立多个视图，同时，一张图纸可以建立多个布局，且每一个布局都有相对独立的打印设置。

2.1.5　命令行

命令行位于操作界面的底部,是用户与 AutoCAD 进行交互对话的窗口。在命令行的提示下,AutoCAD 接受用户使用各种方式输入的命令,然后显示出相应的提示,如命令选项、提示信息和错误信息等。

命令行中显示文本的行数可以改变,将光标移至命令行上边框处,光标变为双箭头后,按住鼠标左键拖动即可。命令行的位置可以在操作界面的上方或下方,也可以浮动在绘图窗口内。将光标移至该窗口左边框处,光标变为箭头,单击并拖动即可。使用 F2 功能键能放大显示命令行。

2.1.6　状态栏和滚动条

1．状态栏

状态栏在操作界面的最下部,能够显示有关的信息。例如,当光标在绘图区时,显示十字光标的三维坐标;当光标在工具栏的图标按钮上时,显示该按钮的提示信息。

状态栏上包括若干个功能按钮,它们是 AutoCAD 的绘图辅助工具,有多种方法控制这些功能按钮的开关。

(1) 单击即可打开/关闭;

(2) 使用相应的功能键:如按 F8 键可以循环打开/关闭正交模式;

(3) 使用快捷菜单:在一个功能按钮上右击,可打开相关快捷菜单。

2．滚动条

打开"选项"对话框,切换到"显示"选项卡,在窗口元素选项区的"颜色主题"区域中,选中"在图形窗口中显示滚动条"复选框。滚动条包括水平和垂直滚动条,用于上下或左右移动绘图窗口内的图形。用鼠标拖动滚动条中的滑块或单击滚动条两侧的三角按钮,即可移动图形。

2.1.7　快速访问工具栏和交互信息工具栏

1．快速访问工具栏

该工具栏包括"新建""打开""保存""另存为""从 Web 和 Mobile 中打开""保存到 Web 和 Mobile""打印""放弃"和"重做"等几个最常用的工具。用户也可以单击本工具栏后面的下拉按钮设置需要的常用工具。

2．交互信息工具栏

该工具栏包括"搜索""Autodesk A360""Autodesk App Store""保持连接"和"单击此处访问帮助"等几个常用的数据交互访问工具。

2.1.8　功能区

在默认情况下,功能区包括"默认""插入""注释""参数化""三维工具""视图""管理""输出""附加模块""协作"以及"精选应用"等多个选项卡,每个功能区集成了相关的操作工具,方便用户的使用。用户可以单击功能区选项后面的按钮 ▣▾ 控制功能的展开与收缩。

打开或关闭功能区的操作方式如下。

命令行:RIBBON(或 RIBBONCLOSE)。

菜单栏:选择菜单栏中的"工具"→"选项板"→"功能区"命令。

2.1.9 状态栏

状态栏在操作界面的底部,依次有"坐标""模型空间""栅格""捕捉模式""推断约束""动态输入""正交模式""极轴追踪""等轴测草图""对象捕捉追踪""二维对象捕捉""线宽""透明度""选择循环""三维对象捕捉""动态 UCS""选择过滤""小控件""注释可见性""自动缩放""注释比例""切换工作空间""注释监视器""单位""快捷特性""锁定用户界面""隔离对象""图形特性""全屏显示"和"自定义"等功能按钮。单击这些功能按钮,可以实现这些功能的开和关。通过部分按钮也可以控制图形或绘图区的状态。

☎ 注意:在默认情况下,不会显示所有工具,可以通过状态栏上最右侧的按钮,选择要从"自定义"菜单显示的工具。状态栏上显示的工具可能会发生变化,具体取决于当前的工作空间,以及当前显示的是"模型"选项卡还是"布局"选项卡。

状态栏上的功能按钮如图 2-11 所示。

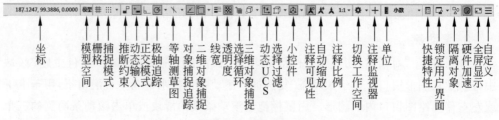

图 2-11　状态栏

2.2　配置绘图系统

由于每台计算机所使用的显示器、输入设备和输出设备的类型不同,用户喜好的风格及计算机的目录设置也是不同的,所以每台计算机都是独特的。一般来讲,使用AutoCAD 2020 的默认配置就可以绘图,但为了使用用户的定点设备或打印机,以及提高绘图的效率,AutoCAD 推荐用户在开始作图前先进行必要的配置。

1. 执行方式

命令行:preferences。

菜单栏:选择菜单栏中的"工具"→"选项"命令。

快捷菜单:在绘图区右击,弹出快捷菜单,如图 2-12 所示,选择"选项"命令。

2．操作步骤

执行上述命令后,系统自动打开"选项"对话框。用户可以在该对话框中选择有关选项,对系统进行配置。下面只就其中主要的几个选项卡作一下说明,其他配置选项在后面用到时再作具体说明。

2.2.1 显示配置

"选项"对话框中的第二个选项卡为"显示",该选项卡控制 AutoCAD 窗口的外观,如图 2-8 所示。由该选项卡可以设定屏幕菜单、滚动条显示与否、固定命令行窗口中文字行数、AutoCAD 的版面布局设置、各实体的显示分辨率以及 AutoCAD 运行时的其他各项性能参数的设定等。前面已经讲述了屏幕菜单设定、屏幕颜色、光标大小等知识,其余有关选项的设置读者可参照"帮助"文件学习。

图 2-12 快捷菜单

在设置实体显示分辨率时,请务必记住,显示质量越高,即分辨率越高,计算机计算的时间越长,因此千万不要将其设置得太高。显示质量设定在一个合理的程度上是很重要的。

2.2.2 系统配置

"选项"对话框中的第五个选项卡为"系统",如图 2-13 所示。该选项卡用来设置 AutoCAD 系统的有关特性。

图 2-13 "系统"选项卡

1. "硬件加速"选项区

该选项区设定当前的图形性能,可以选择系统提供的 3D 图形显示特性配置,也可以单击"图形性能"按钮自行设置该特性。

2. "当前定点设备"选项区

该选项区安装及配置定点设备,如数字化仪和鼠标。具体配置和安装方法,可参照定点设备的用户手册。

3. "常规选项"选项区

该选项区确定是否选择系统配置的有关基本选项。

4. "布局重生成选项"选项区

该选项区确定切换布局时是否重生成或缓存模型选项卡和布局。

5. "数据库连接选项"选项区

该选项区确定数据库连接的方式。

6. "帮助"选项区

该选项区控制与帮助系统相关的选项。

2.3 设置绘图环境

2.3.1 绘图单位设置

1. 执行方式

命令行:DDUNITS(或 UNITS)。

菜单栏:选择菜单栏中的"格式"→"单位"命令。

2. 操作步骤

执行上述命令后,系统打开"图形单位"对话框,如图 2-14 所示。该对话框用于定义单位和角度格式。

3. 选项说明

各个选项的含义如表 2-1 所示。

表 2-1 "绘图单位设置"命令各选项含义

选 项	含 义
"长度"与"角度"选项区	指定测量的长度与角度的当前单位及当前单位的精度
"插入时的缩放单位"下拉列表框	控制插入到当前图形中的块和图形的测量单位。如果块或图形创建时使用的单位与该选项指定的单位不同,则在插入这些块或图形时,将对其按比例进行缩放。插入比例是原块或图形使用的单位与目标图形使用的单位之比。如果插入块时不按指定单位缩放,则在其下拉列表框中选择"无单位"选项

续表

选　项	含　义
"输出样例"选项区	显示用当前单位和角度设置的例子
"光源"选项区	控制当前图形中光度控制光源的强度测量单位。为创建和使用光度控制光源,必须从下拉列表框中指定非"常规"的单位。如果"用于缩放插入内容的单位"设置为"无单位",则将显示警告信息,通知用户渲染输出可能不正确
"方向"按钮	单击该按钮,系统打开"方向控制"对话框,如图 2-15 所示。可以在该对话框中进行方向控制设置

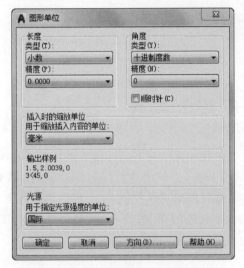

图 2-14　"图形单位"对话框

图 2-15　"方向控制"对话框

2.3.2　图形边界设置

1. 执行方式

命令行:LIMITS。

菜单栏:选择菜单栏中的"格式"→"图形界限"命令。

2. 操作步骤

命令行提示与操作如下。

```
命令:LIMITS↙
重新设置模型空间界限:
指定左下角点或 [开(ON)/关(OFF)]〈0.0000,0.0000〉:(输入图形边界左下角的坐标后按 Enter 键)
指定右上角点〈12.0000,9.0000〉:(输入图形边界右上角的坐标后按 Enter 键)
```

3. 选项说明

各个选项的含义如表 2-2 所示。

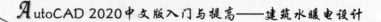
表2-2 "图形边界设置"命令各选项含义

选 项	含 义
开(ON)	使绘图边界有效,系统将在绘图边界以外拾取的点视为无效
关(OFF)	使绘图边界无效,用户可以在绘图边界以外拾取点或实体
动态输入角点坐标	利用动态输入功能可以直接在屏幕上输入角点坐标,输入了横坐标值后,按",",键,接着输入纵坐标值,如图2-16所示。也可以在光标位置处单击确定角点位置

图2-16 动态输入

2.4 图形显示工具

对于一个较为复杂的图形来说,在观察时往往无法对其局部细节进行查看和操作,而当在屏幕上显示一个细部时又看不到其他部分,为解决这类问题,AutoCAD提供了缩放、平移、视图、鸟瞰视图和视口命令等一系列图形显示控制命令,可以用来任意地放大、缩小或移动屏幕上的图形,或者同时从不同的角度、不同的部位来显示图形。AutoCAD还提供了重画和重新生成命令来刷新屏幕、重新生成图形。

2.4.1 图形缩放

图形缩放命令类似于照相机的镜头,可以放大或缩小屏幕所显示的范围,它只改变视图的比例,对象的实际尺寸并不发生变化。当放大图形一部分的显示尺寸时,可以更清楚地查看这个区域的细节;相反,如果缩小图形的显示尺寸,则可以查看更大的区域,还可整体浏览。

图形缩放在绘制大幅面机械图尤其是装配图时非常有用,是使用频率最高的命令之一。这个命令可以透明地使用,也就是说,该命令可以在其他命令执行时运行。用户完成涉及透明命令的过程时,AutoCAD会自动返回到用户调用透明命令前正在运行的命令。执行图形缩放的方法如下。

1. 执行方式

命令行:ZOOM。

菜单栏:选择菜单栏中的"视图"→"缩放"→"实时"命令。

工具栏:单击"标准"工具栏中的"实时缩放"按钮 $\pm_{\mathbb{Q}}$,打开"缩放"工具栏,如图2-17所示。

功能区:单击"视图"选项卡"导航"面板"范围"下拉菜单中的"实时"按钮 $\pm_{\mathbb{Q}}$ 。

图2-17 "缩放"工具栏

Note

2．操作步骤

执行上述命令后，命令行提示与操作如下。

命令：zoom
指定窗口的角点，输入比例因子 (nX 或 nXP)，或者[全部(A)/中心(C)/动态(D)/范围(E)/上一个(P)/比例(S)/窗口(W)/对象(O)]〈实时〉：

3．选项说明

各个选项的含义如表 2-3 所示。

表 2-3　"图形缩放"命令各选项含义

选　项	含　义
〈实时〉	这是"缩放"命令的默认操作，即在输入 ZOOM 命令后，直接按 Enter 键，将自动执行实时缩放操作。实时缩放就是通过上、下移动鼠标交替进行放大和缩小。在使用实时缩放时，系统会显示一个"＋"号或"－"号。当缩放比例接近极限时，AutoCAD 将不再与光标一起显示"＋"号或"－"号。需要从实时缩放操作中退出时，可按 Enter 键、Esc 键，或是从菜单中选择 Exit 命令
全部(A)	执行 ZOOM 命令后，在提示文字后输入 A，即可执行"全部(A)"缩放操作。不论图形有多大，该操作都将显示图形的边界或范围，即使对象不包括在边界以内，它们也将被显示。因此，使用"全部(A)"缩放选项，可查看当前视口中的整个图形
中心(C)	通过确定一个中心点，该选项可以定义一个新的显示窗口。操作过程中需要指定中心点以及输入比例或高度。默认新的中心点就是视图的中心点，默认的输入高度就是当前视图的高度，直接按 Enter 键后，图形将不会被放大。输入比例，则数值越大，图形放大倍数也将越大。也可以在数值后面紧跟一个 X，如 3X，表示在放大时不是按照绝对值变化，而是按相对于当前视图的相对值缩放
动态(D)	通过操作一个表示视口的视图框，可以确定所需显示的区域。选择该选项，在绘图窗口中出现一个小的视图框，按住鼠标左右移动可以改变该视图框的大小，定形后放开鼠标；再按住鼠标移动视图框，确定图形的放大位置，系统将清除当前视口并显示一个特定的视图选择屏幕。这个特定屏幕，由关于当前视图及有效视图的信息构成
范围(E)	可以使图形缩放至整个显示范围。图形的范围由图形所在的区域构成，剩余的空白区域将被忽略。应用这个选项，图形中所有的对象都尽可能地被放大
上一个(P)	在绘制一幅复杂的图形时，有时需要放大图形的一部分以进行细节的编辑。当编辑完成后，有时希望回到前一个视图。这种操作可以使用"上一个(P)"选项来实现。当前视口由"缩放"命令的各种选项或"移动"视图、视图恢复、平行投影或透视命令引起的任何变化，系统都将进行保存。每一个视口最多可以保存 10 个视图。连续使用"上一个(P)"选项可以恢复前 10 个视图
比例(S)	提供了 3 种使用方法。在提示信息下，直接输入比例系数，AutoCAD 将按照此比例因子放大或缩小图形的尺寸。如果在比例系数后面加一 X，则表示相对于当前视图计算的比例因子。使用比例因子的第三种方法就是相对于图形空间，例如，可以在图纸空间阵列布排或打印出模型的不同视图。为了使每一张视图都与图纸空间单位成比例，可以使用"比例(S)"选项，每一个视图可以有单独的比例

续表

选　项	含　义
窗口（W）	这是最常使用的选项。通过确定一个矩形窗口的两个对角来指定所需缩放的区域，对角点可以由鼠标指定，也可以输入坐标确定。指定窗口的中心点将成为新的显示屏幕的中心点。窗口中的区域将被放大或者缩小。调用 ZOOM 命令时，可以在没有选择任何选项的情况下，利用鼠标在绘图窗口中直接指定缩放窗口的两个对角点
对象（O）	缩放以便尽可能大地显示一个或多个选定的对象并使其位于视图的中心。可以在启动 ZOOM 命令前后选择对象

说明：这里提到的诸如放大、缩小或移动的操作，仅仅是对图形在屏幕上的显示进行控制，图形本身并没有任何改变。

2.4.2　图形平移

当图形幅面大于当前视口（例如使用图形缩放命令将图形放大），如果需要在当前视口之外观察或绘制一个特定区域时，可以使用图形平移命令来实现。平移命令能将在当前视口以外的图形的一部分移进视口进行查看或编辑，但不会改变图形的缩放比例。执行图形缩放的方法如下。

命令行：PAN。

菜单栏：选择菜单栏中的"视图"→"平移"→"实时"命令。

工具栏：单击"标准"工具栏中的"实时平移"按钮 🖐 。

快捷菜单：在绘图窗口中右击，从弹出的快捷菜单中选择"平移"命令。

激活平移命令之后，光标将变成一只"小手"形状，可以在绘图窗口中任意移动，以示当前正处于平移模式。按住鼠标将光标锁定在当前位置，即"小手"已经抓住图形，然后，拖动图形使其移动到所需位置上。松开鼠标将停止平移图形。可以反复按下鼠标，拖动，松开，将图形平移到其他位置上。

平移命令预先定义了一些不同的菜单选项与按钮，它们可用于在特定方向上平移图形，在激活平移命令后，这些选项可以从菜单栏的"视图"→"平移"→"＊"中调用。

（1）实时：这是平移命令中最常用的选项，也是默认选项。前面提到的平移操作都是指实时平移，可通过拖动鼠标来实现任意方向上的平移。

（2）点：这个选项要求确定位移量，这就需要确定图形移动的方向和距离。可以通过输入点的坐标或用鼠标指定点的坐标来确定位移。

（3）左：该选项移动图形使屏幕左部的图形进入显示窗口。

（4）右：该选项移动图形使屏幕右部的图形进入显示窗口。

（5）上：该选项向底部平移图形后，使屏幕顶部的图形进入显示窗口。

（6）下：该选项向顶部平移图形后，使屏幕底部的图形进入显示窗口。

2.5　精确绘图工具

快速顺利地完成图形绘制工作有时需要借助一些辅助工具，比如用于准确确定绘制位置的精确定位工具等。下面简要介绍这两种非常重要的辅助绘图工具。

2.5.1　精确定位工具

在绘制图形时,可以使用直角坐标和极坐标精确定位点,但是有些点(如端点、中心点等)的坐标我们是不知道的,要精确地指定这些点是很困难的,有时甚至是不可能的。AutoCAD 中提供了精确定位工具,使用这类工具,可以很容易地在屏幕中捕捉到这些点,进行精确绘图。

1. 推断约束

可以在创建和编辑几何对象时自动应用几何约束。

启用"推断约束"模式会自动地在正在创建或编辑的对象与对象捕捉的关联对象或点之间应用约束。

与 AUTOCONSTRAIN 命令相似,约束也只在对象符合约束条件时才会应用。推断约束后不会重新定位对象。

打开"推断约束"时,用户在创建几何图形时指定的对象捕捉将用于推断几何约束。但是,不支持下列对象捕捉:交点、外观交点、延长线和象限点。

无法推断下列约束:固定、平滑、对称、同心、等于、共线。

2. 捕捉模式

AutoCAD 可以生成一个隐含分布于屏幕上的栅格,这种栅格能够捕捉光标,使光标只能落到其中的某一个栅格点上。捕捉可分为矩形捕捉和等轴测捕捉两种类型,默认设置为矩形捕捉,即捕捉点的阵列类似于栅格,如图 2-18 所示。用户可以指定捕捉模式在 X 轴方向和 Y 轴方向上的间距,也可改变捕捉模式与图形界限的相对位置。它与栅格的不同之处在于,捕捉间距的值必须为正实数,且捕捉模式不受图形界限的约束。等轴测捕捉表示捕捉模式为等轴测模式,此模式是绘制正等轴测图时的工作环境,如图 2-19 所示。在等轴测捕捉模式下,栅格和光标十字线成绘制等轴测图时的特定角度。

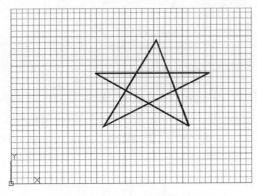

图 2-18　矩形捕捉

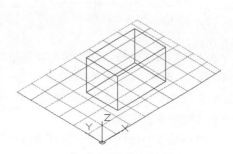

图 2-19　等轴测捕捉

在绘制图 2-18 和图 2-19 所示的图形时,输入参数点时光标只能落在栅格点上。选择菜单栏中的"工具"→"草图设置"命令,打开"草图设置"对话框,在"捕捉和栅格"选项卡的"捕捉类型"选项区中,通过选择"矩阵捕捉"或"等轴测捕捉"单选按钮,即可切换两种模式。

3．栅格显示

AutoCAD 中的栅格由有规则的点的矩阵组成，延伸到指定为图形界限的整个区域。使用栅格绘图与在坐标纸上绘图十分相似，利用栅格可以对齐对象并直观显示对象之间的距离。如果放大或缩小图形，可能需要调整栅格间距，使其适合新的比例。虽然栅格在屏幕上是可见的，但它并不是图形对象，因此不会被打印成图形中的一部分，也不会影响在何处绘图。

可以单击状态栏中的"栅格显示"按钮▦或按 F7 键打开或关闭栅格。启用栅格并设置栅格在 X 轴方向和 Y 轴方向上的间距的方法如下。

命令行：DSETTINGS(快捷命令为 DS、SE 或 DDRMODES)。

菜单栏：选择菜单栏中的"工具"→"绘图设置"命令。

快捷菜单：在"栅格显示"按钮▦处右击，从弹出的快捷菜单中选择"网格设置"命令。

执行上述操作之一后，系统打开"草图设置"对话框，如图 2-20 所示。

图 2-20　"草图设置"对话框

如果要显示栅格，需在"捕捉和栅格"选项卡中选中"启用栅格"复选框。在"栅格 X 轴间距"文本框中，输入栅格点之间的水平距离，单位为 mm。如果使用相同的间距设置垂直和水平分布的栅格点，则按 Tab 键；否则，在"栅格 Y 轴间距"文本框中输入栅格点之间的垂直距离。

用户可改变栅格与图形界限的相对位置。默认情况下，栅格以图形界限的左下角为起点，沿着与坐标轴平行的方向填充整个由图形界限所确定的区域。

注意：如果栅格的间距设置得太小，当进行打开栅格操作时，AutoCAD 将在命令行中显示"栅格太密，无法显示"的提示信息，而不在屏幕上显示栅格点。使用缩放功能时，将图形缩得很小，也会出现同样的提示，而不显示栅格。

使用捕捉功能可以使用户直接使用鼠标快速地定位目标点。捕捉模式有几种不同的形式，分别为栅格捕捉、对象捕捉、极轴捕捉和自动捕捉，下文将详细讲解。

Note

另外,还可以使用 GRID 命令通过命令行方式设置栅格,其功能与"草图设置"对话框类似,不再赘述。

4. 正交绘图

正交绘图模式,即在命令的执行过程中,光标只能沿 X 轴或者 Y 轴移动。所有绘制的线段和构造线都将平行于 X 轴或 Y 轴,因此它们相互垂直成90°相交,即正交。使用正交绘图模式,对于绘制水平线和垂直线非常有用,特别是绘制构造线时经常使用。而且当捕捉模式为等轴测模式时,它还将使直线平行于3个坐标轴中的一个。

设置正交绘图模式,可以直接单击状态栏中"正交模式"按钮 ⌐,或按 F8 键,相应地会在文本窗口中显示开/关提示信息。也可以在命令行中输入 ORTHO 命令,执行开启或关闭正交绘图模式的操作。

5. 极轴捕捉

极轴捕捉是在创建或修改对象时,按事先给定的角度增量和距离增量来追踪特征点,即捕捉相对于初始点且满足指定极轴距离和极轴角的目标点。

极轴追踪设置主要是设置追踪的距离增量和角度增量,以及与之相关联的捕捉模式。这些设置可以通过"草图设置"对话框中的"捕捉和栅格"选项卡与"极轴追踪"选项卡来实现。

1) 设置极轴距离

如图 2-20 所示,在"草图设置"对话框的"捕捉和栅格"选项卡中,可以设置极轴距离,单位为 mm。绘图时,光标将按指定的极轴距离增量进行移动。

2) 设置极轴角度

在"草图设置"对话框的"极轴追踪"选项卡中,可以设置极轴角增量角度,如图 2-21 所示。设置时,可以使用"增量角"下拉列表框中预设的角度,也可以直接输入其他任意角度。光标移动时,如果接近极轴角,将显示对齐路径和工具栏提示。例如,图 2-22 所示为当极轴角增量设置为30°、光标移动时显示的对齐路径。

图 2-21 "草图设置"对话框的"极轴追踪"选项卡

图 2-22 极轴捕捉

"附加角"用于设置极轴追踪时是否采用附加角度追踪。选中"附加角"复选框,通过"新建"按钮或者"删除"按钮来增加、删除附加角度值。

3）对象捕捉追踪设置

它用于设置对象捕捉追踪的模式。如果在"极轴追踪"选项卡的"对象捕捉追踪设置"选项区中选择"仅正交追踪"单选按钮,则当使用追踪功能时,系统仅在水平和垂直方向上显示追踪数据;如果选择"用所有极轴角设置追踪"单选按钮,则当使用追踪功能时,系统不仅可以在水平和垂直方向显示追踪数据,还可以在设置的极轴追踪角度与附加角度所确定的一系列方向上显示追踪数据。

4）极轴角测量

它用于设置极轴角的角度测量采用的参考基准。"绝对"是相对水平方向逆时针测量,"相对上一段"则是以上一段对象为基准进行测量。

6. 允许/禁止动态 UCS

使用动态 UCS 功能,可以在创建对象时使 UCS 的 XY 平面自动与实体模型上的平面临时对齐。

使用绘图命令时,可以通过在面的一条边上移动指针对齐 UCS,而无须使用 UCS命令。结束该命令后,UCS 将恢复到其上一个位置和方向。

7. 动态输入

"动态输入"工具在光标附近提供了一个命令界面,以帮助用户专注于绘图区域。

打开动态输入时,工具提示将在光标旁边显示信息,该信息会随光标移动动态更新。当某命令处于活动状态时,工具提示将为用户提供输入的位置。

8. 显示/隐藏线宽

该工具可以在图形中打开和关闭线宽,并在模型空间中以不同于图纸空间布局中的方式显示。

9. 快捷特性

对于选定的对象,可以使用"快捷特性"选项卡访问可通过特性选项板访问的特性的子集。

用户可以自定义显示在"快捷特性"选项卡上的特性。选定对象后所显示的特性是所有对象类型的共同特性,也是选定对象的专用特性。可用特性与特性选项卡上的特性以及用于鼠标悬停工具提示的特性相同。

2.5.2 对象捕捉工具

1. 对象捕捉

AutoCAD 给所有的图形对象都定义了特征点,对象捕捉则是指在绘图过程中,通过捕捉这些特征点,迅速、准确地将新的图形对象定位在现有对象的确切位置上,如圆的圆心、线段中点或两个对象的交点等。在 AutoCAD 2020 中,可以通过单击状态栏中的"对象捕捉追踪"按钮 ✎,或在"草图设置"对话框的"对象捕捉"选项卡中选中"启用对象捕捉"复选框,来启用对象捕捉功能。在绘图过程中,对象捕捉功能的调用可以通过以下方式完成。

1)使用"对象捕捉"工具栏

在绘图过程中,当系统提示需要指定点的位置时,可以单击"对象捕捉"工具栏中相应的特征点按钮,如图 2-23 所示,再把光标移动到要捕捉对象的特征点附近,

图 2-23 "对象捕捉"工具栏

AutoCAD 会自动提示并捕捉到这些特征点。例如,如果需要用直线连接一系列圆的圆心,可以将圆心设置为捕捉对象。如果有多个可能的捕捉点落在选择区域内,AutoCAD 将捕捉离光标中心最近的符合条件的点。在指定位置有多个符合捕捉条件的对象时,需要检查哪一个对象捕捉有效。在捕捉点之前,按 Tab 键可以遍历所有可能的点。

2)使用"对象捕捉"快捷菜单

在需要指定点的位置时,还可以按住 Ctrl 键或 Shift 键并右击,弹出"对象捕捉"快捷菜单,如图 2-24 所示。在该菜单上同样可以选择某一种特征点执行对象捕捉。把光标移动到要捕捉对象的特征点附近,即可捕捉到这些特征点。

3)使用命令行

当需要指定点的位置时,在命令行中输入相应特征点的关键字,然后把光标移动到要捕捉对象的特征点附近,即可捕捉到这些特征点。对象捕捉特征点的关键字如表 2-4 所示。

图 2-24 "对象捕捉"快捷菜单

表 2-4 对象捕捉特征点的关键字

模 式	关 键 字	模 式	关 键 字	模 式	关 键 字
临时追踪点	TT	捕捉自	FROM	端点	END
中点	MID	交点	INT	外观交点	APP
延长线	EXT	圆心	CEN	象限点	QUA
切点	TAN	垂足	PER	平行线	PAR
节点	NOD	最近点	NEA	无捕捉	NON

注意：(1) 对象捕捉命令不可单独使用，必须配合其他绘图命令一起使用。仅当 AutoCAD 提示输入点时，对象捕捉才生效。如果试图在命令提示下使用对象捕捉，AutoCAD 将显示错误信息。

(2) 对象捕捉只影响屏幕上可见的对象，包括锁定图层上的对象、布局视口边界和多段线上的对象，而不能捕捉不可见的对象，如未显示的对象、关闭或冻结图层上的对象或虚线的空白部分。

2. 三维对象捕捉

可以控制三维对象的执行对象捕捉设置。使用执行对象捕捉设置（也称为对象捕捉），可以在对象上的精确位置指定捕捉点。选择多个选项后，将应用选定的捕捉模式，以返回距离靶框中心最近的点。按 Tab 键可以在这些选项之间循环。

可以打开和关闭三维对象捕捉功能。当对象捕捉打开时，在"三维对象捕捉模式"下选定的三维对象捕捉将处于活动状态。

3. 对象捕捉追踪

在绘制图形的过程中，使用对象捕捉的频率非常高，如果每次在捕捉时都要先选择捕捉模式，将使工作效率大大降低。出于此种考虑，AutoCAD 提供了自动对象捕捉模式。如果启用了自动捕捉功能，当光标距指定的捕捉点较近时，系统会自动精确地捕捉这些特征点，并显示出相应的标记以及该捕捉的提示。在"草图设置"对话框的"对象捕捉"选项卡中选中"启用对象捕捉追踪"复选框，可以调用自动捕捉功能，如图 2-25 所示。

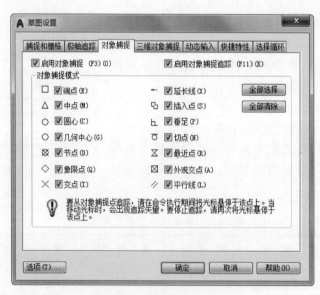

图 2-25 "草图设置"对话框的"对象捕捉"选项卡

注意：用户可以设置自己经常要用的捕捉方式。一旦设置了捕捉方式，在每次运行时，所设定的目标捕捉方式就会被激活，而不是仅对一次选择有效；当同时使用多种捕捉方式时，系统将捕捉距光标最近同时又满足多种目标捕捉方式之一的点。当光标距要获取的点非常近时，按 Shift 键将暂时不获取对象。

2.6 基本输入操作

在 AutoCAD 中,有一些基本的输入操作方法,这些基本方法是进行 AutoCAD 绘图的必备知识基础,也是深入学习 AutoCAD 功能的前提。

2.6.1 命令输入方式

AutoCAD 交互绘图必须输入必要的指令和参数。有多种 AutoCAD 命令输入方式(以画直线为例)。

1. 在命令窗口输入命令名

命令字符可不区分大小写。例如:命令:LINE↙。执行命令时,在命令行提示中经常会出现命令选项。如:输入绘制直线命令"LINE"后,命令行中的提示如下。

```
命令:LINE↙
指定第一个点:(在屏幕上指定一点或输入一个点的坐标)
指定下一点或[放弃(U)]:
```

命令中不带括号的提示为默认选项,因此可以直接输入直线段的起点坐标或在屏幕上指定一点,如果要选择其他选项,则应该首先输入该选项的标识字符,如"放弃"选项的标识字符 U,然后按系统提示输入数据即可。在命令选项的后面有时候还带有尖括号,其中的数值为默认数值。

2. 在命令窗口输入命令缩写字

可在命令窗口输入命令缩写字,如 L(Line)、C(Circle)、A(Arc)、Z(Zoom)、R(Redraw)、M(More)、CO(Copy)、PL(Pline)、E(Erase)等。

3. 选择"绘图"菜单中的命令

选取该选项后,在状态栏中可以看到对应的命令说明及命令名。

4. 选取工具栏中的对应图标

选取该图标后,也可以在状态栏中看到对应的命令说明及命令名。

5. 在绘图区打开右键快捷菜单

如果在前面刚使用过要输入的命令,可以在绘图区打开右键快捷菜单,在"最近的输入"子菜单中选择需要的命令,如图 2-26 所示。"最近的输入"子菜单中储存了最近使用的几个命令,如果经常重复使用某个 6 次操作以内的命令,采用这种方法就比较快速简洁。

6. 在命令行直接按 Enter 键

如果用户要重复使用上次使用的命令,可以在命令行直接按 Enter 键,系统会立即重复执行上次使用的命令。这种方法适用于重复执行某个命令。

图 2-26　绘图区右键快捷菜单

2.6.2　命令的重复、撤销、重做

1．命令的重复

在命令窗口中按 Enter 键可重复调用上一个命令，而不管上一个命令是完成了还是被取消了。

2．命令的撤销

在命令执行的任何时刻都可以取消和终止命令的执行，执行方式如下。

命令行：UNDO。

菜单栏：选择菜单栏中的"编辑"→"放弃"命令。

快捷键：按 Esc 键。

3．命令的重做

已被撤销的命令还可以恢复重做。如果要恢复撤销的最后的一个命令，执行方式如下。

命令行：REDO。

菜单栏：选择菜单栏中的"编辑"→"重做"命令。

该命令可以一次执行多重放弃和重做操作。单击"标准"工具栏中的"放弃"按钮 ⬅ ▾ 或"重做"按钮 ➡ ▾ 后面的下三角按钮，可以选择要放弃或重做的操作，如图 2-27 所示。

图 2-27　多重放弃或重做

2.6.3　按键定义

在 AutoCAD 2020 中，除了可以通过在命令窗口输入命令、单击工具栏图标或选择菜单项来完成操作外，还可以使用键盘上的一组功能键或快捷键来快速实现指定功能。如单击 F1 键，系统将调用 AutoCAD 帮助对话框。

系统使用 AutoCAD 传统标准（Windows 之前）或 Microsoft Windows 标准解释快捷键。有些功能键或快捷键在 AutoCAD 的菜单中已经指出，如"粘贴"的快捷键为 Ctrl＋V，这些只要用户在使用的过程中多加留意，就会熟练掌握。快捷键的定义见菜单命令后面的说明，如"剪切 Ctrl＋X"。

2.6.4　命令执行方式

有的命令有两种执行方式：通过对话框或通过在命令行输入命令。如指定使用命令窗口的方式，可以在命令名前加短划线来表示，如 LAYER 表示用命令行方式执行"图层"命令。而如果在命令行输入 LAYER，系统则会自动打开"图层"对话框。

另外，有些命令同时存在命令行、菜单栏、工具栏和功能区 4 种执行方式，这时如果选择菜单栏、工具栏和功能区方式，命令行会显示该命令，并在前面加一下划线。如通过菜单栏、工具栏或功能区方式执行"直线"命令时，命令行会显示"_line"，命令的执行过程和结果与命令行方式相同。

2.6.5　坐标系统与数据的输入方法

1．坐标系

AutoCAD 采用两种坐标系：世界坐标系（WCS）与用户坐标系（UCS）。用户刚进入 AutoCAD 时的坐标系统就是世界坐标系，它是固定的坐标系统。世界坐标系也是坐标系统中的基准，绘制图形时多数情况下都是在这个坐标系统下进行的。

执行方式如下。

命令行：UCS。

菜单栏：选择菜单栏的"工具"→"新建 UCS"子菜单中相应的命令。

工具栏：单击 UCS 工具栏中的相应按钮。

AutoCAD 有两种视图显示方式：模型空间和图纸空间。模型空间使用单一视图显示，我们通常使用的都是这种显示方式；图纸空间能够在绘图区创建图形的多视图，用户可以对其中每一个视图进行单独操作。在默认情况下，当前 UCS 与 WCS 重合。如图 2-28 所示，图 2-28(a)为模型空间下的 UCS 坐标系图标，通常在绘图区左下角处；也可以指定其放在当前 UCS 的实际坐标原点位置，如图 2-28(b)所示。图 2-28(c)所示为图纸空间下的坐标系图标。

2．数据输入方法

在 AutoCAD 2020 中，点的坐标可以用直角坐标、极坐标、球面坐标和柱面坐标表示，每一种坐标又分别具有两种坐标输入方式：绝对

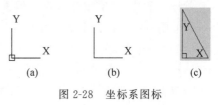

图 2-28　坐标系图标

坐标和相对坐标。其中直角坐标和极坐标最为常用,下面主要介绍一下它们的输入。

(1) 直角坐标法:即用点的 X、Y 坐标值表示的坐标。

例如:在命令行中输入点的坐标提示下,输入"15,18",则表示输入了一个 X、Y 的坐标值分别为 15、18 的点,此为绝对坐标输入方式,表示该点的坐标是相对于当前坐标原点的坐标值,如图 2-29(a)所示。如果输入"@10,20",则为相对坐标输入方式,表示该点的坐标是相对于前一点的坐标值,如图 2-29(c)所示。

(2) 极坐标法:即用长度和角度表示的坐标,只能用来表示二维点的坐标。

在绝对坐标输入方式下,表示为"长度<角度",如"25<50",其中长度为该点到坐标原点的距离,角度为该点至原点的连线与 X 轴正向的夹角,如图 2-29(b)所示。

在相对坐标输入方式下,表示为"@长度<角度",如"@25<45",其中长度为该点到前一点的距离,角度为该点至前一点的连线与 X 轴正向的夹角,如图 2-29(d)所示。

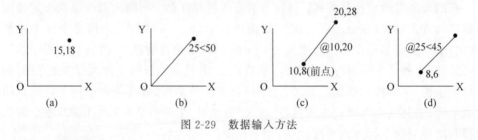

图 2-29 数据输入方法

3. 动态数据输入

单击状态栏中的"动态输入"按钮 ![],系统打开动态输入功能,可以在屏幕上动态地输入某些参数数据。例如,绘制直线时,在光标附近,会动态地显示"指定第一个点",以及后面的坐标框,当前显示的是光标所在位置,可以输入数据,两个数据之间以逗号隔开,如图 2-30 所示。指定第一点后,系统动态显示直线的角度,同时要求输入线段长度值,如图 2-31 所示。其输入效果与"@长度<角度"方式相同。

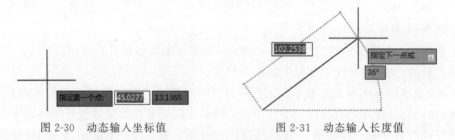

图 2-30 动态输入坐标值   图 2-31 动态输入长度值

下面分别介绍点与距离值的输入方法。

1) 点的输入

绘图过程中,常需要输入点的位置,AutoCAD 提供了如下几种输入点的方式。

(1) 用键盘直接在命令窗口中输入点的坐标。直角坐标有两种输入方式:(x,y)(点的绝对坐标值,例如:(100,50))和((@x,y)(相对于上一点的相对坐标值,例如:(@50,−30))。坐标值均相对于当前的用户坐标系。

极坐标的输入方式为:长度<角度(其中,长度为点到坐标原点的距离,角度为原

点至该点连线与 X 轴的正向夹角,例如：20＜45)或@长度＜角度(相对于上一点的相对极坐标,例如@ 50＜－30)。

(2)用鼠标等定标设备移动光标单击在屏幕上直接取点。

(3)用目标捕捉方式捕捉屏幕上已有图形的特殊点(如端点、中点、中心点、插入点、交点、切点、垂足点等)。

(4)直接距离输入：先用光标拖拉出橡筋线确定方向,然后利用键盘输入距离。这样有利于准确控制对象的长度等参数,如要绘制一条 10mm 长的线段,命令行提示与操作方法如下。

```
命令: line↙
指定第一个点:(在绘图区指定一点)
指定下一点或 [放弃(U)]:
```

这时在屏幕上移动鼠标指明线段的方向,但不要单击确认,如图 2-32 所示,然后在命令行输入 10,这样就在指定方向上准确地绘制了长度为 10mm 的线段。

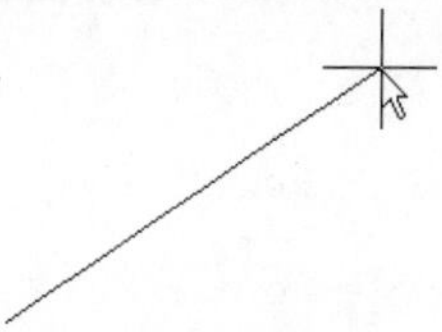

2)距离值的输入

在 AutoCAD 命令中,有时需要提供高度、宽度、半径、长度等距离值。AutoCAD 提供了两种输入距离值的方法：一种是用键盘在命令窗口中直接输入数值；另一种是在屏幕上拾取两点,以两点的距离值定出所需数值。

图 2-32　绘制直线

第 3 章

二维绘图命令

　　二维图形是指在二维平面空间绘制的图形,主要由一些图形元素组成,如点、直线、圆弧、圆、椭圆、矩形、多边形、多段线、样条曲线、多线等。AutoCAD 提供了大量的绘图工具,可以帮助用户完成二维图形的绘制。本章内容主要包括直线、圆和圆弧、椭圆和椭圆弧、平面图形、点、轨迹线与区域填充、徒手线和修订云线、多段线、样条曲线、多线和图案填充等。

学 习 要 点

- ◆ 直线与点命令
- ◆ 平面图形
- ◆ 图案填充
- ◆ 多线

3.1 直线与点命令

直线类命令主要包括直线和构造线命令。这两个命令是 AutoCAD 中最简单的绘图命令。

3.1.1 绘制直线段

1. 执行方式

命令行：LINE。

菜单栏：选择菜单栏中的"绘图"→"直线"命令。

工具栏：单击"绘图"工具栏中的"直线"按钮 ∕ 。

功能区：单击"默认"选项卡"绘图"面板中的"直线"按钮 ∕ （如图 3-1 所示）。

图 3-1 绘图面板 1

2. 操作步骤

命令：LINE
指定第一个点：(输入直线段的起点,用鼠标指定点或者给定点的坐标)
指定下一点或 [放弃(U)]：(输入直线段的端点,也可以用鼠标指定一定角度后,直接输入直线段的长度)
指定下一点或 [退出(E)/放弃(U)]：(输入下一直线段的端点,输入选项 U 表示放弃前面的输入;右击或按 Enter 键,结束命令)
指定下一点或 [关闭(C)/退出(X)/放弃(U)]：(输入下一直线段的端点,或输入选项 C 使图形闭合,结束命令)

3. 选项说明

各选项的含义如表 3-1 所示。

表 3-1 "绘制直线段"命令各选项含义

选 项	含 义
指定第一个点	若按 Enter 键响应"指定第一个点："的提示,则系统会把上次绘线(或弧)的终点作为本次操作的起始点。特别地,若上次操作为绘制圆弧,按 Enter 键响应后,绘出通过圆弧终点的与该圆弧相切的直线段,该线段的长度由鼠标在屏幕上指定的一点与切点之间线段的长度确定
指定下一点	在"指定下一点"的提示下,用户可以指定多个端点,从而绘出多条直线段。但是,每一条直线段都是一个独立的对象,可以单独地进行编辑操作
C 响应	绘制两条以上的直线段后,若用选项 C 响应"指定下一点"的提示,系统会自动连接起始点和最后一个端点,从而绘出封闭的图形
U 响应	若用选项 U 响应提示,则会擦除最近一次绘制的直线段
"正交"按钮	若设置正交方式(单击状态栏上的"正交"按钮),则只能绘制水平直线段或垂直直线段

续表

选　　项	含　　义
DYN 按钮	若设置动态数据输入方式(单击状态栏上的 DYN 按钮),则可以动态输入坐标或长度值。效果与非动态数据输入方式类似。以后的命令操作,除了特别需要(以后不再强调),否则只按非动态数据输入方式输入相关数据

3.1.2　绘制构造线

1．执行方式

命令行：XLINE。

菜单栏：选择菜单栏中的"绘图"→"构造线"命令。

工具栏：单击"绘图"工具栏中的"构造线"按钮 。

功能区：单击"默认"选项卡"绘图"面板中的"构造线"
按钮 ,如图 3-2 所示。

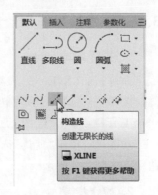

图 3-2　绘图面板 2

2．操作步骤

```
命令：XLINE
指定点或 [水平(H)/垂直(V)/角度(A)/二等分(B)/偏移(O)]:(给出点)
指定通过点:(给定通过点 2,画一条双向的无限长直线)
指定通过点:(继续给点,继续画线,按 Enter 键,结束命令)
```

3．选项说明

各选项的含义如表 3-2 所示。

表 3-2　"绘制构造线"命令各选项含义

选　　项	含　　义
6 种方式绘制构造线	执行选项中有"指定点""水平""垂直""角度""二等分""偏移"6 种方式绘制构造线
辅助绘图	这种线可以模拟手工绘图中的辅助绘图线。用特殊的线型显示,在绘图输出时,可不作输出。常用于辅助绘图

3.1.3　上机练习——阀

3-1

练习目标

绘制如图 3-3 所示的阀。

设计思路

利用直线命令,首先指定直线的起点,然后在指定下
一点的提示之下,不断指定直线的下一点绘制阀。

图 3-3　阀

操作步骤

单击"默认"选项卡"绘图"面板中的"直线"按钮 ╱，绘制阀。命令行提示与操作如下。

> 命令:_line
> 指定第一个点:(用鼠标在绘图区适当位置指定点1)
> 指定下一点或 [退出(E)/放弃(U)]:(垂直向下在屏幕上大约位置指定点2)
> 指定下一点或 [关闭(C)/退出(X)/放弃(U)]:(在屏幕上大约位置指定点3,使点3大约与点1
> 等高,如图3-4所示)
> 指定下一点或 [关闭(C)/退出(X)/放弃(U)]:(垂直向下在屏幕上大约位置指定点4,使点4大
> 约与点2等高)
> 指定下一点或 [关闭(C)/退出(X)/放弃(U)]:C↙(系统自动封闭连续直线并结束命令)

说明:一般每个命令有4种执行方式,这里只给出了"工具栏"执行方式,其他3种执行方式的操作方法与命令行执行方式相同。

图3-4 指定点3

3.1.4 绘制点

1. 执行方式

命令行:POINT。

菜单栏:选择菜单栏中的"绘制"→"点"→"单点或多点"命令。

工具栏:单击"绘图"工具栏中的"多点"按钮 ∴。

功能区:单击"默认"选项卡"绘图"面板中的"多点"按钮 ∴。

2. 操作步骤

> 命令:POINT
> 当前点模式: PDMODE = 0 PDSIZE = 0.0000
> 指定点:(指定点所在的位置)

3. 选项说明

各选项的含义如表3-3所示。

表3-3 "绘制点"命令各选项含义

选 项	含 义
点	通过菜单方法进行操作时(如图3-5所示),"单点"命令表示只输入一个点,"多点"命令表示可输入多个点
对象捕捉	可以单击状态栏中的"对象捕捉"开关按钮,设置点的捕捉模式,以帮助用户拾取点
点样式	点在图形中的表示样式共有20种。可通过命令DDPTYPE或选择菜单栏中的"格式"→"点样式"命令,打开"点样式"对话框来设置点样式,如图3-6所示

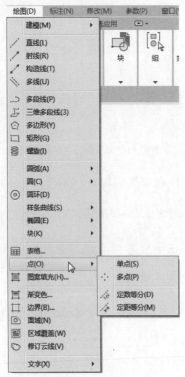

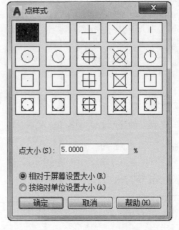

<table>
</table>

图 3-5　"点"子菜单　　　　　　　　　图 3-6　"点样式"对话框

3-2

3.1.5　上机练习——桌布

 练习目标

绘制如图 3-7 所示的桌布。

 设计思路

首先设置点的样式,然后利用直线命令绘制桌布,最后利用点命令绘制多个点,最终完成对桌布的绘制。

 操作步骤

1．执行方式

选择菜单栏中的"格式"→"点样式"命令,在打开的"点样式"对话框中选择"O"样式。

图 3-7　桌布

2．绘制轮廓线

(1) 单击"默认"选项卡"绘图"面板中的"直线"按钮 ╱,绘制桌布外轮廓线。命令行提示与操作如下。

```
命令：_line
指定第一个点：100,100↙
```

点无效。(这里之所以提示输入点无效,主要是因为分隔坐标值的逗号不是在西文状态下输入的)

指定第一个点:100,100 ↙

指定下一点或 [退出(E)/放弃(U)]:900,100 ↙

指定下一点或 [关闭(C)/退出(X)/放弃(U)]:@0,800 ↙

指定下一点或 [关闭(C)/退出(X)/放弃(U)]:u ↙(操作错误,取消上一步的操作)

指定下一点或 [退出(E)/放弃(U)]:@0,1000 ↙

指定下一点或 [关闭(C)/退出(X)/放弃(U)]:@-800,0 ↙

指定下一点或 [关闭(C)/退出(X)/放弃(U)]:c ↙

绘制结果如图 3-8 所示。

图 3-8 桌布外轮廓线

☎ **注意**:输入坐标时,逗号必须是在西文状态下,否则会出现错误。

(2)单击“默认”选项卡“绘图”面板中的“多点”按钮∴,绘制桌布内装饰点。命令行提示与操作如下。

命令:point ↙
当前点模式:PDMODE=33 PDSIZE=20.0000
指定点:(在屏幕上单击)

绘制结果如图 3-7 所示。

3.2 圆类图形

圆类命令主要包括“圆”“圆弧”“椭圆”“椭圆弧”和“圆环”等,这几个命令是 AutoCAD 中最简单的圆类命令。

3.2.1 绘制圆

1. 执行方式

命令行:CIRCLE。

菜单栏:选择菜单栏中的“绘图”→“圆”命令。

工具栏:单击“绘图”工具栏中的“圆”按钮⊙。

功能区:单击“默认”选项卡“绘图”面板中的“圆”下拉菜单,如图 3-9 所示。

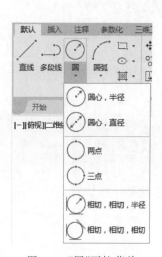

图 3-9 “圆”下拉菜单

2. 操作步骤

命令:CIRCLE
指定圆的圆心或 [三点(3P)/两点(2P)/切点、切点、半径(T)]:(指定圆心)
指定圆的半径或 [直径(D)]:(直接输入半径数值或用鼠标指定半径长度)
指定圆的直径〈默认值〉:(输入直径数值或用鼠标指定直径长度)

3.选项说明

各选项的含义如表 3-4 所示。

表 3-4 "绘制圆"命令各选项含义

选　　项	含　　义
三点(3P)	用指定圆周上三点的方法画圆
两点(2P)	按指定直径的两端点的方法画圆
切点、切点、半径(T)	按先指定两个相切对象、后给出半径的方法画圆
相切、相切、相切	选择功能区中的"相切、相切、相切"的绘制方法,当选择此方式时,系统提示: 指定圆上的第一个点:_tan 到:(指定相切的第一个圆弧) 指定圆上的第二个点:_tan 到:(指定相切的第二个圆弧) 指定圆上的第三个点:_tan 到:(指定相切的第三个圆弧)

3.2.2 上机练习——线箍

练习目标

绘制如图 3-10 所示的线箍。

设计思路

首先设置图形界限,然后利用圆命令绘制线箍。

操作步骤

(1)设置绘图环境。选择菜单栏中的"格式"→"图形界限"命令,设置图幅界限:297×210。

(2)单击"默认"选项卡"绘图"面板中的"圆"按钮⊙,绘制圆。命令行提示与操作如下。

```
命令: CIRCLE
指定圆的圆心或 [三点(3P)/两点(2P)/切点、切点、半径(T)]: 100,100
指定圆的半径或 [直径(D)]: 50
```

绘制结果如图 3-11 所示。

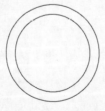

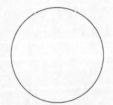

图 3-10　线箍　　　　　　　　图 3-11　绘制圆

重复"圆"命令,以(100,100)为圆心,绘制半径为 40 的圆。结果如图 3-10 所示。

3.2.3 绘制圆弧

1. 执行方式

命令行：ARC(快捷命令：A)。

菜单栏：选择菜单栏中的"绘图"→"弧"命令。

工具栏：单击"绘图"工具栏中的"圆弧"按钮 ⌒。

功能区：单击"默认"选项卡"绘图"面板中的"圆弧"下拉菜单,如图 3-12 所示。

2. 操作步骤

命令:ARC
指定圆弧的起点或 [圆心(C)]:(指定起点)
指定圆弧的第二个点或 [圆心(C)/端点(E)]:(指定第二点)
指定圆弧的端点:(指定端点)

3. 选项说明

各选项的含义如表 3-5 所示。

图 3-12 "圆弧"下拉菜单

表 3-5 "绘制圆弧"命令各选项含义

选 项	含 义
圆弧	用命令行方式绘制圆弧时,可以根据系统提示选择不同的选项,具体功能和选择"绘图"菜单中的"圆弧"子菜单提供的 11 种方式(命令)相似。这 11 种方式绘制的圆弧分别如图 3-13(a)~(k)所示
连续	需要强调的是"连续"方式,其绘制的圆弧与上一线段圆弧相切。连续绘制圆弧段,只提供端点即可

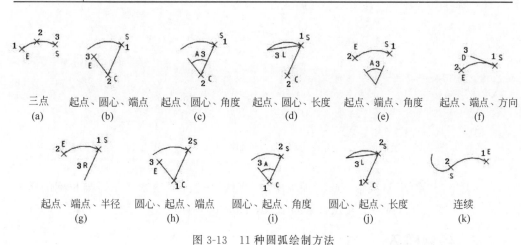

三点	起点、圆心、端点	起点、圆心、角度	起点、圆心、长度	起点、端点、角度	起点、端点、方向
(a)	(b)	(c)	(d)	(e)	(f)

起点、端点、半径	圆心、起点、端点	圆心、起点、角度	圆心、起点、长度	连续
(g)	(h)	(i)	(j)	(k)

图 3-13 11 种圆弧绘制方法

🔒 **提示**：绘制圆弧时,注意圆弧的曲率是遵循逆时针方向的,所以在单击指定圆弧两个端点和半径模式时,需要注意端点的指定顺序,否则有可能导致圆弧的凹凸形状与预期的相反。

Note

3.2.4 上机练习——自耦变压器

练习目标

绘制如图 3-14 所示的自耦变压器。

设计思路

首先利用圆命令绘制圆,然后利用直线命令绘制适当长度的竖直直线,最后利用圆弧命令绘制圆弧,最终完成自耦变压器的绘制。

操作步骤

(1) 单击"默认"选项卡"绘图"面板中的"圆"按钮 ⊙,绘制一个适当大小的圆,如图 3-15 所示。

(2) 单击"默认"选项卡"绘图"面板中的"直线"按钮 ╱,从圆的最下方的圆弧点开始绘制一条适当长度的竖直直线,如图 3-16 所示。

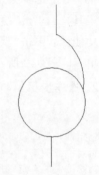

图 3-14 自耦变压器

(3) 单击"默认"选项卡"绘图"面板中的"圆弧"按钮 ╱,绘制圆弧,命令行提示与操作如下。

```
命令:_arc
指定圆弧的起点或 [圆心(C)]:(指定起点为圆弧上右上方适当位置一点)
指定圆弧的第二个点或 [圆心(C)/端点(E)]:(在适当位置指定第二点)
指定圆弧的端点:(在圆的大约正上方某位置指定一点)
```

结果如图 3-17 所示。

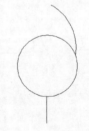

图 3-15　绘制圆　　　　　　图 3-16　绘制直线　　　　　　图 3-17　绘制圆弧

(4) 单击"默认"选项卡"绘图"面板中的"直线"按钮 ╱,绘制一条适当长度的竖直直线,直线起点为圆弧的上端点。最终结果如图 3-14 所示。

3.2.5 绘制圆环

1. 执行方式

命令行:DONUT。

菜单栏:选择菜单栏中的"绘图"→"圆环"命令。

功能区：单击"默认"选项卡"绘图"面板中的"圆环"按钮◎。

2．操作步骤

```
命令：DONUT
指定圆环的内径〈默认值〉：(指定圆环内径)
指定圆环的外径〈默认值〉：(指定圆环外径)
指定圆环的中心点或〈退出〉:(指定圆环的中心点)
指定圆环的中心点或〈退出〉:(继续指定圆环的中心点,则继续绘制具有相同内外径的圆环。
按 Enter 键或空格键或右击,结束命令)
```

3．选项说明

各选项的含义如表 3-6 所示。

表 3-6 "绘制圆环"命令各选项含义

选 项	含 义
圆环内径	若指定内径为零,则画出实心填充圆
圆环	用命令 FILL 可以控制圆环是否填充。 命令:FILL 输入模式 [开(ON)/关(OFF)]〈开〉：(选择 ON 表示填充,选择 OFF 表示不填充)

3.2.6 绘制椭圆与椭圆弧

1．执行方式

命令行：ELLIPSE。

菜单栏：选择菜单栏中的"绘制"→"椭圆"→"圆弧"命令。

工具栏：单击"绘图"工具栏中的"椭圆"按钮 ⬭ 或"椭圆弧"按钮 ⬯ 。

功能区：单击"默认"选项卡"绘图"面板中的"椭圆"下拉菜单(如图 3-18 所示)。

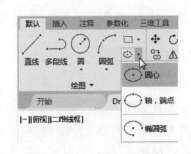

图 3-18 "椭圆"下拉菜单

2．操作步骤

```
命令:ELLIPSE
指定椭圆的轴端点或 [圆弧(A)/中心点(C)]:
指定轴的另一个端点:
指定另一条半轴长度或 [旋转(R)]:
```

3．选项说明

各选项的含义如表 3-7 所示。

Note

表 3-7 "绘制椭圆与椭圆弧"命令各选项含义

选　项	含　义
指定椭圆的轴端点	根据两个端点,定义椭圆的第一条轴。第一条轴的角度确定了整个椭圆的角度。第一条轴既可定义为椭圆的长轴也可定义为椭圆的短轴
旋转(R)	通过绕第一条轴旋转圆来创建椭圆。相当于将一个圆绕椭圆轴翻转一个角度后的投影视图
中心点(C)	通过指定的中心点创建椭圆
椭圆弧(A)	该选项用于创建一段椭圆弧。与"绘图"工具栏中的"椭圆弧"功能相同。其中第一条轴的角度确定了椭圆弧的角度。第一条轴既可定义为椭圆弧长轴也可定义为椭圆弧短轴。选择该选项,系统继续提示: 指定椭圆弧的轴端点或 [中心点(C)]:(指定端点或输入 C) 指定轴的另一个端点:(指定另一端点) 指定另一条半轴长度或 [旋转(R)]:(指定另一条半轴长度或输入 R) 指定起点角度或 [参数(P)]:(指定起始角度或输入 P) 指定端点角度或 [参数(P)/夹角(I)]: 其中各选项含义如下。 角度:指定椭圆弧端点的两种方式之一,光标与椭圆中心点连线的夹角为椭圆弧端点位置的角度。 参数(P):指定椭圆弧端点的另一种方式,该方式同样是指定椭圆弧端点的角度。通过以下矢量参数方程式创建椭圆弧: $$p(u) = c + a * \cos(u) + b * \sin(u)$$ 其中 c 是椭圆的中心点,a 和 b 分别是椭圆的长轴和短轴,u 为光标与椭圆中心点连线的夹角。 夹角(I):定义从起始角度开始的包含角度

3.2.7　上机练习——感应式仪表

 练习目标

绘制如图 3-19 所示的感应式仪表。

 设计思路

首先利用椭圆命令绘制椭圆,然后利用圆环命令在椭圆的中心绘制圆环,最后利用直线命令在椭圆右侧绘制一条竖直直线,最终完成感应式仪表的绘制。

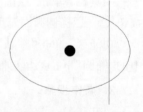

图 3-19　感应式仪表

 操作步骤

(1) 单击"默认"选项卡"绘图"面板中的"椭圆"按钮⬭,绘制椭圆。命令行提示与操作如下。

```
命令:_ellipse
指定椭圆的轴端点或 [圆弧(A)/中心点(C)]:(适当指定一点为椭圆的轴端点)
指定轴的另一个端点:(在水平方向指定椭圆轴的另一个端点)
指定另一条半轴长度或 [旋转(R)]:(适当指定一点,以确定椭圆另一条半轴的长度)
```

3-5

Note

结果如图 3-20 所示。

(2) 单击"默认"选项卡"绘图"面板中的"圆环"按钮◎,绘制圆环。命令行提示与操作如下。

```
命令:_donut
指定圆环的内径〈0.5000〉:0↙
指定圆环的外径〈1.0000〉:150↙
指定圆环的中心点或〈退出〉:(大约指定椭圆的圆心位置)
指定圆环的中心点或〈退出〉:↙
```

结果如图 3-21 所示。

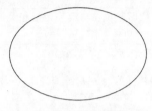
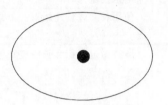

图 3-20 绘制椭圆　　　　　　图 3-21 绘制圆环

(3) 单击"默认"选项卡"绘图"面板中的"直线"按钮╱,在椭圆偏右位置绘制一条竖直直线,最终结果如图 3-19 所示。

注意:在绘制圆环时,可能仅仅一次无法准确确定圆环外径大小以确定圆环与椭圆的相对大小,因此可以通过多次绘制的方法找到一个相对合适的外径值。

3.3 平面图形

3.3.1 绘制矩形

1. 执行方式

命令行:RECTANG(快捷命令:REC)。
菜单栏:选择菜单栏中的"绘图"→"矩形"命令。
工具栏:单击"绘图"工具栏中的"矩形"按钮□。
功能区:单击"默认"选项卡"绘图"面板中的"矩形"按钮□。

2. 操作步骤

```
命令:RECTANG↙
指定第一个角点或 [倒角(C)/标高(E)/圆角(F)/厚度(T)/宽度(W)]:
指定另一个角点或 [面积(A)/尺寸(D)/旋转(R)]:
```

3. 选项说明

各选项的含义如表 3-8 所示。

Note

表3-8 "绘制矩形"命令各选项含义

选 项	含 义
第一个角点	通过指定两个角点来确定矩形,如图3-22(a)所示
倒角(C)	指定倒角距离,绘制带倒角的矩形,如图3-22(b)所示。每一个角点的逆时针和顺时针方向的倒角可以相同,也可以不同。其中第一个倒角距离是指角点逆时针方向的倒角距离,第二个倒角距离是指角点顺时针方向的倒角距离
标高(E)	指定矩形标高(Z坐标),即把矩形画在标高为Z、与XOY坐标面平行的平面上,并作为后续矩形的标高值
圆角(F)	指定圆角半径,绘制带圆角的矩形,如图3-22(c)所示
厚度(T)	指定矩形的厚度,如图3-22(d)所示
宽度(W)	指定线宽,如图3-22(e)所示
尺寸(D)	使用长和宽创建矩形。第二个指定点将矩形定位在与第一角点相关的四个位置之一内
面积(A)	通过指定面积和长或宽来创建矩形。选择该项,系统提示如下。 输入以当前单位计算的矩形面积〈20.0000〉: (输入面积值) 计算矩形标注时依据 [长度(L)/宽度(W)]〈长度〉:(按Enter键或输入W) 输入矩形长度〈4.0000〉:(指定长度或宽度) 指定长度或宽度后,系统自动计算出另一个维度后绘制出矩形。如果矩形被倒角或圆角,则在长度或宽度计算中会考虑此设置,如图3-23所示
旋转(R)	旋转所绘制矩形的角度。选择该项,系统提示如下。 指定旋转角度或 [拾取点(P)]〈135〉: (指定角度) 指定另一个角点或 [面积(A)/尺寸(D)/旋转(R)]:(指定另一个角点或选择其他选项) 指定旋转角度后,系统按指定旋转角度创建矩形,如图3-24所示

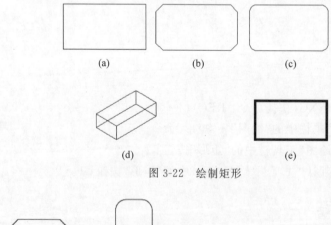

图3-22 绘制矩形

倒角距离 (1,1)
面积:20 长度:6
圆角半径:1.0
面积:20 宽度:6

图3-23 按面积绘制矩形

图3-24 按指定旋转角度创建矩形

3.3.2　上机练习——缓吸继电器线圈

 练习目标

绘制如图 3-25 所示的缓吸继电器线圈。

设计思路

首先利用矩形命令绘制外框,然后利用直线命令绘制另外的图线,最终完成缓吸继电器线圈的绘制。

操作步骤

(1)单击"默认"选项卡"绘图"面板中的"矩形"按钮 ◻,绘制外框。命令行提示与操作如下。

图 3-25　缓吸继电器线圈

```
命令:RETANG↙
指定第一个角点或 [倒角(C)/标高(E)/圆角(F)/厚度(T)/宽度(W)]:(在屏幕适当指定一点)
指定另一个角点或 [面积(A)/尺寸(D)/旋转(R)]:(在屏幕适当指定另一点)
```

(2)单击"默认"选项卡"绘图"面板中的"直线"按钮 ╱,绘制另外的图线,直线尺寸适当选取。结果如图 3-25 所示。

3.3.3　绘制正多边形

1.执行方式

命令行:POLYGON。

菜单栏:选择菜单栏中的"绘图"→"多边形"命令。

工具栏:单击"绘图"工具栏中的"多边形"按钮 ⬠。

功能区:单击"默认"选项卡"绘图"面板中的"多边形"按钮 ⬠。

2.操作步骤

```
命令:POLYGON
输入侧面数〈4〉:(指定多边形的边数,默认值为 4)
指定正多边形的中心点或 [边(E)]:(指定中心点)
输入选项 [内接于圆(I)/外切于圆(C)]〈I〉:(指定是内接于圆或外切于圆,I 表示内接于圆,如
图 3-26(a)所示,C 表示外切于圆,如图 3-26(b)所示)
指定圆的半径:(指定外接圆或内切圆的半径)
```

3.选项说明

其中选项的含义如表 3-9 所示。

表 3-9　"绘制正多边形"命令选项含义

选　　项	含　　义
正多边形	如果选择"边"选项,则只要指定多边形的一条边,系统就会按逆时针方向创建该正多边形,如图 3-26(c)所示

(a)

(b)

(c)

图 3-26   画正多边形

3.3.4   上机练习——方形散流器

练习目标

绘制如图 3-27 所示的方形散流器。

设计思路

首先使用点命令绘制一个点，然后利用多边形命令绘制多个正方形，最后利用直线命令绘制四条斜向直线，最终完成方形散流器的绘制。

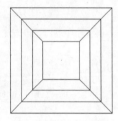

图 3-27   方形散流器

操作步骤

（1）单击"默认"选项卡"绘图"面板中的"多点"按钮，在屏幕上适当位置绘制一个点。

（2）单击状态栏上的按钮 和 ，打开"正交"和"对象捕捉"状态。

（3）单击"默认"选项卡"绘图"面板中的"多边形"按钮，绘制正方形。命令行提示与操作如下。

```
命令:_polygon
输入侧面数〈4〉:
指定正多边形的中心点或 [边(E)]:(将鼠标移动到刚绘制的点附近,系统自动捕捉到该点作为
中心点,如图 3-28 所示)
输入选项 [内接于圆(I)/外切于圆(C)]〈I〉: c
指定圆的半径:(移动鼠标到适当位置,如图 3-29 所示,系统自动绘制一个适当大小的正方形)
```

注意：由于设置了正交状态，所以绘制出的正方形的边能保证处于水平和竖直方向，如图 3-30 所示。

图 3-28   捕捉中心点   图 3-29   指定正方形内切圆半径   图 3-30   绘制出的正方形

（4）采用同样方法绘制另外三个正方形，使这些正方形的中心与刚绘制的正方形中心重合，正方形之间的距离大约相等，如图 3-31 所示。

（5）单击"默认"选项卡"绘图"面板中的"直线"按钮 ╱，绘制连接最里边正方形和最外边正方形的线段，利用"对象捕捉"功能捕捉线段的端点，如图 3-32 所示。

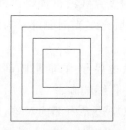

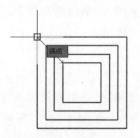

图 3-31　绘制其他正方形　　　　图 3-32　绘制线段

（6）删除最开始绘制的点，最终结果如图 3-27 所示。

3.4　图案填充

当用户需要用一个重复的图案（pattern）填充某个区域时，可以使用 BHATCH 命令建立一个相关联的填充阴影对象，即所谓的图案填充。

3.4.1　基本概念

1．图案边界

进行图案填充时，首先要确定图案填充的边界。定义边界的对象只能是直线、双向射线、单向射线、多段线、样条曲线、圆弧、圆、椭圆、椭圆弧、面域等对象或用这些对象定义的块，而且作为边界的对象，在当前屏幕上必须全部可见。

2．孤岛

在进行图案填充时，我们把位于总填充域内的封闭区域称为孤岛，如图 3-33 所示。在用 BHATCH 命令进行图案填充时，AutoCAD 允许用户以拾取点的方式确定填充边界，即在希望填充的区域内任意拾取一点，AutoCAD 会自动确定出填充边界，同时也确定该边界内的孤岛。如果用户是以点取对象的方式确定填充边界的，则必须确切地点取这些孤岛。有关知识将在下一节中介绍。

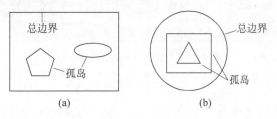

图 3-33　孤岛

3．填充方式

在进行图案填充时，需要控制填充的范围。AutoCAD 系统为用户设置了以下 3 种填充方式,以实现对填充范围的控制。

(1)普通方式:如图3-34(a)所示,该方式从边界开始,从每条填充线或每个剖面符号的两端向里画,遇到内部对象与之相交时,则填充线或剖面符号断开,直到遇到下一次相交时再继续画。采用这种方式时,要避免填充线或剖面符号与内部对象的相交次数为奇数。该方式为系统内部的默认方式。

(2)外部方式:如图3-34(b)所示,该方式从边界开始,向里画剖面符号。只要在边界内部与对象相交,则剖面符号由此断开,而不再继续画。

(3)忽略方式:如图3-34(c)所示,该方式忽略边界内部的对象,所有内部结构都被剖面符号覆盖。

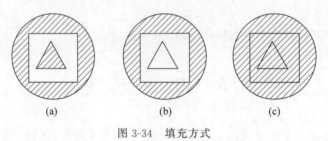

图3-34　填充方式

3.4.2　图案填充的操作

1. 执行方式

命令行:BHATCH。

菜单栏:选择菜单栏中的"绘图"→"图案填充"命令。

工具栏:单击"绘图"工具栏中的"图案填充"按钮▨或"渐变色"按钮▤。

功能区:单击"默认"选项卡"绘图"面板中的"图案填充"按钮▨。

2. 操作步骤

执行上述命令后,系统打开如图3-35所示的"图案填充创建"选项卡。各参数的含义如下。

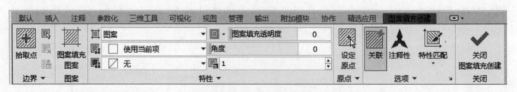

图3-35　"图案填充创建"选项卡

1)"边界"面板

(1)拾取点:通过选择由一个或多个对象形成的封闭区域内的点,确定图案填充边界(如图3-36所示)。指定内部点时,可以随时在绘图区域中右击以显示包含多个选项的快捷菜单。

(2)选择边界对象:指定基于选定对象的图案填充边界。使用该选项时,不会自

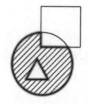

选择一点　　　　　填充区域　　　　　填充结果

图 3-36　边界确定

动检测内部对象,必须选择选定边界内的对象,以按照当前孤岛检测样式填充这些对象(如图 3-37 所示)。

 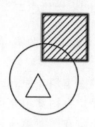

原始图形　　　　　选取边界对象　　　　填充结果

图 3-37　选择边界对象

(3) 删除边界对象:从边界定义中删除之前添加的任何对象,如图 3-38 所示。

 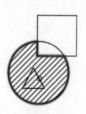 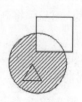

选取边界对象　　　　删除边界　　　　　填充结果

图 3-38　删除"岛"后的边界

(4) 重新创建边界:围绕选定的图案填充或填充对象创建多段线或面域,并使其与图案填充对象相关联(可选)。

(5) 显示边界对象:选择构成选定关联图案填充对象的边界的对象,使用显示的夹点可修改图案填充边界。

(6) 保留边界对象:指定如何处理图案填充边界对象。包括以下几个选项。

➢ 不保留边界:不创建独立的图案填充边界对象。

➢ 保留边界-多段线:创建封闭图案填充对象的多段线。

➢ 保留边界-面域:创建封闭图案填充对象的面域对象。

➢ 选择新边界集:指定对象的有限集(称为边界集),以便通过创建图案填充时的拾取点进行计算。

2)"图案"面板

该面板显示所有预定义和自定义图案的预览图像。

3）"特性"面板

（1）图案填充类型：指定使用纯色、渐变色、图案，还是用户定义的填充。

（2）图案填充颜色：替代实体填充和填充图案的当前颜色。

（3）背景色：指定填充图案背景的颜色。

（4）图案填充透明度：设定新图案填充或填充的透明度，替代当前对象的透明度。

（5）图案填充角度：指定图案填充或填充的角度。

（6）填充图案比例：放大或缩小预定义或自定义填充图案。

（7）相对图纸空间：（仅在布局中可用）相对于图纸空间单位缩放填充图案。使用此选项，可很容易地做到以适合于布局的比例显示填充图案。

（8）双向：（仅当"图案填充类型"设定为"用户定义"时可用）将绘制第二组直线，与原始直线成 90°，从而构成交叉线。

（9）ISO 笔宽：（仅对于预定义的 ISO 图案可用）基于选定的笔宽缩放 ISO 图案。

4）"原点"面板

（1）设定原点：直接指定新的图案填充原点。

（2）左下：将图案填充原点设定在图案填充边界矩形范围的左下角。

（3）右下：将图案填充原点设定在图案填充边界矩形范围的右下角。

（4）左上：将图案填充原点设定在图案填充边界矩形范围的左上角。

（5）右上：将图案填充原点设定在图案填充边界矩形范围的右上角。

（6）中心：将图案填充原点设定在图案填充边界矩形范围的中心。

（7）使用当前原点：将图案填充原点设定在 HPORIGIN 系统变量中存储的默认位置。

（8）存储为默认原点：将新图案填充原点的值存储在 HPORIGIN 系统变量中。

5）"选项"面板

（1）关联：指定图案填充或填充为关联图案填充。关联的图案填充或填充在用户修改其边界对象时将会更新。

（2）注释性：指定图案填充为注释性。此特性会自动完成缩放注释过程，从而使注释能够以正确的大小在图纸上打印或显示。

（3）特性匹配

➢ 使用当前原点：使用选定图案填充对象（除图案填充原点外）设定图案填充的特性。

➢ 使用源图案填充的原点：使用选定图案填充对象（包括图案填充原点）设定图案填充的特性。

（4）允许的间隙：设定将对象用作图案填充边界时可以忽略的最大间隙。默认值为 0，此值指定对象必须封闭区域而没有间隙。

（5）创建独立的图案填充：控制当指定了几个单独的闭合边界时，是创建单个图案填充对象，还是创建多个图案填充对象。

（6）孤岛检测

➢ 普通孤岛检测：从外部边界向内填充。如果遇到内部孤岛，填充将关闭，直到遇到孤岛中的另一个孤岛。

➢ 外部孤岛检测：从外部边界向内填充。此选项仅填充指定的区域，不会影响内部孤岛。

> 忽略孤岛检测：忽略所有内部的对象,填充图案时将通过这些对象。

（7）绘图次序：为图案填充或填充指定绘图次序。选项包括不更改、后置、前置、置于边界之后和置于边界之前。

6）"关闭"面板

关闭"图案填充创建"：退出 HATCH 并关闭上下文选项卡。也可以按 Enter 键或 Esc 键退出 HATCH。

3.4.3 编辑填充的图案

可以利用 HATCHEDIT 命令编辑已经填充的图案。

1. 执行方式

命令行：HATCHEDIT。

菜单栏：选择菜单栏中的"修改"→"对象"→"图案填充"命令。

工具栏：单击"修改Ⅱ"工具栏中的"编辑图案填充"按钮。

功能区：单击"默认"选项卡"修改"面板中的"编辑图案填充"按钮。

2. 操作步骤

执行上述命令后,AutoCAD 会给出下面提示：

选择关联填充对象：

选取关联填充物体后,系统打开如图 3-39 所示的"图案填充编辑器"选项卡。

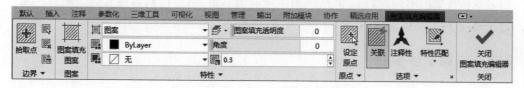

图 3-39 "图案填充编辑器"选项卡

在图 3-39 中,只有对正常显示的选项才可以进行操作。该选项卡中各项的含义与图 3-35 所示的"图案填充创建"选项卡中各项的含义相同。利用该选项卡,可以对已填充的图案进行一系列的编辑修改。

3.4.4 上机练习——壁龛交接箱

 练习目标

绘制如图 3-40 所示的壁龛交接箱符号。

设计思路

首先利用矩形和直线命令绘制初步图形,然后利用图案填充命令进行填充,最终完成对壁龛交接箱符号的绘制。

图 3-40 壁龛交接箱符号

操作步骤

（1）单击"默认"选项卡"绘图"面板中的"矩形"按钮▭和"直线"按钮╱，绘制初步图形。

（2）单击"默认"选项卡"绘图"面板中的"图案填充"按钮▨，打开"图案填充创建"选项卡，如图 3-41 所示，选择 SOLID 图案，单击"拾取点"按钮▦，进行填充，结果如图 3-40 所示。

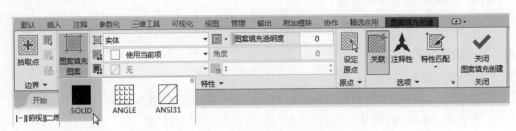

图 3-41　"图案填充创建"选项卡

3.5　多　段　线

多段线是一种由线段和圆弧组合而成的、不同线宽的多线，这种线由于其组合形式的多样和线宽的不同，弥补了直线或圆弧功能的不足，适合绘制各种复杂的图形轮廓，因而得到了广泛的应用。

3.5.1　绘制多段线

1．执行方式

命令行：PLINE(快捷命令：PL)。

菜单栏：选择菜单栏中的"绘图"→"多段线"命令。

工具栏：单击"绘图"工具栏中的"多段线"按钮 ⌐Ɔ 。

功能区：单击"默认"选项卡"绘图"面板中的"多段线"按钮 ⌐Ɔ 。

2．操作步骤

```
命令：PLINE
指定起点：(指定多段线的起点)
当前线宽为 0.0000
指定下一个点或 [圆弧(A)/半宽(H)/长度(L)/放弃(U)/宽度(W)]：(指定多段线的下一点)
```

3．选项说明

其中选项的含义如表 3-10 所示。

表 3-10 "绘制多段线"命令中选项含义

选 项	含 义
多段线	多段线主要由不同长度的连续的线段或圆弧组成,如果在上述提示中选择"圆弧"命令,则命令行提示: 指定圆弧的端点(按住 Ctrl 键以切换方向)或[角度(A)/圆心(CE)/方向(D)/半宽(H)/直线(L)/半径(R)/第二个点(S)/放弃(U)/宽度(W)]:

3.5.2 编辑多段线

1. 执行方式

命令行:PEDIT(快捷命令:PE)。

菜单栏:选择菜单栏中的"修改"→"对象"→"多段线"命令。

工具栏:单击"修改Ⅱ"工具栏中的"编辑多段线"按钮 。

快捷菜单:选择要编辑的多线段,在绘图区右击,从弹出的快捷菜单中选择"多段线编辑"命令。

2. 操作步骤

```
命令:PEDIT
选择多段线或[多条(M)]:(选择一条要编辑的多段线)
输入选项[闭合(C)/合并(J)/宽度(W)/编辑顶点(E)/拟合(F)/样条曲线(S)/非曲线化(D)/线型
生成(L)/放弃(U)]:
```

3. 选项说明

各选项的含义如表 3-11 所示。

表 3-11 "编辑多段线"命令各选项含义

选 项	含 义
合并(J)	以选中的多段线为主体,合并其他直线段、圆弧或多段线,使其成为一条多段线。能合并的条件是各段线的端点首尾相连,如图 3-42 所示
宽度(W)	修改整条多段线的线宽,使其具有同一线宽,如图 3-43 所示
编辑顶点(E)	选择该选项后,在多段线起点处出现一个斜的十字叉"×",它为当前顶点的标记,并在命令行出现进行后续操作的提示: [下一个(N)/上一个(P)/打断(B)/插入(I)/移动(M)/重生成(R)/拉直(S)/切向(T)/宽度(W)/退出(X)]〈N〉: 这些选项允许用户进行移动、插入顶点和修改任意两点间的线的线宽等操作
拟合(F)	从指定的多段线生成由光滑圆弧连接而成的圆弧拟合曲线,该曲线经过多段线的各顶点,如图 3-44 所示
样条曲线(S)	以指定的多段线的各顶点作为控制点生成 B 样条曲线,如图 3-45 所示

续表

选　项	含　义
非曲线化(D)	用直线代替指定的多段线中的圆弧。对于选择"拟合(F)"选项或"样条曲线(S)"选项后生成的圆弧拟合曲线或样条曲线,删去其生成曲线时新插入的顶点,则恢复成由直线段组成的多段线
线型生成(L)	当多段线的线型为点划线时,控制多段线的线型生成方式开关。选择此项,系统提示: 输入多段线线型生成选项 [开(ON)/关(OFF)]〈关〉: 选择 ON 时,将在每个顶点处允许以短划线开始或结束生成线型;选择 OFF 时,将在每个顶点处允许以长划线开始或结束生成线型(如图 3-46 所示)。"线型生成"命令不能用于包含带变宽的线段的多段线

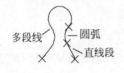

(a) 合并前　　　　　(b) 合并后　　　　　(a) 修改前　　　　(b) 修改后

图 3-42　合并多段线　　　　　图 3-43　修改整条多段线的线宽

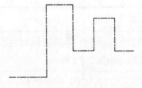
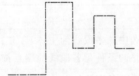

(a) 修改前　　　　(b) 修改后　　　　　(a) 修改前　　　　(b) 修改后

图 3-44　生成圆弧拟合曲线　　　　　图 3-45　生成 B 样条曲线

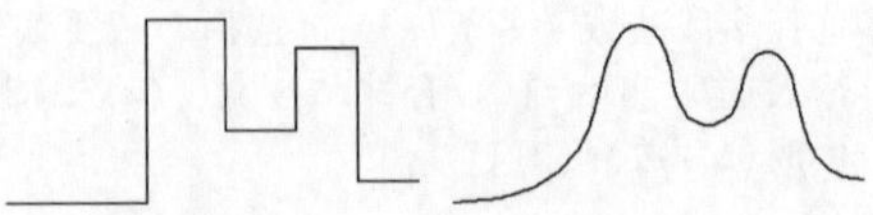

(a) 关　　　　　　　　　(b) 开

图 3-46　控制多段线的线型(线型为点划线时)

3.5.3　上机练习——振荡回路

练习目标

绘制如图 3-47 所示的振荡回路。

设计思路

首先使用多段线命令绘制电感符号及其相连导线,

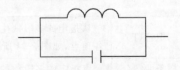

图 3-47　振荡回路

然后利用圆弧命令绘制剩余的电感符号,最后利用直线命令绘制导线和电容符号,最终完成振荡回路的绘制。

 操作步骤

(1) 单击"默认"选项卡"绘图"面板中的"多段线"按钮 ,绘制电感符号及其相连导线,命令行提示如下。

```
命令:_pline
指定起点:(适当指定一点)
当前线宽为 0.0000
指定下一个点或 [圆弧(A)/半宽(H)/长度(L)/放弃(U)/宽度(W)]:(水平向右指定一点)
指定下一点或 [圆弧(A)/闭合(C)/半宽(H)/长度(L)/放弃(U)/宽度(W)]:a↙
指定圆弧的端点(按住 Ctrl 键以切换方向)或 [角度(A)/圆心(CE)/闭合(CL)/方向(D)/半宽
(H)/直线(L)/半径(R)/第二个点(S)/放弃(U)/宽度(W)]:a↙
指定夹角(按住 Ctrl 键以切换方向):-180↙
指定圆弧的端点(按住 Ctrl 键以切换方向)或 [圆心(CE)/半径(R)]:(向右与左边直线大约处于
水平位置指定一点)
指定圆弧的端点(按住 Ctrl 键以切换方向)或[角度(A)/圆心(CE)/闭合(CL)/方向(D)/半宽(H)/
直线(L)/半径(R)/第二个点(S)/放弃(U)/宽度(W)]:d↙
指定圆弧的起点切向:(竖直向上指定一点)
指定圆弧的端点(按住 Ctrl 键以切换方向):(向右与左边直线大约处于水平位置指定一点,使
此圆弧与前面圆弧半径大约相等)
指定圆弧的端点(按住 Ctrl 键以切换方向)或[角度(A)/圆心(CE)/闭合(CL)/方向(D)/半宽(H)/
直线(L)/半径(R)/第二个点(S)/放弃(U)/宽度(W)]:↙
```

结果如图 3-48 所示。

(2) 单击"默认"选项卡"绘图"面板中的"圆弧"按钮,完成电感符号绘制,命令行提示如下。

```
命令:_arc
指定圆弧的起点或 [圆心(C)]:(指定多段线终点为起点)
指定圆弧的第二个点或 [圆心(C)/端点(E)]:e↙
指定圆弧的端点:(水平向右指定一点,与第一点的距离约与多段线圆弧直径相等)
指定圆弧的中心点(按住 Ctrl 键以切换方向)或 [角度(A)/方向(D)/半径(R)]:d↙
指定圆弧起点的相切方向(按住 Ctrl 键以切换方向):(竖直向上指定一点)
```

结果如图 3-49 所示。

图 3-48 绘制电感及其导线

图 3-49 完成电感符号绘制

(3) 单击"默认"选项卡"绘图"面板中的"直线"按钮,绘制导线。以圆弧终点为起点绘制正交联系直线,如图 3-50 所示。

(4) 单击"默认"选项卡"绘图"面板中的"直线"按钮,绘制电容符号。电容符号为两条平行大约等长竖线,大约使右边竖线的中点为刚绘制的导线端点,如图 3-51 所示。

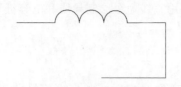

图 3-50   绘制导线

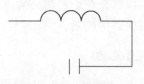

图 3-51   绘制电容

（5）单击"默认"选项卡"绘图"面板中的"直线"按钮 ∕，绘制连续正交直线，完成其他导线绘制，大致使直线的起点为电容符号左边竖线中点，终点为与电感符号相连的导线直线左端点。最终结果如图 3-47 所示。

注意：由于所绘制的直线、多段线和圆弧都是首尾相连或要求水平对齐，所以要求读者在指定相应点时要比较细心。此处读者操作起来可能比较烦琐，在后面章节学习了精确绘图相关知识后就会很简便了。

3.6   样条曲线

AutoCAD 使用一种被称为非一致有理 B 样条（NURBS）曲线的特殊样条曲线类型。NURBS 曲线在控制点之间产生一条光滑的样条曲线，如图 3-52 所示。样条曲线可用于创建形状不规则的曲线，例如，为地理信息系统应用或汽车设计绘制轮廓线。

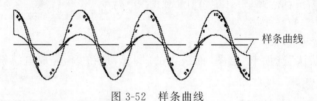

样条曲线

图 3-52   样条曲线

3.6.1   绘制样条曲线

1. 执行方式

命令行：SPLINE。

菜单栏：选择菜单栏中的"绘图"→"样条曲线"命令。

工具栏：单击"绘图"工具栏中的"样条曲线"按钮 ∿。

功能区：单击"默认"选项卡"绘图"面板中的"样条曲线拟合"按钮 ∿ 或"样条曲线控制点"按钮 ∿，如图 3-53所示。

图 3-53   "绘图"面板

2. 操作步骤

```
命令：SPLINE↙
当前设置：方式 = 拟合    节点 = 弦
指定第一个点或 [方式(M)/节点(K)/对象(O)]：(指定一点或选择"对象(O)"选项)
```

输入下一个点或 [起点切向(T)/公差(L)]:(指定一点)
输入下一个点或 [端点相切(T)/公差(L)/放弃(U)]:(指定一点)
输入下一个点或 [端点相切(T)/公差(L)/放弃(U)/闭合(C)]:

3. 选项说明

各选项的含义如表 3-12 所示。

表 3-12 "绘制样条曲线"命令各选项含义

选 项	含 义
方式(M)	控制是使用拟合点还是使用控制点来创建样条曲线。选项会因用户选择的是使用拟合点创建样条曲线还是使用控制点创建样条曲线而异
节点(K)	指定节点参数化,它会影响曲线在通过拟合点时的形状
对象(O)	将二维或三维的二次或三次样条曲线拟合多段线转换为等价的样条曲线,然后(根据 DELOBJ 系统变量的设置)删除该多段线
起点相切(T)	基于切向创建样条曲线
公差(L)	指定距样条曲线必须经过的指定拟合点的距离。公差应用于除起点和端点外的所有拟合点
端点相切(T)	停止基于切向创建曲线。可通过指定拟合点继续创建样条曲线。 选择"端点相切"后,将提示用户指定最后一个输入拟合点的最后一个切点
闭合(C)	将最后一点定义为与第一点一致,并使它在连接处相切,这样可以闭合样条曲线。选择该项,系统继续提示: 指定切向:(指定点或按 Enter 键) 用户可以指定一点来定义切向矢量,或者使用"切点"和"垂足"对象捕捉模式使样条曲线与现有对象相切或垂直

3.6.2 编辑样条曲线

1. 执行方式

命令行:SPLINEDIT。

菜单栏:选择菜单栏中的"修改"→"对象"→"样条曲线"命令。

工具栏:单击"修改Ⅱ"工具栏中的"编辑样条曲线"按钮 。

快捷菜单:选择要编辑的样条曲线,在绘图区右击,从弹出的快捷菜单中选择"编辑样条曲线"命令。

2. 操作步骤

命令:SPLINEDIT
选择样条曲线:(选择要编辑的样条曲线。若选择的样条曲线是用 SPLINE 命令创建的,其近似点以夹点的颜色显示出来;若选择的样条曲线是用 PLINE 命令创建的,其控制点以夹点的颜色显示出来)
输入选项 [闭合(C)/合并(J)/拟合数据(F)/编辑顶点(E)/转换为多段线(P)/反转(R)/放弃(U)/退出(X)]〈退出〉:

3. 选项说明

各选项的含义如表 3-13 所示。

表 3-13   "编辑样条曲线"命令各选项含义

选 项	含 义
合并(J)	选定的样条曲线、直线和圆弧在重合端点处合并到现有样条曲线。选择有效对象后,该对象将合并到当前样条曲线,合并点处将具有一个折点
拟合数据(F)	编辑近似数据。选择该选项后,创建该样条曲线时指定的各点将以小方格的形式显示出来
编辑顶点(E)	精密调整样条曲线定义
转换为多段线(P)	将样条曲线转换为多段线。精度值决定结果多段线与源样条曲线拟合的精确程度。有效值为介于 0～99 之间的任意整数
反转(E)	反转样条曲线的方向。该项操作主要用于应用程序

3-10

3.6.3   上机练习——整流器

练习目标

绘制如图 3-54 所示的整流器。

设计思路

首先利用多边形命令绘制正四边形,然后利用直线命令绘制多条直线,最后利用样条曲线命令绘制样条曲线,最终完成整流器的绘制。

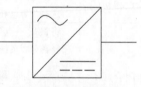

图 3-54   整流器

操作步骤

(1) 单击"默认"选项卡"绘图"面板中的"多边形"按钮,绘制正四边形。命令行提示与操作如下。

```
命令:_polygon
输入侧面数〈4〉:✓
指定正多边形的中心点或 [边(E)]:(在绘图屏幕适当指定一点)
输入选项 [内接于圆(I)/外切于圆(C)]〈I〉:✓
指定圆的半径:(适当指定一点作为外接圆半径,使正四边形的边大约处于垂直正交位置,如图 3-55 所示)
```

(2) 单击"默认"选项卡"绘图"面板中的"直线"按钮✏,绘制 3 条直线,并将其中一条直线设置为虚线,如图 3-56 所示。

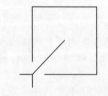

图 3-55   绘制正四边形

图 3-56   绘制直线

（3）单击"默认"选项卡"绘图"面板中的"样条曲线拟合"按钮，绘制样条曲线。命令行提示与操作如下。

```
命令：_spline
当前设置：方式 = 拟合   节点 = 弦
指定第一个点或 [方式(M)/节点(K)/对象(O)]:(适当指定一点)
输入下一个点或 [起点切向(T)/公差(L)]:(适当指定一点)
输入下一个点或 [端点相切(T)/公差(L)/放弃(U)/闭合(C)]:(适当指定一点)
输入下一个点或 [端点相切(T)/公差(L)/放弃(U)/闭合(C)]:(适当指定一点)
输入下一个点或 [端点相切(T)/公差(L)/放弃(U)/闭合(C)]:(适当指定一点)
输入下一个点或 [端点相切(T)/公差(L)/放弃(U)/闭合(C)]:↙
```

最终结果如图 3-54 所示。

3.7 多 线

多线是一种复合线，由连续的直线段复合组成。多线的突出优点是能够提高绘图效率，并保证图线之间的统一性。

3.7.1 绘制多线

1．执行方式

命令行：MLINE。

菜单栏：选择菜单栏中的"绘图"→"多线"命令。

2．操作步骤

```
命令：MLINE
当前设置：对正 = 上,比例 = 20.00,样式 = STANDARD
指定起点或 [对正(J)/比例(S)/样式(ST)]:(指定起点)
指定下一点:(给定下一点)
指定下一点或 [放弃(U)]:(继续给定下一点,绘制线段。输入 U,则放弃前一段的绘制；右击或
按 Enter 键,结束命令)
指定下一点或 [闭合(C)/放弃(U)]:(继续给定下一点,绘制线段。输入 C,则闭合线段,结束命令)
```

3．选项说明

各选项的含义如表 3-14 所示。

表 3-14 "绘制多线"命令各选项含义

选 项	含 义
对正(J)	该项用于给定绘制多线的基准。共有 3 种对正类型："上""无""下"。其中，"上(T)"表示以多线上侧的线为基准，以此类推
比例(S)	选择该项，要求用户设置平行线的间距。输入值为零时，平行线重合；值为负时，多线的排列倒置
样式(ST)	该项用于设置当前使用的多线样式

3.7.2 定义多线样式

1. 执行方式

命令行：MLSTYLE。

菜单栏：选择菜单栏中的"格式"→"多线样式"命令。

2. 操作步骤

系统自动执行该命令后，打开如图 3-57 所示的"多线样式"对话框。在该对话框中，用户可以对多线样式进行定义、保存和加载等操作。

图 3-57 "多线样式"对话框

3.7.3 编辑多线

1. 执行方式

命令行：MLEDIT。

菜单栏：选择菜单栏中的"修改"→"对象"→"多线"命令。

2. 操作步骤

执行该命令后，打开"多线编辑工具"对话框，如图 3-58 所示。

利用该对话框，可以创建或修改多线的模式。对话框中分 4 列显示了示例图形。其中，第一列管理十字交叉形式的多线，第二列管理 T 形多线，第三列管理拐角接合点和节点形式的多线，第四列管理多线被剪切或连接的形式。

选择某个示例图形，然后单击"关闭"按钮，就可以调用该项编辑功能。

图 3-58 "多线编辑工具"对话框

3-11

3.7.4 上机练习——墙体

练习目标

绘制如图 3-59 所示的墙体。

设计思路

首先利用构造线命令绘制辅助线,然后设置多线样式,并利用多线命令绘制墙体,最后将所绘制的墙体进行编辑操作。

操作步骤

(1) 单击"默认"选项卡"绘图"面板中的"构造线"按钮 ,绘制出一条水平构造线和一条竖直构造线,组成"十"字形辅助线,如图 3-60 所示。

图 3-59 墙体

(2) 单击"默认"选项卡"修改"面板中的"偏移"按钮 ⊆,将水平构造线依次向上偏移 4200、5100、1800 和 3000,偏移得到的水平构造线如图 3-61 所示。重复"偏移"命令,将垂直构造线依次向右偏移 3900、1800、2100 和 4500,结果如图 3-62 所示。

(3) 选择菜单栏中的"格式"→"多线样式"命令,打开"多线样式"对话框。在该对话框中单击"新建"按钮,系统打开"创建新的多线样式"对话框,在该对话框的"新样式名"文本框中输入"墙体线",单击"继续"按钮。

(4) 系统打开"新建多线样式:墙体线"对话框,进行如图 3-63 所示的设置。

图 3-60 "十"字形辅助线

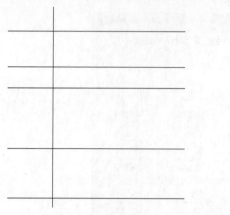

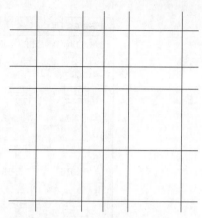

图 3-61　水平构造线　　　　　　　　图 3-62　居室的辅助线网格

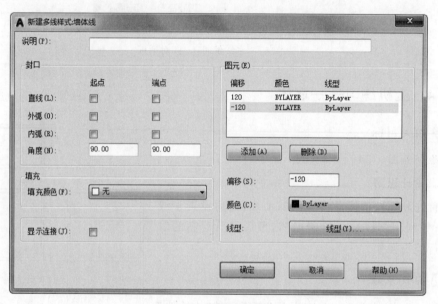

图 3-63　设置多线样式

（5）选择菜单栏中的"绘图"→"多线"命令，绘制多线墙体。命令行提示与操作如下。

```
命令: MLINE
当前设置: 对正 = 上,比例 = 20.00,样式 = STANDARD
指定起点或 [对正(J)/比例(S)/样式(ST)]: S
输入多线比例〈20.00〉: 1
当前设置: 对正 = 上,比例 = 1.00,样式 = STANDARD
指定起点或 [对正(J)/比例(S)/样式(ST)]: J
输入对正类型 [上(T)/无(Z)/下(B)]〈上〉: Z
当前设置: 对正 = 无,比例 = 1.00,样式 = STANDARD
指定起点或 [对正(J)/比例(S)/样式(ST)]:(在绘制的辅助线交点上指定一点)
指定下一点:(在绘制的辅助线交点上指定下一点)
指定下一点或 [放弃(U)]:(在绘制的辅助线交点上指定下一点)
```

指定下一点或 [闭合(C)/放弃(U)]: (在绘制的辅助线交点上指定下一点)
指定下一点或 [闭合(C)/放弃(U)]:C

根据辅助线网格,用相同方法绘制多线,绘制结果如图 3-64 所示。

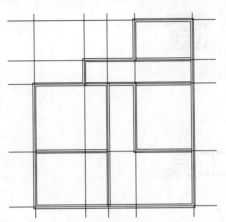

图 3-64　全部多线绘制结果

(6) 编辑多线。选择菜单栏中的"修改"→"对象"→"多线"命令,打开"多线编辑工具"对话框,如图 3-58 所示。选择其中的"T 形合并"选项,单击"关闭"按钮后,命令行提示与操作如下。

命令: MLEDIT
选择第一条多线:(选择多线)
选择第二条多线:(选择多线)
选择第一条多线或 [放弃(U)]:

重复"编辑多线"命令,继续进行多线编辑,编辑的最终结果如图 3-59 所示。

第 4 章

基本绘图工具

　　AutoCAD 2020 提供了多种功能强大的辅助绘图工具,包括图层相关工具、对象约束、文字注释、表格、尺寸标注。利用这些工具,用户可以方便、快速、准确地进行绘图。

学 习 要 点

◆ 图层设置
◆ 文字
◆ 表格
◆ 尺寸标注

4.1 图层设置

图层是 AutoCAD 制图使用的主要组织工具。可以使用图层将信息按功能编组，以及执行线型、颜色及其他标准。AutoCAD 的层可以简单而形象地理解为：一层叠一层放置的透明的叠合电子纸，如图 4-1 所示。我们可以根据需要增加或删除某一层或多个层。在每一层上，都可以进行图形绘制，能够设置任意的线型与颜色。在图形绘制之前，为了便于以后的使用，最好先创建层的组织结构。

在绘制施工图时，可以根据不同的构想和思路，用不同的层完成不同的设计，然后逐次打开每一个层，比较效果，选择出最合理的层的组合，以实现设计制图的简洁、快速。在图形的输出过程中，不管是建筑图、管线图还是零件图，往往需要对图样的某一部分或每一类图样进行输出，此时可以通过改变层的状态（冻结或锁定或打印），来获得不同的输出效果。

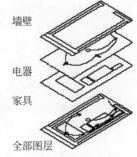

图 4-1 图层示意图

（图中标注：墙壁、电器、家具、全部图层）

4.1.1 建立新图层

新建的 CAD 文档中只能自动创建一个名为"0"的特殊图层。默认情况下，图层 0 将被指定使用 7 号颜色、CONTINUOUS 线型、默认线宽以及 NORMAL 打印样式，并且不能被删除或重命名。该图层有两个用途。

（1）确保每个图形至少包括一个图层。

（2）提供与块中的控制颜色相关的特殊图层，通过创建新的图层，可以将类型相似的对象指定给同一个图层使其相关联。例如，可以将构造线、文字、标注和标题栏置于不同的图层上，并为这些图层指定通用特性。通过将对象分类放到各自的图层中，可以快速、有效地控制对象的显示以及对其进行更改。

执行方式如下。

命令行：LAYER。

菜单栏：选择菜单栏中的"格式"→"图层"命令。

工具栏：单击"图层"工具栏中的"图层特性管理器"按钮。

功能区：单击"默认"选项卡"图层"面板中的"图层特性"按钮或单击"视图"选项卡"选项板"面板中的"图层特性"按钮。

执行上述操作之一后，系统打开"图层特性管理器"选项板，如图 4-2 所示。单击该选项板中的"新建图层"按钮，建立新图层，默认的图层名为"图层 1"。可以根据绘图需要更改图层名。在一个图形中可以创建的图层数以及在每个图层中可以创建的对象数实际上是无限的，图层最长可使用 255 个字符的字母数字命名。"图层特性管理器"按名称的字母顺序排列图层。

注意：如果要建立不止一个图层，无须重复单击"新建"按钮。更有效的方法是：在建立一个新的图层"图层 1"后，改变图层名，在其后输入逗号","，这样系统会自动建立一个新图层"图层1";改变图层名,再输入一个逗号,又建立一个新的图层。这样可以依次建立各个图层,也可以按两次 Enter 键,建立另一个新的图层。

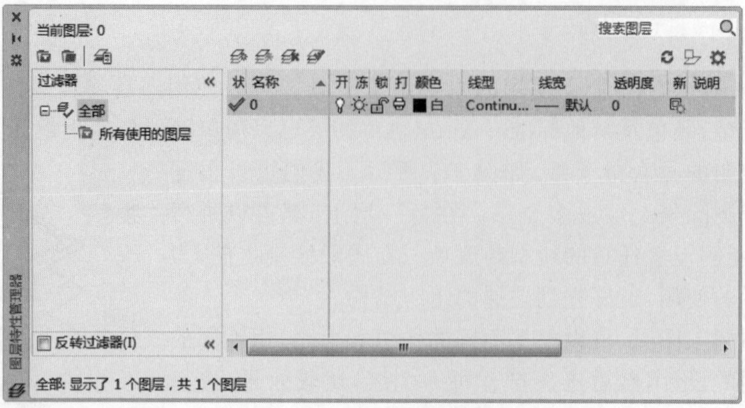

图 4-2 "图层特性管理器"选项板

注意:建议创建几个新图层来组织图形,而不是将整个图形均创建在图层0上。

在每个图层属性设置中,包括图层名称、关闭/打开图层、冻结/解冻图层、锁定/解锁图层、图层线条颜色、图层线条线型、图层线条宽度、图层打印样式以及图层是否打印9个参数。下面介绍设置这些图层参数的方法。

1. 设置图层线条颜色

在工程图中,整个图形包含多种不同功能的图形对象,如实体、剖面线与尺寸标注等,为了便于直观地区分它们,就有必要针对不同的图形对象使用不同的颜色,例如实体层使用白色、剖面线层使用青色等。

要改变图层的颜色时,单击图层所对应的颜色图标,打开"选择颜色"对话框,如图 4-3 所示。它是一个标准的颜色设置对话框,可以使用"索引颜色""真彩色""配色系统"三个选项卡中的参数来设置颜色。

2. 设置图层线型

线型是指作为图形基本元素的线条的组成和显示方式,如实线、点划线等。在许多绘图工作中,常常以线型划分图层,为某一个图层设置适合的线型。在绘图时,只需将该图层设为当前工作层,即可绘制出符合线型要求的图形对象,极大地提高了绘图效率。

单击图层所对应的线型图标,打开"选择线型"对话框,如图 4-4 所示。默认情况下,在"已加载的线型"列表框中,系统中只添加了 Continuous 线型。单击"加载"按钮,打开"加载或重载线型"对话框,如图 4-5 所示,可以看到 AutoCAD 提供了许多线型,用鼠标选择所需的线型,单击"确定"按钮,即可把该线型加载到"已加载的线型"列表框中。可以按住 Ctrl 键选择几种线型同时加载。

3. 设置图层线宽

顾名思义,线宽设置就是改变线条的宽度。用不同宽度的线条表现图形对象的类型,可以提高图形的表达能力和可读性,例如绘制外螺纹时大径使用粗实线,小径使用细实线。

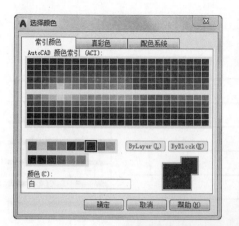
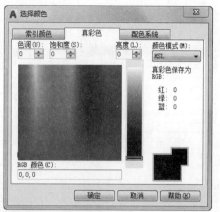

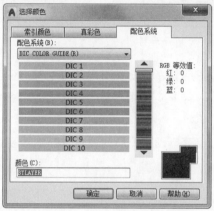

图 4-3 "选择颜色"对话框

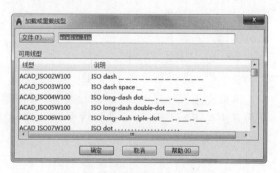

图 4-4 "选择线型"对话框　　　　　　　图 4-5 "加载或重载线型"对话框

　　单击"图层特性管理器"选项板中图层所对应的线宽图标,打开"线宽"对话框,如图 4-6 所示。选择一个线宽,单击"确定"按钮完成对图层线宽的设置。

　　图层线宽的默认值为 0.25mm。在状态栏为"模型"状态时,显示的线宽同计算机的像素有关。线宽为零时,显示为一个像素的线宽。单击状态栏中的"显示/隐藏线宽"按钮 ☰ ,显示的图形线宽与实际线宽成比例,如图 4-7 所示,但线宽不随图形的放大和缩小而变化。线宽功能关闭时,不显示图形的线宽,图形的线宽均为默认宽度值显示。可以在"线宽"对话框中选择所需的线宽。

Note

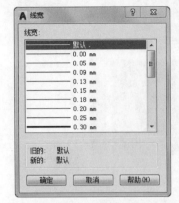

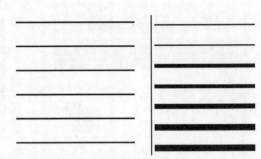

图 4-6 "线宽"对话框   图 4-7 线宽显示效果图

4.1.2 设置图层

除了前面讲述的通过图层管理器设置图层的方法外,还可以利用其他几种简便方法来设置图层的颜色、线宽、线型等参数。

1. 直接设置图层

可以直接通过命令行或菜单设置图层的颜色、线宽、线型等参数。

1) 设置颜色

执行方式如下。

命令行:COLOR。

菜单栏:选择菜单栏中的"格式"→"颜色"命令。

执行上述操作之一后,系统打开"选择颜色"对话框,如图 4-3 所示。

2) 设置线宽

执行方式如下。

命令行:LINETYPE。

菜单栏:选择菜单栏中的"格式"→"线型"命令。

执行上述操作之一后,系统打开"线型管理器"对话框,如图 4-8 所示。该对话框的使用方法与图 4-4 所示的"选择线型"对话框类似。

3) 设置线型

执行方式如下。

命令行:LINEWEIGHT 或 LWEIGHT。

菜单栏:选择菜单栏中的"格式"→"线宽"命令。

执行上述操作之一后,系统打开"线宽设置"对话框,如图 4-9 所示。该对话框的使用方法与图 4-6 所示的"线宽"对话框类似。

2. 利用"特性"面板设置图层

AutoCAD 提供了一个"特性"面板,如图 4-10 所示。用户可以控制和使用面板中的对象特性工具快速地查看和改变所选对象的颜色、线型、线宽等特性。"特性"面板增强了查看和编辑对象属性的功能,在绘图区选择任意对象都将在该工具栏中自动显示它所在的图层、颜色、线型等属性。

图 4-8 "线型管理器"对话框

图 4-9 "线宽设置"对话框

图 4-10 "特性"面板

也可以在"特性"面板的"颜色""线型"和"线宽"下拉列表框中选择需要的参数值。如果在"颜色"下拉列表框中选择"更多颜色"选项,如图 4-11 所示,系统就会打开"选择颜色"对话框。同样,如果在"线型"下拉列表框中选择"其他"选项,如图 4-12 所示,系统就会打开"线型管理器"对话框。

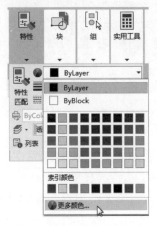

图 4-11 "选择颜色"选项

图 4-12 "其他"选项

3. 用"特性"选项板设置图层

执行方式如下。

命令行：DDMODIFY 或 PROPERTIES。

菜单栏：选择菜单栏中的"修改"→"特性"命令。

工具栏：单击"标准"工具栏中的"特性"按钮🎨。

执行上述操作之一后，系统打开"特性"选项板，如图 4-13 所示。在该对话框中可以方便地设置或修改图层、颜色、线型、线宽等属性。

📞 **注意**：通过"特性"选项板修改每个对象的线型比例因子，可以不同的比例使用同一个线型。

默认情况下，全局线型和单个线型比例均设置为1.0。比例越小，每个绘图单位中生成的重复图案就越多。例如，设置为 0.5 时，每一个图形单位在线型定义中显示重复两次的同一图案。不能显示完整线型图案的短线段显示为连续线。对于太短，甚至不能显示一个虚线小段的线段，可以使用更小的线型比例。

图 4-13 "特性"选项板

4.1.3 控制图层

1. 切换当前图层

不同的图形对象需要绘制在不同的图层中，在绘制前，需要将工作图层切换到所需的图层上。单击"图层"工具栏中的"图层特性管理器"按钮🗂，打开"图层特性管理器"选项板（图 4-2），选择图层，单击"置为当前"按钮🗸即可完成设置。

2. 删除图层

在"图层特性管理器"选项板的图层列表框中选择要删除的图层，单击"删除"按钮🗑即可删除该图层。从图形文件定义中删除选定的图层时，只能删除未参照的图层。参照图层包括图层 0 及 DEFPOINTS、包含对象（包括块定义中的对象）的图层、当前图层和依赖外部参照的图层。不包含对象（包括块定义中的对象）的图层、非当前图层和不依赖外部参照的图层都可以删除。

📞 **注意**：如果绘制的是共享工程中的图形或是基于一组图层标准的图形，则删除图层时要小心。

3. 关闭/打开图层

在"图层特性管理器"选项板中，单击💡图标，可以控制图层的可见性。图层打开后，图标小灯泡呈鲜艳的颜色时，该图层上的图形可以显示在屏幕上或绘制在绘图仪上。单击该属性图标后，图标小灯泡呈灰暗色时，该图层上的图形不显示在屏幕上，并且不能被打印输出，但仍然作为图形的一部分保留在文件中。

Note

4. 冻结/解冻图层

在"图层特性管理器"选项板中,单击 ☼ 图标,可以冻结图层或将图层解冻。图标呈雪花灰暗色时,该图层处于冻结状态;图标呈太阳鲜艳色时,该图层处于解冻状态。冻结图层上的对象不能显示,也不能打印,并且不能编辑修改。在冻结了图层后,该图层上的对象不影响其他图层上对象的显示和打印。例如,在使用 HIDE 命令消隐对象的时候,被冻结图层上的对象不隐藏。

5. 锁定/解锁图层

在"图层特性管理器"选项板中,单击 🔓 或 🔒 图标,可以锁定图层或将图层解锁。锁定图层后,该图层上的图形依然显示在屏幕上并可打印输出,也可以在该图层上绘制新的图形对象,但不能对该图层上的图形进行编辑修改操作。可以对当前图层进行锁定,也可以对锁定图层上的图形对象进行查询或捕捉。锁定图层可以防止对图形的意外修改。

6. 打印样式

在 AutoCAD 2020 中,可以使用一个名为"打印样式"的对象特性。打印样式控制对象的打印特性,包括颜色、抖动、灰度、笔号、虚拟笔、淡显、线型、线宽、线条端点样式、线条连接样式和填充样式。打印样式功能给用户提供了很大的灵活性,用户可以设置打印样式来替代其他对象特性,也可以根据需要关闭这些替代设置。

7. 打印/不打印

在"图层特性管理器"选项板中,单击 🖨 或 🖨 图标,可以设定该图层是否打印,以保证在图形可见性不变的条件下,控制图形的打印特征。打印功能只对可见的图层起作用,而对于已经被冻结或被关闭的图层不起作用。

8. 新视口冻结

新视口冻结功能用于控制在当前视口中图层的冻结和解冻,不解冻图形中设置为"关"或"冻结"的图层,对于模型空间视口不可用。

9. 透明度

可以控制所有对象在选定图层上的可见性。对单个对象应用透明度时,对象的透明度特性将替代图层的透明度设置。

10. 说明

(可选)用于描述图层或图层过滤器。

 小技巧:

(1) 在绘图时,所有图元的各种属性都应尽量与图层一致。尽量保持图元的属性和图层的一致,也就是说尽可能使图元属性都是 Bylayer。这样,有助于图面的清晰、准确和制图效率的提高。

(2) 图层设置的几个原则如下。

① 图层设置的第一原则是在够用的基础上越少越好。图层太多的话,会给绘制过程造成不便。

② 一般不在 0 层上绘制图线。

③ 不同的图层一般采用不同的颜色,这样可利用颜色对图层进行区分。

4.2 对象约束

约束能够用于精确地控制草图中的对象。草图约束有两种类型:几何约束和尺寸约束。

几何约束用于建立草图对象的几何特性(如要求某一直线具有固定长度)以及两个或多个草图对象的关系类型(如要求两条直线垂直或平行,或是几个弧具有相同的半径)。在二维草图与注释环境下,可以单击"参数化"选项卡中的"全部显示""全部隐藏"或"显示"按钮来显示有关信息,并显示代表这些约束的直观标记(如图 4-14 所示的水平标记 ⚌ 和共线标记 ⚯ 等)。

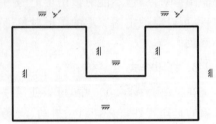

图 4-14 "几何约束"示意图

尺寸约束用于建立草图对象的大小(如直线的长度、圆弧的半径等)以及两个对象之间的关系(如两点之间的距离)。如图 4-15 所示为一带有尺寸约束的示例。

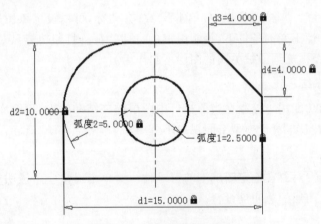

图 4-15 "尺寸约束"示意图

4.2.1 建立几何约束

使用几何约束,可以指定草图对象必须遵守的条件,或是草图对象之间必须维持的关系。"几何"面板及"几何约束"工具栏如图 4-16 所示,其主要几何约束选项的功能如表 4-1 所示。

绘图中可指定二维对象或对象上的点之间的几何约束。之后编辑受约束的几何图形时,将保留约束。因此,通过使用几何约束,可以在图形中包括设计要求。

图 4-16 "几何"面板及"几何约束"工具栏

表 4-1 几何约束

约束模式	功 能
重合	约束两个点使其重合,或者约束一个点使其位于曲线(或曲线的延长线)上。可以使对象上的约束点与某个对象重合,也可以使其与另一对象上的约束点重合
共线	使两条或多条直线段沿同一直线方向
同心	将两个圆弧、圆或椭圆约束到同一个中心点,与将重合约束应用于曲线的中心点所产生的结果相同
固定	将几何约束应用于一对对象时,选择对象的顺序以及选择每个对象的点都可能会影响对象彼此间的放置方式
平行	使选定的直线位于彼此平行的位置。平行约束在两个对象之间应用
垂直	使选定的直线位于彼此垂直的位置。垂直约束在两个对象之间应用
水平	使直线或点位于与当前坐标系的 X 轴平行的位置。默认选择类型为对象
竖直	使直线或点位于与当前坐标系的 Y 轴平行的位置
相切	将两条曲线约束为保持彼此相切或其延长线保持彼此相切。相切约束在两个对象之间应用
平滑	将样条曲线约束为连续,并与其他样条曲线、直线、圆弧或多段线保持 G2 连续性
对称	使选定对象受对称约束,相对于选定直线对称
相等	将选定的圆弧和圆重新调整为相同的半径,或将选定的直线重新调整为长度相同

4.2.2 几何约束设置

在使用 AutoCAD 绘图时,使用"约束设置"对话框,可以控制显示或隐藏的几何约束类型。

1. 执行方式

命令行:CONSTRAINTSETTINGS(快捷命令:CSETTINGS)。

菜单栏:选择菜单栏中的"参数"→"约束设置"命令。

工具栏:单击"参数化"工具栏中的"约束设置"按钮 。

功能区:在二维草图与注释环境下单击"参数化"选项卡"几何"面板中的"约束设置"按钮 。

执行上述操作之一后,系统打开"约束设置"对话框。该对话框中的"几何"选项卡如图 4-17 所示,利用该选项卡可以控制约束栏上约束类型的显示。

2. 选项说明

各选项的含义如表 4-2 所示。

图 4-17 "约束设置"对话框"几何"选项卡

表 4-2 "几何约束设置"命令各选项含义

选 项	含 义
"约束栏显示设置"选项区	此选项区用于控制图形编辑器中是否为对象显示约束栏或约束点标记。例如,可以为水平约束和竖直约束隐藏约束栏
"全部选择"按钮	用于选择几何约束类型
"全部清除"按钮	用于清除选定的几何约束类型
"约束栏透明度"选项区	用于设置图形中约束栏的透明度
"将约束应用于选定对象后显示约束栏"复选框	手动应用约束后或使用 AUTOCONSTRAIN 命令时显示相关约束栏
"选定对象时显示约束栏"复选框	临时显示选定对象的约束栏

4.2.3 建立尺寸约束

建立尺寸约束就是限制图形几何对象的大小,它与在草图上标注尺寸相似,同样需要设置尺寸标注线,与此同时建立相应的表达式,不同的是可以在后续的编辑工作中实现尺寸的参数化驱动。"标注"面板如图 4-18 所示。

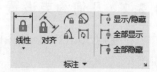

图 4-18 "标注"面板

（1）生成尺寸约束时,用户可以选择草图曲线、边、基准平面或基准轴上的点,以生成水平、竖直、平行、垂直或角度尺寸。

（2）生成尺寸约束时,系统会生成一个表达式,其名称和值显示在一个打开的文本区域中,如图 4-19 所示,用户可以接着编辑该表达式的名称和值。

（3）生成尺寸约束时,只要选中了几何体,其尺寸及其延伸线和箭头就会全部显示出来。将尺寸拖动到位后单击,即可完成尺寸的约束。完成尺寸约束后,用户可以随时更改。只需在绘图区选中该值并双击,就

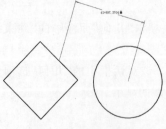

图 4-19 尺寸约束编辑

可以使用和生成过程相同的方式，编辑其名称、值和位置。

4.2.4　尺寸约束设置

在使用 AutoCAD 绘图时，使用"约束设置"对话框中的"标注"选项卡，可以控制显示标注约束时的系统配置。尺寸可以约束以下内容：

（1）对象之间或对象上的点之间的距离；

（2）对象之间或对象上的点之间的角度。

在"约束设置"对话框中切换到"标注"选项卡，如图 4-20 所示。利用该选项卡可以控制约束类型的显示。

图 4-20　"标注"选项卡

各选项的含义如表 4-3 所示。

表 4-3　"尺寸约束设置"命令各选项含义

选　　项	含　　义
"标注约束格式"选项区	在该选项区中可以设置标注名称格式以及锁定图标的显示
"名称和表达式"下拉列表框	选择应用标注约束时显示的文字指定格式
"为注释性约束显示锁定图标"复选框	针对已应用注释性约束的对象显示锁定图标
"为选定对象显示隐藏的动态约束"复选框	显示选定时已设置为隐藏的动态约束

4.2.5　自动约束

切换到"约束设置"对话框中的"自动约束"选项卡，如图 4-21 所示。利用该选项卡可以控制自动约束相关参数。

各选项的含义如表 4-4 所示。

图 4-21 "自动约束"选项卡

表 4-4 "自动约束"命令各选项含义

选 项	含 义
"自动约束"列表框	显示自动约束的类型以及优先级。可以通过单击"上移""下移"按钮调整优先级的先后顺序。也可以单击 ✔ 图标选择或取消某约束类型作为自动约束类型
"相切对象必须共用同一交点"复选框	指定两条曲线必须共用一个点(在距离公差范围内指定)以便应用相切约束
"垂直对象必须共用同一交点"复选框	指定直线必须相交或者一条直线的端点必须与另一条直线或直线的端点重合(在距离公差范围内指定)
"公差"选项区	设置可接受的"距离"和"角度"公差值以确定是否可以应用约束

4.3 文 字

在工程制图中,文字标注往往是必不可少的环节。AutoCAD 2020 提供了文字相关命令来进行文字的输入与标注。

4.3.1 设置字体

AutoCAD 2020 提供了"文字样式"对话框,通过这个对话框可方便直观地设置需要的文字样式,或对已有的样式进行修改。

1. 执行方式

命令行:STYLE。

菜单栏:选择菜单栏中的"格式"→"文字样式"命令。

工具栏:单击"文字"工具栏中的"文字样式"按钮 A。

功能区:单击"默认"选项卡"注释"面板中的"文字样式"按钮 A(如图 4-22 所示),或单击"注释"选项卡"文字"面板上的"文字样式"下拉菜单中的"管理文字样式"按钮

（如图 4-23 所示），或单击"注释"选项卡"文字"面板中的"对话框启动器"按钮 ◢ 。

执行上述操作之一后，系统打开"文字样式"对话框，如图 4-24 所示。

图 4-22 "注释"面板

图 4-23 "文字"面板

图 4-24 "文字样式"对话框

2．选项说明

各选项的含义如表 4-5 所示。

表 4-5 "设置字体"命令各选项含义

选 项		含 义
"字体"选项区		用于确定字体式样。在 AutoCAD 中，除了固有的 SHX 字体外，还可以使用 TrueType 字体（如宋体、楷体、italic 等）。一种字体可以设置不同的效果从而被多种文字样式使用
"大小"选项区		用来确定文字样式使用的字体文件、字体风格及字高等
	"注释性"复选框	指定文字为注释性文字
	"使文字方向与布局匹配"复选框	指定图纸空间视口中的文字方向与布局方向匹配。如果取消选中"注释性"复选框，则该选项不可用
	"高度"文本框	如果在"高度"文本框中输入一个数值，则它将作为添加文字时的固定字高，在用 TEXT 命令输入文字时，AutoCAD 将不再提示输入字高参数。如果在该文本框中设置字高为 0，文字默认值为 0 高度，AutoCAD 则会在每一次创建文字时提示输入字高

续表

选　　项	含　　义	
"效果"选项区	用于设置字体的特殊效果	
	"颠倒"复选框	选中该复选框,表示将文本文字倒置标注,如图4-25(a)所示
	"反向"复选框	确定是否将文本文字反向标注。图4-25(b)示出了这种标注效果
	"垂直"复选框	确定文本是水平标注还是垂直标注。选中该复选框为垂直标注,否则为水平标注,如图4-26所示
"宽度因子"文本框	用于设置宽度系数,确定文本字符的宽高比。当宽度因子为1时,表示将按字体文件中定义的宽高比标注文字;小于1时文字会变窄,反之变宽	
"倾斜角度"文本框	用于确定文字的倾斜角度。角度为0时不倾斜,为正时向右倾斜,为负时向左倾斜	

ABCDEFGHIJKLMN　ABCDEFGHIJKLMN

(倒置的)　(反向的)

(a)　　　　　　(b)

图 4-25　文字倒置标注与反向标注

abcd
a
b
c
d

图 4-26　垂直标注文字

4.3.2　字体相关注意事项

设置字体时还需要注意以下事项。

1. 字体库

AutoCAD 软件中,可以利用的字库有两类。一类存放在 AutoCAD 目录下的 Fonts 文件夹中,字库的后缀名为 shx,这一类是 AutoCAD 的专有字库。第二类存放在 WINNT 或 WINXP 等(看系统采用何种操作系统)的目录下的 Fonts 文件夹中,字库的后缀名为 ttf,如图4-27所示,这一类是 Windows 系统的通用字库,除了 AutoCAD 以外,其他软件如 Word、Excel 等也都采用这个字库。其中,汉字字库都已包含了英文字母。

设置使用 TTF 字体时并不需要选择"使用大字体"选项,这样即可在"字体名"列表下直接选择 Windows 下的所有 TTF 字体。

图 4-27　TTF 字体图标形式

☎注意:首先,设置字体时同样应遵循在够用基础上越少越好的原则。这一点应该适用于 AutoCAD 中所有的设置。不管什么类型的设置,都是越多就会造成 AutoCAD 文件越大,在运行软件时,也可能会给运算速度带来影响。更为关键的是,设置越多,越容易在图元的归类上发生错误。

另外,在使用 AutoCAD 时,除了默认的 Standard 字体外,一般只有两种字体定义。一种是常规定义,字体宽度为 0.75。一般所有的汉字、英文字都采用这种字体。第二种字体定义采用与第一种相同的字库,但是字体宽度为 0.5。这一种字体,是我国在尺寸标注时所采用的专用字体。因为在大多数施工图中,有很多细小的尺寸挤在一起,这时采用较窄的字体标注就会减少很多相互重叠的情况发生。

在 AutoCAD 中定义字体时,两种字库都可以采用,但它们具有各自的特点,要区别使用。后缀名为 shx 的字库的字体图标如图 4-28 所示,这一类字库最大的特点是占用系统资源少。因此,一般情况下,都推荐使用这类字库。如 sceic.shx、sceie.shx、sceist01.shx 三个字库,笔者强烈建议使用。除特殊情况外,应全部采用这三个字库文件,这样图纸才能统一化、格式化。

TXT3.SHX　　TXT4.SHX　　TXT9.SHX　　txt.shx

图 4-28　SHX 字体图标形式

后缀名为 ttf 的字库在两种情况下采用:一种是图纸文件要与其他公司交流,这样,采用宋体、黑体这样的字库,可以保证其他公司在打开你的文件时,不会发生任何问题;第二种情况就是在做方案、封面等时,因为这一类的字库文件非常多,各种样式都有,在需要美观效果的字样时,就可以采用这一类字库。

2. 使用大字体

在"文字样式"对话框中选中"使用大字体"复选框,即可激活大字体文件。可以选择两种字体,左侧是选择西文,右侧是选择中文,而且两种字体都必须为 SHX 字体。如果不使用大字体,则只能选择一种字体,该字体可以是 SHX 字体,也可以是 TTF 字体。建筑制图推荐使用 txt.shx、hztxt.shx 两种大字体结合。

注意:可以直接使用 Windows 的 TTF 中文字体,但是 TTF 字体会影响图形的显示速度,应尽量避免使用。

3. 设置替换字体

图纸是用来交流的,不同的单位使用的字体也会有所不同。图纸中的文字如果不用于印刷出版,就没有必要一定找回原来的字体显示,只要能看懂其中文字所要说明的内容就可以了。因此,对于找不到的字体应考虑使用其他的字体来替换,而不是到处查找字体。

打开图形,AutoCAD 假如碰到了没有的字体时,会提示用户指定替换字体,但每次打开都进行这样的操作未免有些烦琐。这里介绍一种一次性操作,以免除以后的烦恼。方法如下:

复制要替换的字体为将被替换的字体。如,打开一幅图,提示找不到 jd.shx 字库,想用 hztxt.shx 替换它,那么可以把 hztxt.shx 复制一份,命名为 jd.shx 就行了。此方法的缺点是占用很多磁盘空间。

4. 修改文字样式

修改多行文字对象的文字样式时,已更新的设置将应用到整个对象中,单个字符的某些格式可能不会被保留。表4-6列出了文字样式修改对字符格式的影响,读者应清楚地了解哪些样式设置会被保留。

表4-6 文字样式修改对字符格式影响列表

格 式	是否保留	格 式	是否保留
粗体	否	斜体	否
颜色	是	堆叠	是
字体	否	下划线	是
高度	否		

5. 字体文件加载

某些字体往往含有特殊的行业符号,大大方便了行业的 CAD 制图。若在"字体名"下拉列表框中找不到某种特殊行业字体,则必须安装该种字体文件。可直接复制某字体文件至 AutoCAD 安装目录下,然后重新启动 AutoCAD 就可顺利找到该字体。一般网络上有多种字体可供下载安装,读者可自行试一试。

4.3.3 单行文本标注

1. 执行方式

命令行:TEXT 或 DTEXT。

菜单栏:选择菜单栏中的"绘图"→"文字"→"单行文字"命令。

工具栏:单击"文字"工具栏中的"单行文字"按钮 A 。

功能区:单击"默认"选项卡"注释"面板中的"单行文字"按钮 A ,或单击"注释"选项卡"文字"面板中的"单行文字"按钮 A 。

执行上述操作之一后,选择相应的菜单项或在命令行中输入 TEXT 命令,命令行中的提示如下。

> 当前文字样式:Standard 当前文字高度:0.2000 注释性:否
> 指定文字的起点或[对正(J)/样式(S)]:

2. 选项说明

各选项的含义如表4-7所示。

表4-7 "单行文本标注"命令各选项含义

选 项	含 义
指定文字的起点	在此提示下直接在绘图区拾取一点作为文本的起始点。利用 TEXT 命令也可创建多行文本,只是这种多行文本每一行都是一个对象,因此不能对多行文本同时进行操作,但可以单独修改每一单行的文字样式、字高、旋转角度和对齐方式等

续表

选　项	含　义
对正(J)	在命令行中输入 J,用来确定文本的对齐方式。对齐方式决定文本的哪一部分与所选的插入点对齐
样式(S)	指定文字样式,文字样式决定文字字符的外观。创建的文字使用当前文字样式。 实际绘图时,有时需要标注一些特殊字符,例如直径符号、上划线或下划线、温度符号等。由于这些符号不能直接从键盘上输入,因此 AutoCAD 提供了一些控制码,用来实现这些要求。控制码用两个百分号(％％)加一个字符构成,常用的控制码如表 4-8 所示。 表中％％O 和％％U 分别为上划线和下划线的开关,第一次出现此符号时开始画上划线和下划线,第二次出现此符号上划线和下划线终止。例如,在"输入文字:"提示后输入"I want to ％％U go to Beijing％％U",则得到如图 4-29(a)所示的文本行;输入"50％％D＋％％C75％％P12",则得到如图 4-29(b)所示的文本行。 用 TEXT 命令可以创建一个或若干个单行文本,也就是说用此命令可以标注多行文本。在"输入文字:"提示下输入一行文本后按 Enter 键,然后可输入第二行文本,依次类推,直到文本全部输完,再在此提示下按 Enter 键,结束文本输入命令。每按一次 Enter 键就结束一个单行文本的输入。 用 TEXT 命令创建文本时,在命令行中输入的文字同时显示在屏幕上,而且在创建过程中可以随时改变文本的位置,只要将光标移到新的位置单击,则当前行结束,随后输入的文本会出现在新的位置上。用这种方法可以把多行文本标注到屏幕的任何地方

表 4-8　AutoCAD 常用控制码

符　号	功　能	符　号	功　能
％％O	上划线	\u+0278	电相位
％％U	下划线	\u+E101	流线
％％D	"度"符号	\u+2261	标识
％％P	正负符号	\u+E102	界碑线
％％C	直径符号	\u+2260	不相等
％％％	百分号(％)	\u+2126	欧姆
\u+2248	几乎相等	\u+03A9	欧姆
\u+2220	角度	\u+214A	低界线
\u+E100	边界线	\u+2082	下标 2
\u+2104	中心线	\u+00B2	上标 2
\u+0394	差值		

I want to go to Beijing.　　　　50°+⌀75±12

(a)　　　　　　　　　　(b)

图 4-29　文本行

4.3.4　多行文本标注

1．执行方式

命令行：MTEXT。

菜单栏：选择菜单栏中的"绘图"→"文字"→"多行文字"命令。

工具栏：单击"绘图"工具栏中的"多行文字"按钮 **A**，或单击"文字"工具栏中的"多行文字"按钮 **A**。

功能区：单击"默认"选项卡"注释"面板中的"多行文字"按钮 **A**，或单击"注释"选项卡"文字"面板中的"多行文字"按钮 **A**。

执行上述操作之一后，命令行中的提示如下。

> 当前文字样式："Standard"　当前文字高度：1.9122　注释性：否
> 指定第一角点：(指定矩形框的第一个角点)
> 指定对角点或[高度(H)/对正(J)/行距(L)/旋转(R)/样式(S)/宽度(W)/栏(C)]：

2．选项说明

各选项的含义如表 4-9 所示。

表 4-9　"多行文本标注"命令各选项含义

选　项	含　义
指定对角点	直接在屏幕上选取一个点作为矩形框的第二个角点，AutoCAD 以这两个点为对角点形成一个矩形区域，其宽度作为将来要标注的多行文本的宽度，而且第一个点作为第一行文本顶线的起点。响应后 AutoCAD 打开如图 4-30 所示的"文字编辑器"选项卡和多行文字编辑器，可利用此编辑器输入多行文本并对其格式进行设置。关于该对话框中各项的含义及编辑器功能，稍后再详细介绍
对正(J)	确定所标注文本的对齐方式。选择此选项后，命令行提示如下。 输入对正方式[左上(TL)/中上(TC)/右上(TR)/左中(ML)/正中(MC)/右中(MR)/左下(BL)/中下(BC)/ 右下(BR)]〈左上(TL)〉： 这些对齐方式与 TEXT 命令中的各对齐方式相同，不再重复。选取一种对齐方式后按 Enter 键，AutoCAD 回到上一级提示
行距(L)	确定多行文本的行间距，这里所说的行间距是指相邻两文本行的基线之间的垂直距离。选择此选项后，命令行提示如下。 输入行距类型[至少(A)/精确(E)]〈至少(A)〉： 在此提示下有两种方式确定行间距："至少"方式和"精确"方式。在"至少"方式下，AutoCAD 根据每行文本中最大的字符自动调整行间距；在"精确"方式下，AutoCAD 给多行文本赋予一个固定的行间距。可以直接输入一个确切的间距值，也可以输入 nx 的形式，其中，n 是一个具体数，表示行间距设置为单行文本高度的 n 倍，而单行文本高度是本行文本字符高度的 1.66 倍
旋转(R)	确定文本行的倾斜角度。选择此选项后，命令行提示如下。 指定旋转角度〈0〉：(输入倾斜角度) 指定对角点或[高度(H)/对正(J)/行距(L)/旋转(R)/样式(S)/宽度(W)/栏(C)]：
样式(S)	确定当前的文本样式

续表

选 项	含 义
宽度(W)	指定多行文本的宽度。可在屏幕上选取一点与前面确定的第一个角点组成的矩形框的宽作为多行文本的宽度。也可以输入一个数值，精确设置多行文本的宽度。 在创建多行文本时，只要给定了文本行的起始点和宽度，就会打开如图 4-30 所示的"文字编辑器"选项卡和多行文字编辑器，该编辑器包含一个"文字格式"对话框和一个右键快捷菜单。用户可以在编辑器中输入和编辑多行文本，包括设置字高、文本样式以及倾斜角度等
栏(C)	根据栏宽、栏间距宽度和栏高组成矩形框，打开如图 4-30 所示的"文字编辑器"选项卡和多行文字编辑器

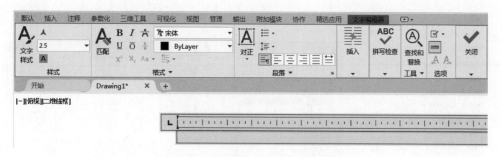

图 4-30　"文字编辑器"选项卡

"文字编辑器"选项卡用来控制文本文字的显示特性。可以在输入文本文字前设置文本的特性，也可以改变已输入的文本文字特性。要改变已有文本文字显示特性，首先应选择要修改的文本，选择文本的方式有以下 3 种。

(1) 将光标定位到文本文字开始处，按住鼠标拖到文本末尾。

(2) 双击某个文字，则该文字被选中。

(3) 单击 3 次，则选中全部内容。

下面介绍选项卡中部分选项的功能。

➢ "高度"下拉列表框：确定文本的字符高度，可在文本框中直接输入新的字符高度，也可从下拉列表中选择已设定过的高度。

➢ **B** 和 *I* 按钮：设置加粗或斜体效果，只对 TrueType 字体有效。

➢ "删除线"按钮 **A**：用于在文字上添加水平删除线。

➢ "下划线"**U** 与"上划线"**Ō** 按钮：设置或取消上(下)划线。

➢ "堆叠"按钮：即层叠/非层叠文本按钮，用于层叠所选的文本，也就是创建分数形式。当文本中某处出现"/""^"或"♯"这 3 种层叠符号之一时可层叠文本，方法是选中需层叠的文字，然后单击此按钮，则符号左边的文字作为分子，右边的文字作为分母。AutoCAD 提供了 3 种分数形式，选中"abcd/efgh"后单击此按钮，则得到如图 4-31(a)所示的分数形式；选中"abcd^efgh"后单击此按钮，则得到如图 4-31(b)所示的形式，此形式多用于标注极限偏差；选中"abcd ♯ efgh"后单击此按钮，则创建斜排的分数形式，如图 4-31(c)所示。如果选中已经层叠的文本对象后单击此按钮，则恢复到非层叠形式。

➢ "倾斜角度"下拉列表框 *O/*：设置文字的倾斜角度(图 4-32)。

➢ "符号"按钮 @：用于输入各种符号。单击该按钮，系统打开符号列表，如图 4-33 所示，可以从中选择符号输入到文本中。

➢ "插入字段"按钮：插入一些常用或预设字段。单击该按钮，系统打开"字段"对话框，如图 4-34 所示，用户可以从中选择字段插入到标注文本中。

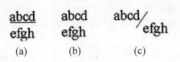

| (a) | (b) | (c) |

图 4-31　文本层叠　　　　　　图 4-32　倾斜角度与斜体效果

图 4-33　符号列表

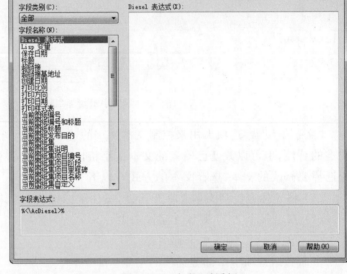

图 4-34　"字段"对话框

➢ "追踪"按钮 a-b：用于增大或减小选定字符之间的空隙。

➢ "多行文字对正"按钮 A：显示"多行文字对正"菜单，有 9 个对齐选项可用。

➢ "宽度因子"按钮 O：扩展或收缩选定字符。

➢ "上标" X 按钮：将选定文字转换为上标，即在输入线的上方设置稍小的文字。

➢ "下标" X 按钮：将选定文字转换为下标，即在输入线的下方设置稍小的文字。

➢ "清除格式"下拉列表框：删除选定字符的字符格式，或删除选定段落的段落格式，或删除选定段落中的所有格式。

➢ 关闭：如果选择此选项，将从应用了列表格式的选定文字中删除字母、数字和项目符号。不更改缩进状态。

➢ 以数字标记：应用将带有句点的数字用于列表中的项的列表格式。

➢ 以字母标记：应用将带有句点的字母用于列表中的项的列表格式。如果列表含有的项多于字母中含有的字母，可以使用双字母继续序列。

➢ 以项目符号标记：应用将项目符号用于列表中的项的列表格式。

➤ 启动：在列表格式中启动新的字母或数字序列。如果选定的项位于列表中间，则选定项下面未选中的项也将成为新列表的一部分。

➤ 继续：将选定的段落添加到上面最后一个列表然后继续序列。如果选择了列表项而非段落，选定项下面未选中的项将继续序列。

➤ 允许自动项目符号和编号：在输入时应用列表格式。以下字符可以用作字母和数字后的标点，但不能用作项目符号：句点（.）、逗号（,）、右括号（)）、右尖括号（>）、右方括号（]）和右花括号（}）。

➤ 允许项目符号和列表：如果选择此选项，列表格式将应用到外观类似列表的多行文字对象中的所有纯文本。

➤ 拼写检查：确定输入时拼写检查处于打开还是关闭状态。

➤ 编辑词典：显示"词典"对话框，从中可添加或删除在拼写检查过程中使用的自定义词典。

➤ 标尺：在编辑器顶部显示标尺。拖动标尺末尾的箭头可更改文字对象的宽度。列模式处于活动状态时，还显示高度和列夹点。

➤ 段落：为段落和段落的第一行设置缩进。指定制表位和缩进，控制段落对齐方式、段落间距和段落行距，"段落"对话框如图 4-35 所示。

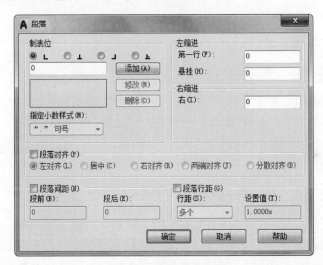

图 4-35 "段落"对话框

➤ 输入文字：选择此选项，系统打开"选择文件"对话框，如图 4-36 所示。选择任意 ASCII 或 RTF 格式的文件。输入的文字保留原始字符格式和样式特性，但可以在多行文字编辑器中编辑和格式化输入的文字。选择要输入的文本文件后，可以替换选定的文字或全部文字，或在文字边界内将插入的文字附加到选定的文字中。输入文字的文件必须小于 32KB。

🔒 提示：倾斜角度与斜体效果是两个不同的概念，前者可以设置任意倾斜角度，后者是在任意倾斜角度的基础上设置斜体效果，如图 4-32 所示。其中，第一行倾斜角度为 0°，非斜体；第二行倾斜角度为 0°，斜体；第三行倾斜角度为 15°，斜体。

图 4-36　"选择文件"对话框

4.3.5　文本编辑

1. 执行方式

命令行：DDEDIT。

菜单栏：选择菜单栏中的"修改"→"对象"→"文字"→"编辑"命令。

工具栏：单击"文字"工具栏中的"编辑"按钮 ✍。

2. 选项说明

执行上述操作之一后，命令行中的提示如下。

```
命令：DDEDIT↙
选择注释对象或[放弃(U)]：
```

要求选择想要修改的文本，同时光标变为拾取框。单击选择对象，如果选择的文本是用 TEXT 命令创建的单行文本，则亮显该文本，此时可对其进行修改；如果选择的文本是用 MTEXT 命令创建的多行文本，选择后则打开多行文字编辑器，可根据前面的介绍对各项设置或内容进行修改。

4.3.6　上机练习——滑线式变阻器

📖 练习目标

绘制如图 4-37 所示的滑线式变阻器 R1。

👉 设计思路

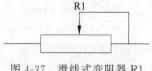

图 4-37　滑线式变阻器 R1

首先利用矩形和直线命令绘制矩形和两条水平直线，然后利用多段线命令绘制带有箭头的多段线，最后利用多行文字命令输入文字 R1，最终完成滑线式变阻器 R1 的绘制。

4-1

Note

 操作步骤

（1）单击"默认"选项卡"绘图"面板中的"矩形"按钮☐，绘制一个矩形，指定矩形两个角点的坐标分别为（100，100）和（500，200）。再利用"直线"命令，分别捕捉矩形左、右边的中点为端点，向左和向右绘制两条适当长度的水平线段，如图 4-38 所示。

注意：在命令行输入坐标值时，坐标数值之间的间隔逗号必须在西文状态下输入，否则系统无法识别。

图 4-38　绘制矩形和直线

（2）单击"默认"选项卡"绘图"面板中的"多段线"按钮，命令行提示和操作如下。

```
命令：_pline
指定起点：(捕捉右边线段中点1,如图 4-39 所示)
当前线宽为 0.0000
指定下一个点或 [圆弧(A)/半宽(H)/长度(L)/放弃(U)/宽度(W)]：(竖直向上大约指定一点2,
如图 4-39 所示)
指定下一点或 [圆弧(A)/闭合(C)/半宽(H)/长度(L)/放弃(U)/宽度(W)]：(水平向左大约指定
一点3,如图 4-39 所示)
指定下一点或 [圆弧(A)/闭合(C)/半宽(H)/长度(L)/放弃(U)/宽度(W)]：(竖直向下大约指定
一点4,如图 4-39 所示)
指定下一点或 [圆弧(A)/闭合(C)/半宽(H)/长度(L)/放弃(U)/宽度(W)]：w↙
指定起点宽度〈0.0000〉：10↙
指定端点宽度〈10.0000〉：0↙
指定下一点或 [圆弧(A)/闭合(C)/半宽(H)/长度(L)/放弃(U)/宽度(W)]：(竖直向下捕捉矩形上
的垂足点)
指定下一点或 [圆弧(A)/闭合(C)/半宽(H)/长度(L)/放弃(U)/宽度(W)]：↙
```

结果如图 4-39 所示。

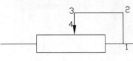

图 4-39　绘制多段线

（3）单击"默认"选项卡"注释"面板中的"多行文字"按钮 **A**，在图 4-39 中点 3 位置正上方指定文本范围框，系统打开多行文字编辑器，如图 4-40 所示。输入文字 R1，并按图 4-40 设置文字的各项参数，最终结果如图 4-37 所示。

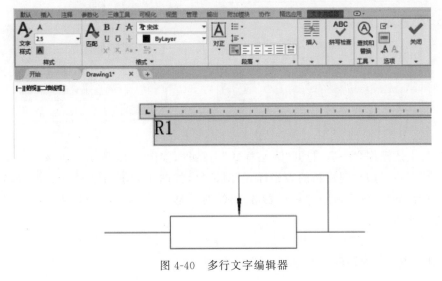

图 4-40　多行文字编辑器

4.4　表　　格

使用 AutoCAD 提供的表格功能创建表格非常容易，用户可以直接插入设置好样式的表格，而不用利用单独的图线重新绘制。

4.4.1　定义表格样式

表格样式是用来控制表格基本形状和间距的一组设置。和文字样式一样，所有 AutoCAD 图形中的表格都有和其相对应的表格样式。在插入表格对象时，AutoCAD 使用当前设置的表格样式。模板文件 acad.dwt 和 acadiso.dwt 中定义了名为 Standard 的默认表格样式。

1. 执行方式

命令行：TABLESTYLE。

菜单栏：选择菜单栏中的"格式"→"表格样式"命令。

工具栏：单击"样式"工具栏中的"表格样式"按钮 曲。

功能区：单击"默认"选项卡"注释"面板中的"表格样式"按钮 曲（如图 4-41 所示），或单击"注释"选项卡"表格"面板"表格样式"下拉菜单中的"管理表格样式"按钮（如图 4-42 所示），或单击"注释"选项卡"表格"面板中"对话框启动器"按钮 ↘。

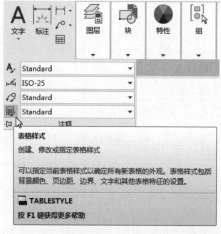

图 4-41　"注释"面板

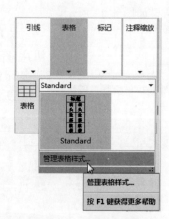

图 4-42　"表格"面板

执行上述操作之一后，打开"表格样式"对话框，如图 4-43 所示。在该对话框中单击"新建"按钮，打开"创建新的表格样式"对话框，如图 4-44 所示。输入新的表格样式名后，单击"继续"按钮，打开"新建表格样式"对话框，如图 4-45 所示，从中可以定义新的表格样式。

"新建表格样式"对话框中有"常规""文字"和"边框"三个选项卡，分别用于控制表格中数据、表头和标题的有关参数，如图 4-46 所示。

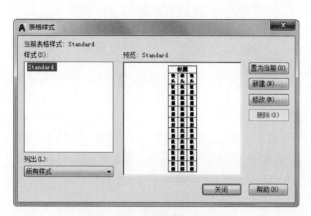

图 4-43 "表格样式"对话框

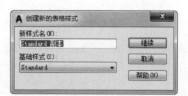

图 4-44 "创建新的表格样式"对话框

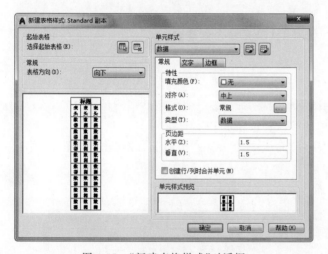

图 4-45 "新建表格样式"对话框

标题		
表头	表头	表头
数据	数据	数据
数据	数据	数据
数据	数据	数据
数据	数据	数据
数据	数据	数据
数据	数据	数据

图 4-46 表格样式

2. 选项说明

各选项的含义如表 4-10 所示。

表 4-10 "定义表格样式"命令各选项含义

选项		含 义
"常规"选项卡	"特性"选项区	"填充颜色"下拉列表框：用于指定填充颜色。 "对齐"下拉列表框：用于为单元内容指定一种对齐方式。 "格式"选项框：用于设置表格中各行的数据类型和格式。 "类型"下拉列表框：将单元样式指定为标签或数据，在包含起始表格的表格样式中插入默认文字时使用。也用于在工具选项板上创建表格工具的情况
	"页边距"选项区	"水平"文本框：设置单元中的文字或块与左右单元边界之间的距离。 "垂直"文本框：设置单元中的文字或块与上下单元边界之间的距离
	"创建行/列时合并单元"复选框	将使用当前单元样式创建的所有新行或列合并到一个单元中

选项	含　义
"文字"选项卡	"文字样式"下拉列表框：用于指定文字样式
	"文字高度"文本框：用于指定文字高度
	"文字颜色"下拉列表框：用于指定文字颜色
	"文字角度"文本框：用于设置文字角度
"边框"选项卡	"线宽"下拉列表框：用于设置要用于显示边界的线宽
	"线型"下拉列表框：通过单击"边框"按钮，设置线型以应用于指定的边框
	"颜色"下拉列表框：用于指定颜色以应用于显示的边界
	"双线"复选框：选中该复选框，指定选定的边框为双线

4.4.2　创建表格

设置好表格样式后，用户可以利用 TABLE 命令创建表格。

1. 执行方式

命令行：TABLE。

菜单栏：选择菜单栏中的"绘图"→"表格"命令。

工具栏：单击"绘图"工具栏中的"表格"按钮▦。

功能区：单击"默认"选项卡"注释"面板中的"表格"按钮▦，或单击"注释"选项卡"表格"面板中的"表格"按钮▦。

执行上述操作之一后，打开"插入表格"对话框，如图 4-47 所示。

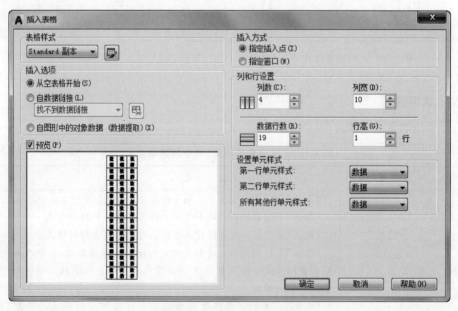

图 4-47　"插入表格"对话框

2. 选项说明

各选项的含义如表 4-11 所示。

Note

表 4-11　"创建表格"命令各选项含义

选　项	含　义	
"表格样式"选项区	可以在下拉列表框中选择一种表格样式,也可以单击右侧的"启动'表格样式'对话框"按钮 ⊞ ,新建或修改表格样式	
"插入方式"选项区	"指定插入点"单选按钮	用于指定表格左上角的位置。可以使用定点设备,也可以在命令中输入坐标值。如果表格样式将表的方向设置为由下而上读取,则插入点位于表的左下角
	"指定窗口"单选按钮	用于指定表格的大小和位置。可以使用定点设备,也可以在命令行中输入坐标值。选择该单选按钮时,行数、列数、列宽和行高取决于窗口的大小以及列和行的设置
"列和行设置"选项区	指定列和行的数目以及列宽与行高。 在"插入表格"对话框中进行相应的设置后,单击"确定"按钮,系统在指定的插入点处自动插入一个空表格,并打开"文字编辑器"选项卡,如图 4-48 所示,用户可以逐行逐列输入相应的文字或数据	

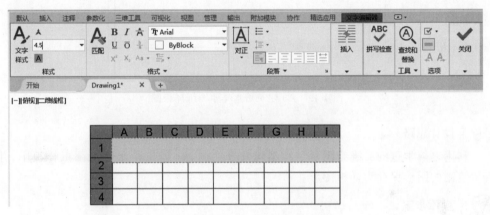

图 4-48　空表格和"文字编辑器"选项卡

4.4.3　表格文字编辑

执行方式如下。

命令行:TABLEDIT。

快捷菜单:选定表的一个或多个单元格后右击,从弹出的快捷菜单中选择"编辑文字"命令。

定点设备:在表单元内双击。

执行上述操作之一后,打开"文字编辑器"选项卡,用户可以对指定单元格中的文字进行编辑。

在 AutoCAD 2020 中,可以在表格中插入简单的公式,用于求和、计数和计算平均值,以及定义简单的算术表达式。要在选定的单元格中插入公式,需在单元格中右击,从弹出的快捷菜单中选择"插入点"→"公式"命令。也可以使用多行文字编辑器输入公式。选择一个公式项后,命令行中的提示如下。

选择表单元范围的第一个角点：(在表格内指定一点)
选择表单元范围的第二个角点：(在表格内指定另一点)

4.4.4 上机练习——绘制 A3 建筑给水排水图纸样板图形

 练习目标

绘制如图 4-49 所示的 A3 建筑给水排水图纸样板图。

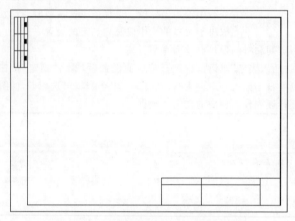

图 4-49 A3 建筑给水排水图纸样板图

 设计思路

利用之前学过的二维绘图命令和编辑命令绘制 A3 建筑给水排水图纸样板图，并将所绘制的图形保存为样板图形。

 操作步骤

图形样板文件包含标准设置，可以提供一种初始设计标准，其文件名是＊.dwt，默认路径是\Autocad...\Template。其优点如下。

(1) 制图标准化。可以方便快捷地依据各专业的国家或国际标准(ISO、ANSI、IEC、DIN 等)事先定制各种图纸样板文件，也可以将各设计公司标准的图纸要求定制在其中，从而统一设计公司的风格等。

(2) 提高制图效率。一次定制，多次重复使用，而不是每次启动时都指定惯例及默认设置，这样可以节省很多时间。

(3) 简化绘图。因已预先定制好线型、标注样式、绘图比例等 CAD 制图方面标准，故可大量节省机械性操作，使绘图更加快捷。

需要创建使用相同惯例和默认设置的多个图形时，通过创建或自定义样板文件而不是每次启动时都指定惯例和默认设置，可以节省很多时间。

单击"快速访问"工具栏中的"新建"按钮 ，打开如图 4-50 所示的"选择样板"对话框。

其中位于 Template 文件夹列表内的文件均为模板文件，文件名以 Gb_为开头的模板(Template 文件，即模板文件，其保存格式后缀为 dwt)为"国标"的意思。其他如

4-2

图 4-50 "选择样板"对话框

ISO 为国际标准的意思，为英制；ANSI 为美国国家标准学会；IEC 为国际电工委员会标准等。读者也可打开其他模板，了解一下相关模板的设置，后续章节将重点讲述模板（DWT）文件的应用。

也可以从现有图形创建图形样板文件，具体方法如下。

（1）单击"快速访问"工具栏中的"打开"按钮，在打开的"选择文件"对话框中，选择要用作样板的文件，单击"确定"按钮，打开一个样板文件。

（2）对打开的文件进行一定的操作，比如删除或更改某些图线或设置。

（3）单击"快速访问"工具栏中的"另存为"按钮，在"图形另存为"对话框的"文件类型"下拉列表框中，选择"图形样板"文件类型，如图 4-51 所示。

（4）在"文件名"文本框中，输入此样板的名称。

（5）单击"保存"按钮，系统打开"样板选项"对话框，如图 4-52 所示，输入样板说明。

（6）单击"确定"按钮，新样板将保存在 Template 文件夹中。

用户可以根据自己的需要从零开始创建一个新的样板文件。下面以一个建筑样板图形为例，讲述其具体方法。

1．设置单位和图形边界

（1）打开 AutoCAD 2020 应用程序，系统自动建立一个新的图形文件。

（2）设置单位。选择菜单栏中的"格式"→"单位"命令，打开"图形单位"对话框，如图 4-53 所示。设置长度的"类型"为"小数"，"精度"为 0.0000；角度的"类型"为"十进制度数"，"精度"为 0，系统默认逆时针方向为正方向。

Note

图 4-51 "图形另存为"对话框

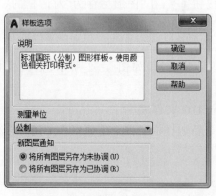

图 4-52 "样板选项"对话框

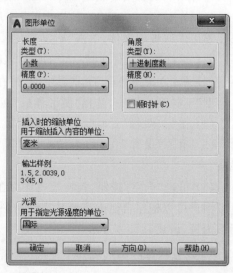

图 4-53 "图形单位"对话框

(3) 设置图形边界。国标对图纸的幅面大小作了严格规定,在这里,按国标 A3 图纸幅面设置图形边界。A3 图纸的幅面为 420mm×297mm,故设置图形边界的命令行操作与提示如下:

```
命令：LIMITS↙
重新设置模型空间界限：
指定左下角点或 [开(ON)/关(OFF)]〈0.0000,0.0000〉:↙
指定右上角点〈12.0000,9.0000〉: 420,297↙
```

2. 设置文本样式

下面列出一些本练习中的格式，请按如下约定进行设置：文本高度一般注释为7mm，零件名称为10mm，图标栏和会签栏中的其他文字为5mm，尺寸文字为5mm；线型比例为1，图纸空间线型比例为1；单位为十进制，尺寸小数点后0位，角度小数点后0位。

可以生成四种文字样式，分别用于一般注释、标题块中零件名、标题块注释及尺寸标注。

（1）单击"默认"选项卡"注释"面板中的"文字样式"按钮 A，打开"文字样式"对话框。单击"新建"按钮，系统打开"新建文字样式"对话框，如图4-54所示。接受默认的"样式1"文字样式名，单击"确定"按钮。

图4-54 "新建文字样式"对话框

（2）系统返回"文字样式"对话框，在"字体名"下拉列表框中选择"仿宋_GB2312"选项，设置"高度"为5，"宽度因子"为0.7，如图4-55所示。单击"应用"按钮，再单击"关闭"按钮。对其他文字样式进行类似的设置。

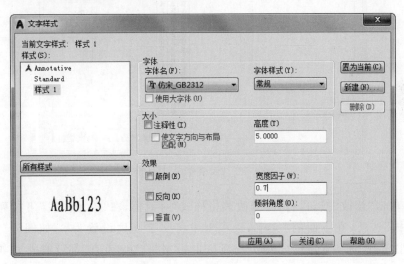

图4-55 "文字样式"对话框

3. 绘制图框线和标题栏

（1）单击"默认"选项卡"绘图"面板中的"矩形"按钮，以两个角点的坐标分别为(25,10)和(410,287)绘制一个420mm×297mm（A3图纸大小）的矩形作为图纸范围，如图4-56所示（外框表示设置的图纸范围）。

（2）单击"默认"选项卡"绘图"面板中的"直线"按钮，绘制标题栏。坐标分别为

{(230,10),(230,50),(410,50)},{(280,10),(280,50)},{(360,10),(360,50)},{(230,40),(360,40)},如图 4-57 所示。（大括号中的数值表示一条独立连续线段的端点坐标值。）

图 4-56　绘制图框线

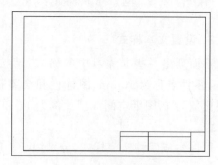

图 4-57　绘制标题栏

4．绘制会签栏

（1）单击"默认"选项卡"注释"面板中的"表格样式"按钮，打开"表格样式"对话框，如图 4-58 所示。

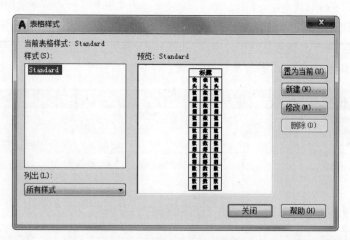

图 4-58　"表格样式"对话框

（2）单击"修改"按钮，打开"修改表格样式"对话框，在"单元样式"下拉列表框中选择"数据"选项，在下面的"文字"选项卡中将文字高度设置为 3，如图 4-59 所示。再切换到"常规"选项卡，将"页边距"选项区中的"水平"和"垂直"都设置成 1，如图 4-60 所示。

 注意：表格的行高＝文字高度＋2×垂直页边距，此处设置为 3+2×1=5。

（3）系统回到"表格样式"对话框，单击"关闭"按钮退出。

（4）单击"默认"选项卡"注释"面板中的"表格"按钮，系统打开"插入表格"对话框，在"列和行设置"选项区中将"列数"设置为 3，将"列宽"设置为 25，将"数据行数"设置为 2（加上标题行和表头行共 4 行），将"行高"设置为 1 行（即为 5）；在"设置单元样式"选项区中将"第一行单元样式"与"第二行单元样式"和"所有其他行单元样式"都设

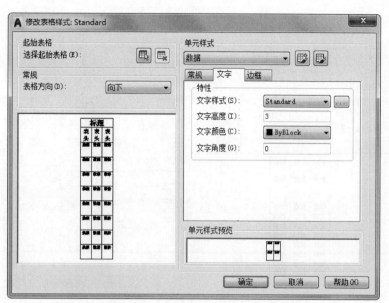

图 4-59 "修改表格样式"对话框

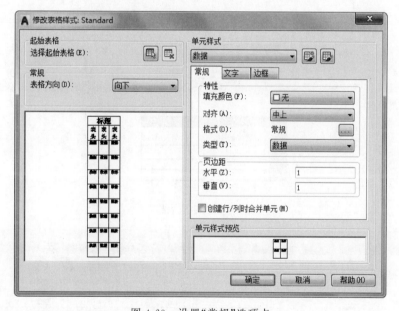

图 4-60 设置"常规"选项卡

置为"数据",如图 4-61 所示。

（5）在图框线左上角指定表格位置，系统生成表格，同时打开多行文字编辑器，如图 4-62 所示。在各格依次输入文字，如图 4-63 所示。最后按 Enter 键或单击多行文字编辑器上的"确定"按钮，生成表格如图 4-64 所示。

（6）单击"默认"选项卡"修改"面板中的"旋转"按钮↺，把会签栏旋转－90°，命令行提示与操作如下。

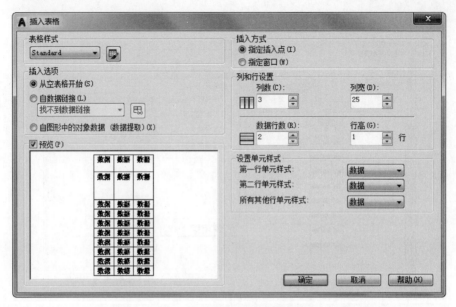

图 4-61 "插入表格"对话框

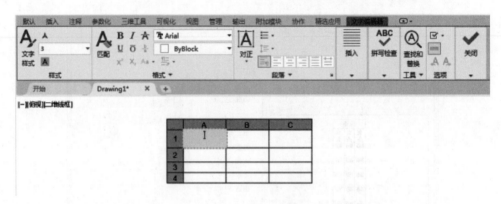

图 4-62 生成表格

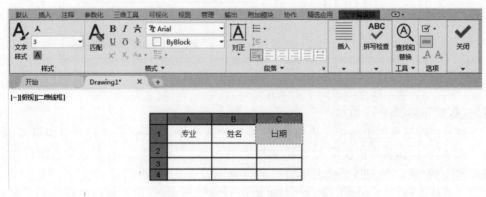

图 4-63 输入文字

```
命令：_rotate
UCS 当前的正角方向：  ANGDIR＝逆时针   ANGBASE＝0.00
选择对象：(选择刚绘制的表格)
选择对象：↙
指定基点：(指定图框左上角)
指定旋转角度，或 [复制(C)/参照(R)]〈0.00〉：  −90↙
```

Note

结果如图 4-65 所示。这样就得到了一个样板图形，带有自己的图标栏和会签栏。

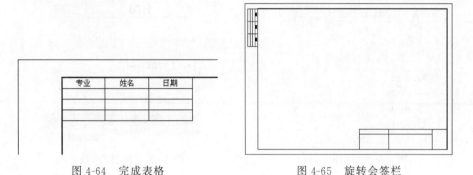

图 4-64　完成表格　　　　　　　图 4-65　旋转会签栏

5. 保存成样板图文件

样板图及其环境设置完成后，可以将其保存成样板图文件。单击"快速访问"工具栏中的"另存为"按钮 ，打开"图形另存为"对话框。在"文件类型"下拉列表框中选择"AutoCAD 图形样板(＊.dwt)"选项，输入文件名为 A3，单击"保存"按钮保存文件。

下次绘图时，可以打开该样板图文件，在此基础上开始绘图。

4.5　尺　寸　标　注

组成尺寸标注的尺寸界线、尺寸线、尺寸文本及箭头等可以采用多种多样的形式，实际标注一个几何对象的尺寸时，它的尺寸标注以什么形态出现，取决于当前所采用的尺寸标注样式。标注样式决定尺寸标注的形式，包括尺寸线、尺寸界线、箭头和中心标记的形式，以及尺寸文本的位置、特性等。在 AutoCAD 2020 中用户可以利用"标注样式管理器"对话框方便地设置自己需要的尺寸标注样式。下面介绍如何定制尺寸标注样式。

4.5.1　尺寸样式

在进行尺寸标注之前，要建立尺寸标注的样式。如果用户不建立尺寸样式而直接进行标注，则系统使用默认名称为 Standard 的样式。用户如果认为使用的标注样式有某些设置不合适，也可以进行修改。

1. 执行方式

命令行：DIMSTYLE。

菜单栏：选择菜单栏中的"格式"→"标注样式"或"标注"→"标注样式"命令。

工具栏：单击"标注"工具栏中的"标注样式"按钮 ⊷ 。

功能区：单击"默认"选项卡"注释"面板中的"标注样式"按钮 ⊷（如图 4-66 所示），或单击"注释"选项卡"标注"面板"标注样式"下拉菜单中的"管理标注样式"按钮（如图 4-67 所示），或单击"注释"选项卡"标注"面板中"对话框启动器"按钮 ⊿ 。

图 4-66 "注释"面板

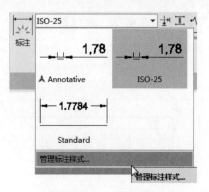

图 4-67 "标注"面板

执行上述操作之一后，打开"标注样式管理器"对话框，如图 4-68 所示。利用此对话框可方便直观地设置和浏览尺寸标注样式，包括建立新的标注样式、修改已存在的样式、设置当前尺寸标注样式、重命名样式以及删除一个已存在的样式等。

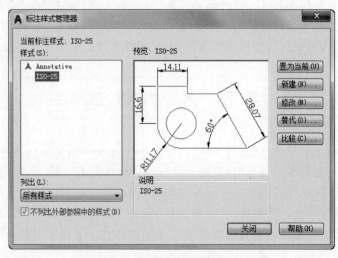

图 4-68 "标注样式管理器"对话框

2. 选项说明

各选项的含义如表 4-12 所示。

表 4-12 "尺寸样式"命令各选项含义

选　　项	含　　义
"置为当前"按钮	单击该按钮，把在"样式"列表框中选中的样式设置为当前样式

选　　项	含　　义
"新建"按钮	定义一个新的尺寸标注样式。单击该按钮,打开"创建新标注样式"对话框,如图 4-69 所示,利用此对话框可创建一个新的尺寸标注样式
"修改"按钮	修改一个已存在的尺寸标注样式。单击该按钮,打开"修改标注样式"对话框。该对话框中的各选项与"创建新标注样式"对话框中完全相同,用户可以对已有标注样式进行修改
"替代"按钮	设置临时覆盖尺寸标注样式。单击该按钮,打开"替代当前样式"对话框,如图 4-70 所示。用户可改变选项的设置覆盖原来的设置,但这种修改只对指定的尺寸标注起作用,而不影响当前尺寸变量的设置
"比较"按钮	比较两个尺寸标注样式在参数上的区别,或浏览一个尺寸标注样式的参数设置。单击该按钮,打开"比较标注样式"对话框,如图 4-71 所示。可以把比较结果复制到剪贴板上,然后再粘贴到其他的 Windows 应用软件上

图 4-69　"创建新标注样式"对话框

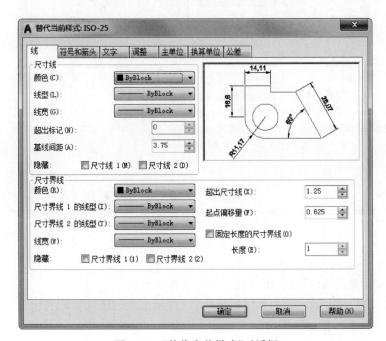

图 4-70　"替代当前样式"对话框

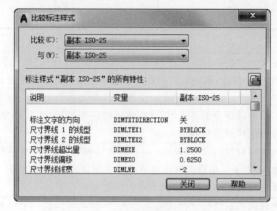

图 4-71 "比较标注样式"对话框

下面对图 4-70 所示的"替代当前样式"对话框或与之类似的"新建标注样式"对话框中的主要选项卡进行简要说明。

1）线

"新建标注样式"对话框中的"线"选项卡（图 4-72）用于设置尺寸线、尺寸界线的形式和特性。现分别进行说明。

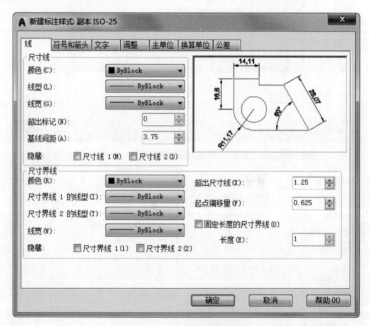

图 4-72 "线"选项卡

（1）"尺寸线"选项区：用于设置尺寸线的特性。

（2）"尺寸界线"选项区：用于确定尺寸界线的形式。

（3）尺寸样式显示框：在"新建标注样式"对话框"线"选项卡的右上方是一个尺寸样式显示框，该显示框以样例的形式显示用户设置的尺寸样式。

2）符号和箭头

"新建标注样式"对话框中的"符号和箭头"选项卡如图 4-73 所示。该选项卡用于设置箭头、圆心标记、弧长符号和半径折弯标注的形式和特性。

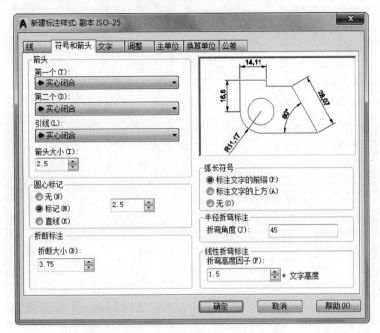

图 4-73 "符号和箭头"选项卡

（1）"箭头"选项区：用于设置尺寸箭头的形式。系统提供了多种箭头形状，列在"第一个"和"第二个"下拉列表框中。另外，还允许采用用户自定义的箭头形状。两个尺寸箭头可以采用相同的形式，也可以采用不同的形式。一般建筑制图中的箭头采用建筑标记样式。

（2）"圆心标记"选项区：用于设置半径标注、直径标注和中心标注中的中心标记和中心线的形式。相应的尺寸变量是 DIMCEN。

（3）"弧长符号"选项区：用于控制弧长标注中圆弧符号的显示。

（4）"折断标注"选项区：控制折断标注的间隙宽度。

（5）"半径折弯标注"选项区：控制折弯（Z字形）半径标注的显示。

（6）"线性折弯标注"选项区：控制线性标注折弯的显示。

3）文字

"新建标注样式"对话框中的"文字"选项卡如图 4-74 所示，该选项卡用于设置尺寸文本的形式、位置和对齐方式等。

（1）"文字外观"选项区：用于设置文字的样式、颜色、填充颜色、高度、分数高度比例以及文字是否带边框。

（2）"文字位置"选项区：用于设置文字的位置是垂直还是水平，以及从尺寸线偏移的距离。

（3）"文字对齐"选项区：用于控制尺寸文本排列的方向。当尺寸文本在尺寸界线之内时，与其对应的尺寸变量是 DIMTIH；当尺寸文本在尺寸界线之外时，与其对应的尺寸变量是 DIMTOH。

Note

图 4-74 "文字"选项卡

4.5.2 尺寸标注

正确地进行尺寸标注是设计绘图工作中非常重要的一个环节。AutoCAD 2020 提供了方便快捷的尺寸标注方法,可通过执行命令实现,也可利用菜单或工具按钮来实现。本节将重点介绍对各种类型的尺寸进行标注的方法。

1. 线性标注

1）执行方式

命令行：DIMLINEAR（快捷命令：DIMLIN）。

菜单栏：选择菜单栏中的"标注"→"线性"命令。

工具栏：单击"标注"工具栏中的"线性"按钮 ⊢┤。

功能区：单击"默认"选项卡"注释"面板中的"线性"按钮 ⊢┤（如图 4-75 所示）或单击"注释"选项卡"标注"面板中的"线性"按钮 ⊢┤（如图 4-76 所示）。

执行上述操作之一后,命令行中的提示如下。

指定第一个尺寸界线原点或〈选择对象〉:

2）选项说明

在此提示下有两种选择：直接按 Enter 键选择要标注的对象或确定尺寸界线的起始点。各选项的含义如表 4-13 所示。

Note

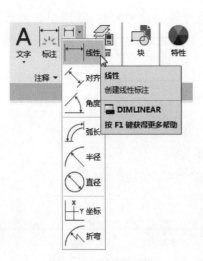

图 4-75 "注释"面板

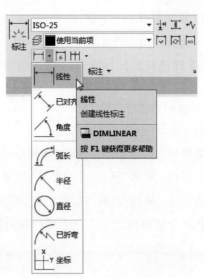

图 4-76 "标注"面板

表 4-13 "尺寸标注"命令各选项含义

选　项	含　义
直接 按 Enter 键	光标变为拾取框,命令行中的提示如下。
	选择标注对象:
	用拾取框拾取要标注尺寸的线段,命令行中的提示如下。
	指定尺寸线位置或[多行文字(M)/文字(T)/角度(A)/水平(H)/垂直(V)/旋转(R)]:
指定第一条 尺寸界线原点	指定第一条与第二条尺寸界线的起始点

2. 对齐标注

执行方式

命令行：DIMALIGNED。

菜单栏：选择菜单栏中的"标注"→"对齐"命令。

工具栏：单击"标注"工具栏中的"对齐"按钮 。

功能区：单击"默认"选项卡"注释"面板中的"对齐"按钮 或单击"注释"选项卡"标注"面板中的"已对齐"按钮 。

执行上述操作之一后,命令行中的提示如下。

指定第一个尺寸界线原点或〈选择对象〉:

使用"对齐标注"命令标注的尺寸线与所标注的轮廓线平行,标注的是起始点到终点之间的距离尺寸。

3. 基线标注

基线标注用于产生一系列基于同一条尺寸界线的尺寸标注，适用于长度尺寸标注、角度标注和坐标标注等。在使用基线标注方式之前，应该先标注出一个相关的尺寸。

1）执行方式

命令行：DIMBASELINE。

菜单栏：选择菜单栏中的"标注"→"基线"命令。

工具栏：单击"标注"工具栏中的"基线"按钮┗┓ 。

功能区：单击"注释"选项卡"标注"面板中的"基线"按钮┗┓ 。

执行上述操作之一后，命令行中的提示如下。

指定第二个尺寸界线原点或[选择(S)/放弃(U)]〈选择〉：

2）选项说明

各选项的含义如表 4-14 所示。

表 4-14 "基线标注"命令各选项含义

选　项	含　义
指定第二个尺寸界线原点	直接确定另一个尺寸的第二条尺寸界线的起点，以上次标注的尺寸为基准标注出相应的尺寸
选择(S)	在上述提示下直接按 Enter 键，命令行中的提示与操作如下。 选择基准标注：(选择作为基准的尺寸标注)

4. 连续标注

连续标注又叫尺寸链标注，用于产生一系列连续的尺寸标注，后一个尺寸标注均把前一个标注的第二条尺寸界线作为它的第一条尺寸界线。该标注方式适用于长度尺寸标注、角度标注和坐标标注等。在使用连续标注方式之前，应该先标注出一个相关的尺寸。

执行方式如下。

命令行：DIMCONTINUE。

菜单栏：选择菜单栏中的"标注"→"连续"命令。

工具栏：单击"标注"工具栏中的"连续"按钮┼┼┼ 。

功能区：单击"注释"选项卡"标注"面板中的"连续"按钮┼┼┼ 。

执行上述操作之一后，命令行中的提示如下。

指定第二个尺寸界线原点或[选择(S)/放弃(U)]〈选择〉：

此提示下的各选项与基线标注中的选项完全相同，在此不再赘述。

5. 引线标注

AutoCAD 提供了引线标注功能,利用该功能不仅可以标注特定的尺寸,如圆角、倒角等,还可以在图中添加多行旁注、说明。在引线标注中,指引线可以是折线,也可以是曲线;指引线端部可以有箭头,也可以没有箭头。

利用 QLEADER 命令可快速生成指引线及注释,而且用户可以通过命令行优化对话框进行自定义,由此可以消除不必要的命令行提示,取得最高的工作效率。

1)执行方式

命令行:QLEADER。

执行上述操作后,命令行中的提示如下。

> 指定第一个引线点或[设置(S)]〈设置〉:

2)选项说明

各选项的含义如表 4-15 所示。

表 4-15　"引线标注"命令各选项含义

选　项	含　义
指定第一个引线点	根据命令行中的提示确定一点作为指引线的第一点,命令行中的提示如下。 指定下一点:(输入指引线的第二点) 指定下一点:(输入指引线的第三点) AutoCAD 提示用户输入的点的数目由"引线设置"对话框确定,如图 4-77 所示。输入完指引线的点后,命令行中的提示如下。 指定文字宽度〈0.0000〉:(输入多行文本的宽度) 输入注释文字的第一行〈多行文字(M)〉: 此时,可通过以下两种方式进行输入选择。 (1)输入注释文字的第一行:在命令行中输入第一行文本。此时,命令行中的提示如下。 输入注释文字的下一行:(输入另一行文本) 输入注释文字的下一行:(输入另一行文本或按 Enter 键) (2)多行文字(M):打开多行文字编辑器,输入、编辑多行文字。输入全部注释文本后直接按 Enter 键,系统结束 QLEADER 命令,并把多行文本标注在指引线的末端附近
设置(S)	在上面的命令行提示下直接按 Enter 键或输入 S,打开"引线设置"对话框,允许对引线标注进行设置。该对话框中包含"注释""引线和箭头""附着"3 个选项卡,下面分别进行介绍
"注释"选项卡	用于设置引线标注中注释文本的类型、多行文本的格式并确定注释文本是否多次使用

续表

选　项	含　义	
设置(S)	"引线和箭头"选项卡	用于设置引线标注中引线和箭头的形式,如图4-78所示。其中,"点数"选项区用于设置执行QLEADER命令时提示用户输入的点的数目。例如,设置点数为3,执行QLEADER命令时,当用户在提示下指定3个点后,AutoCAD自动提示用户输入注释文本。 需要注意的是,设置的点数要比用户希望的指引线段数多1。如果选中"无限制"复选框,AutoCAD会一直提示用户输入点直到连续按Enter键两次为止。"角度约束"选项区用于设置第一段和第二段指引线的角度约束
	"附着"选项卡	用于设置注释文本和指引线的相对位置,如图4-79所示。如果最后一段指引线指向右边,系统自动把注释文本放在右侧;如果最后一段指引线指向左边,则系统自动把注释文本放在左侧。利用该选项卡中左侧和右侧的单选按钮,可以分别设置位于左侧和右侧的注释文本与最后一段指引线的相对位置,二者可相同也可不同

图4-77　"引线设置"对话框

图4-78　"引线和箭头"选项卡

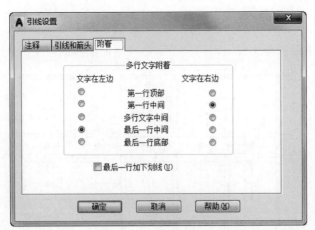

图 4-79 "附着"选项卡

4-3

4.5.3 上机练习——标注办公室建筑电气平面图

练习目标

绘制如图 4-80 所示的办公室电气平面图。

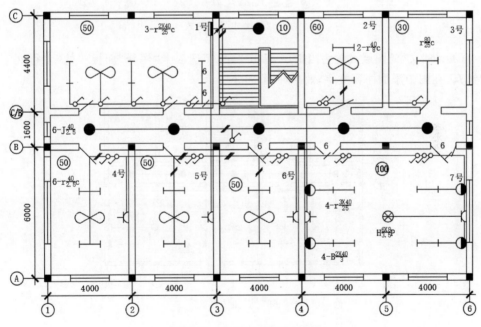

图 4-80 办公室电气平面图

设计思路

首先新建两个图层,分别为尺寸和文字图层,然后分别转换到相应的图层进行文字注释和尺寸标注。

操作步骤

（1）通过随书配送源文件，打开"办公室电气平面图"，如图 4-81 所示。

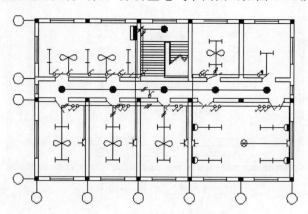

图 4-81　办公室电气平面图

（2）单击"默认"选项卡"图层"面板中的"图层特性"按钮 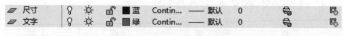，打开"图层特性管理器"选项板，建立"文字"和"尺寸"图层，图层参数如图 4-82 所示。

图 4-82　尺寸图层参数

（3）将"文字"图层设置为当前层，单击"默认"选项卡"注释"面板中的"多行文字"按钮 **A**，在图中添加注释文字，效果如图 4-83 所示。

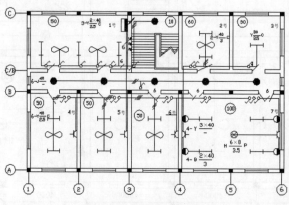

图 4-83　添加注释文字

（4）单击"默认"选项卡"注释"面板中的"标注样式"按钮，打开"标注样式管理器"对话框。单击"修改"按钮，打开"修改标注样式"对话框，在"主单位"选项卡中把标注比例修改为 100。

（5）将"尺寸"图层设置为当前层，单击"默认"选项卡"注释"面板中的"线性"按钮，标注纵向轴线间的尺寸，效果如图 4-84 所示。

（6）单击"默认"选项卡"注释"面板中的"标注样式"按钮，打开"标注样式管理

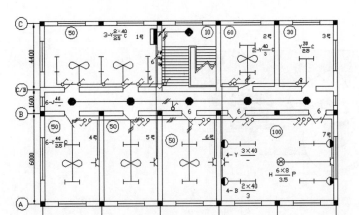

图 4-84 标注纵向轴线

器"对话框,单击"新建"按钮,打开"创建新标注样式"对话框。在"新样式名"文本框中输入"电气照明平面图",基础样式为 ISO-25,用于"所有标注"。单击"新建"按钮,弹出"新建标注样式"对话框,切换到"符号和箭头"选项卡,设置该选项卡的属性,如图 4-85 所示。

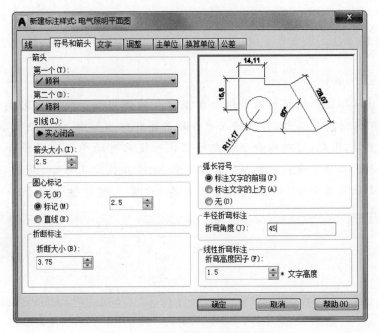

图 4-85 "符号和箭头"选项卡设置

(7)接着设置其他选项,设置完毕后,单击"确定"按钮,回到"标注样式管理器"对话框,单击"置为当前"按钮,将新建的"电气照明平面图"样式设置为当前使用的标注样式。单击"默认"选项卡"注释"面板中的"线性"按钮⊢,标注纵向轴线间的尺寸,效果如图 4-80 所示。

第5章

编辑命令

本 章 导 读

　　二维图形的编辑操作配合绘图命令的使用可以进一步完成复杂图形对象的绘制工作,并可使用户合理安排和组织图形,保证绘图准确,减少重复,因此,对编辑命令的熟练掌握和使用有助于提高设计和绘图的效率。本章主要内容包括:选择对象、删除及恢复类命令、复制类命令、改变位置类命令、删除及恢复类命令、改变几何特性类命令和对象编辑等。

学 习 要 点

◆ 选择对象
◆ 改变位置类命令
◆ 改变几何特性类命令
◆ 对象编辑

Note

5.1 选 择 对 象

AutoCAD 2020 提供了两种编辑图形的途径：

（1）先执行编辑命令，然后选择要编辑的对象；

（2）先选择要编辑的对象，然后执行编辑命令。

这两种途径的执行效果是相同的，但选择对象是进行编辑的前提。AutoCAD 2020 提供了多种对象选择方法，如点取方法、用选择窗口选择对象、用选择线选择对象、用对话框选择对象等。AutoCAD 可以把选择的多个对象组成整体（如选择集和对象组），进行整体编辑与修改。

下面结合 SELECT 命令说明选择对象的方法。

SELECT 命令可以单独使用，也可以在执行其他编辑命令时被自动调用。此时屏幕提示：

> 选择对象：

等待用户以某种方式选择对象作为回答。AutoCAD 2020 提供了多种选择方式，可以输入"?"查看这些选择方式。选择选项后，出现如下提示。

> 需要点或窗口(W)/上一个(L)/窗交(C)/框(BOX)/全部(ALL)/栏选(F)/圈围(WP)/圈交(CP)/编组(G)/添加(A)/删除(R)/多个(M)/前一个(P)/放弃(U)/自动(AU)/单个(SI)/子对象(SU)/对象(O)

其中各选项的含义如下。

1. 点

该选项表示直接通过点取的方式选择对象。用鼠标或键盘移动拾取框，使其框住要选取的对象，然后单击，就会选中该对象并以高亮度显示。

2. 窗口(W)

用由两个对角顶点确定的矩形窗口选取位于其范围内部的所有图形，与边界相交的对象不会被选中。在指定对角顶点时应该按照从左向右的顺序进行，如图 5-1 所示。

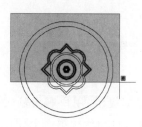

(a) 图中阴影部分为选择框   (b) 选择后的图形

图 5-1 "窗口"对象选择方式

3. 上一个(L)

在"选择对象:"提示下输入 L 后,按 Enter 键,系统会自动选取最后绘制的一个对象。

4. 窗交(C)

该方式与上述"窗口"方式类似,区别在于:它不但选中矩形窗口内部的对象,也选中与矩形窗口边界相交的对象。选择的对象如图 5-2 所示。

(a) 图中阴影部分为选择框   (b) 选择后的图形

图 5-2 "窗交"对象选择方式

5. 框(BOX)

使用时,系统根据用户在屏幕上给出的两个对角点的位置而自动引用"窗口"或"窗交"方式。若从左向右指定对角点,则为"窗口"方式;反之,则为"窗交"方式。

6. 全部(ALL)

选取图面上的所有对象。

7. 栏选(F)

用户临时绘制一些直线,这些直线不必构成封闭图形,凡是与这些直线相交的对象均被选中。绘制结果如图 5-3 所示。

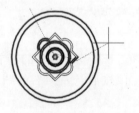 

(a) 图中虚线为选择栏   (b) 选择后的图形

图 5-3 "栏选"对象选择方式

8. 圈围(WP)

使用一个不规则的多边形来选择对象。根据提示,用户顺次输入构成多边形的所有顶点的坐标,最后按 Enter 键结束操作,系统将自动连接第一个顶点到最后一个顶点的各个顶点,形成封闭的多边形。凡是被多边形围住的对象均被选中(不包括边界)。执行结果如图 5-4 所示。

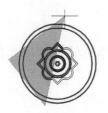 

　　　(a) 十字线拉出的多边形为选择框　　　　　(b) 选择后的图形

图 5-4　"圈围"对象选择方式

9. 圈交（CP）

类似于"圈围"方式，在"选择对象："提示后输入 CP，后续操作与"圈围"方式相同。区别在于：与多边形边界相交的对象也被选中。

👦 **说明**：若矩形框从左向右定义，即第一个选择的对角点为左侧的对角点，则矩形框内部的对象被选中，框外部的及与矩形框边界相交的对象不会被选中。若矩形框从右向左定义，则矩形框内部及与矩形框边界相交的对象都会被选中。

5.2　删除及恢复类命令

这一类命令主要用于删除图形的某部分或对已被删除的部分进行恢复，包括删除、回退、重做、清除等命令。

5.2.1　删除命令

如果所绘制的图形不符合要求或错绘了图形，则可以使用删除命令 ERASE 把它删除。

1. 执行方式

命令行：ERASE。

菜单栏：选择菜单栏中的"修改"→"删除"命令。

工具栏：单击"修改"工具栏中的"删除"按钮 ✎。

功能区：单击"默认"选项卡"修改"面板中的"删除"按钮 ✎。

快捷菜单：选择要删除的对象，在绘图区右击，从弹出的快捷菜单中选择"删除"命令。

2. 操作步骤

可以先选择对象，然后调用删除命令；也可以先调用删除命令，然后再选择对象。选择对象时，可以使用前面介绍的各种对象选择的方法。

当选择多个对象时，多个对象都被删除；若选择的对象属于某个对象组，则该对象组的所有对象都被删除。

5.2.2 恢复命令

若误删除了图形，可以使用恢复命令 OOPS 恢复误删除的对象。

1．执行方式

命令行：OOPS 或 U。

工具栏：单击"标准"工具栏的"放弃"按钮 。

快捷键：Ctrl+Z。

2．操作步骤

在命令行窗口的提示行上输入 OOPS，按 Enter 键。

5.2.3 清除命令

此命令与删除命令的功能完全相同。

1．执行方式

菜单栏：选择菜单栏中的"编辑"→"清除"命令。

快捷键：Del。

2．操作步骤

用菜单或快捷键输入上述命令后，系统提示：

选择对象：(选择要清除的对象，按 Enter 键执行清除命令)

5.3 复制类命令

本节详细介绍 AutoCAD 2020 的复制类命令。利用这些复制类命令，可以方便地编辑绘制图形。

5.3.1 复制命令

1．执行方式

命令行：COPY。

菜单：选择菜单栏中的"修改"→"复制"命令。

工具栏：单击"修改"工具栏中的"复制"按钮 。

快捷菜单：选择要复制的对象，在绘图区右击，从弹出的快捷菜单中选择"复制选择"命令。

功能区：单击"默认"选项卡"修改"面板中的"复制"按钮 （如图 5-5 所示）。

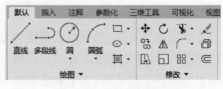

图 5-5 "修改"面板 1

2．操作步骤

```
命令：COPY
选择对象：(选择要复制的对象)
```

用前面介绍的对象选择方法选择一个或多个对象，按 Enter 键结束选择操作。系统继续提示：

```
当前设置： 复制模式 = 多个
指定基点或 [位移(D)/模式(O)] 〈位移〉：
```

3．选项说明

各选项的含义如表 5-1 所示。

表 5-1　"复制"命令各选项含义

选　项	含　义
指定基点	指定一个坐标点后，AutoCAD 2020 把该点作为复制对象的基点，并提示： 指定第二个点或[阵列(A)]〈使用第一个点作为位移〉： 指定第二个点后，系统将根据这两点确定的位移矢量把选择的对象复制到第二点处。如果此时直接按 Enter 键，即选择默认的"用第一点作位移"，则第一个点被当作相对于 X、Y、Z 的位移。例如，如果指定基点为(2,3)并在下一个提示下按 Enter 键，则该对象从它当前的位置开始，在 X 方向上移动 2 个单位，在 Y 方向上移动 3 个单位。复制完成后，系统会继续提示： 指定第二个点或[阵列(A)]〈使用第一个点作为位移〉： 这时，可以不断指定新的第二点，从而实现多重复制
位移(D)	直接输入位移值，表示以选择对象时的拾取点为基准，以拾取点坐标为移动方向，纵横比移动指定位移后所确定的点为基点。例如，选择对象时的拾取点坐标为(2,3)，输入位移为 5，则表示以(2,3)点为基准，沿纵横比为 3：2 的方向移动 5 个单位所确定的点为基点
模式(O)	控制是否自动重复该命令。确定复制模式是单个还是多个

5.3.2　上机练习——三相变压器

　练习目标

绘制如图 5-6 所示的三相变压器符号。

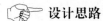　设计思路

首先利用圆和直线命令绘制圆和三条共同端点的直线，然后利用复制命令绘制刚刚绘制的图形，最后绘制剩余的直线，最终完成三相变压器符号的绘制。

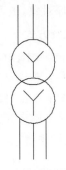

图 5-6　三相变压器符号

5-1

Note

操作步骤

（1）单击"默认"选项卡"绘图"面板中的"圆"按钮⊙和"直线"按钮╱，绘制一个圆和三条共端点直线，尺寸适当指定。利用对象捕捉功能捕捉三条直线的共同端点为圆心，如图5-7所示。

（2）单击"默认"选项卡"修改"面板中的"复制"按钮，命令行操作与提示如下。

```
命令：_copy
选择对象：(选择刚绘制的图形)
选择对象：↙
当前设置：  复制模式 = 多个
指定基点或 [位移(D)/模式(O)]〈位移〉：指定第二个点或〈使用第一个点作为位移〉：(适当指定一点)
指定第二个点或 [退出(E)/放弃(U)]〈退出〉：(在正下方适当位置指定一点，如图5-8所示)
指定第二个点或 [退出(E)/放弃(U)]〈退出〉：↙
```

结果如图5-9所示。

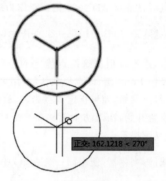
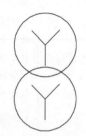

图5-7　绘制圆和直线　　　　图5-8　指定第二点　　　　图5-9　复制对象

（3）结合"正交"按钮和"对象捕捉"按钮，单击"默认"选项卡"绘图"面板中的"直线"按钮╱，绘制6条竖直直线。最终结果如图·5-6所示。

5.3.3　镜像命令

镜像对象是指把选择的对象以一条镜像线为对称轴进行镜像。镜像操作完成后，可以保留原对象，也可以将其删除。

1．执行方式

命令行：MIRROR。
菜单栏：选择菜单栏中的"修改"→"镜像"命令。
工具栏：单击"修改"工具栏中的"镜像"按钮。
功能区：单击"默认"选项卡"修改"面板中的"镜像"按钮。

2．操作步骤

```
命令：MIRROR
选择对象：(选择要镜像的对象)
```

Note

5-2

> 指定镜像线的第一点:(指定镜像线的第一个点)
> 指定镜像线的第二点:(指定镜像线的第二个点)
> 要删除源对象?[是(Y)/否(N)]〈否〉:(确定是否删除原对象)

这两点确定一条镜像线,被选择的对象以该线为对称轴进行镜像。包含该线的镜像平面与用户坐标系统的 XY 平面垂直,即镜像操作在与用户坐标系统的 XY 平面平行的平面上进行。

5.3.4 上机练习——办公桌

练习目标

绘制如图 5-10 所示的办公桌。

设计思路

首先使用矩形命令绘制多个大小不一的矩形,然后使用镜像命令进行镜像操作,最终完成办公桌的绘制。

图 5-10 办公桌

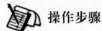
操作步骤

(1) 单击"默认"选项卡"绘图"面板中的"矩形"按钮□,在合适的位置绘制矩形,如图 5-11 所示。

(2) 单击"默认"选项卡"绘图"面板中的"矩形"按钮□,在合适的位置绘制一系列的矩形,结果如图 5-12 所示。

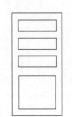

图 5-11 绘制矩形　　　　　图 5-12 绘制多个矩形

(3) 单击"默认"选项卡"绘图"面板中的"矩形"按钮□,在合适的位置绘制一系列的矩形,结果如图 5-13 所示。

(4) 单击"默认"选项卡"绘图"面板中的"矩形"按钮□,在合适的位置绘制矩形,结果如图 5-14 所示。

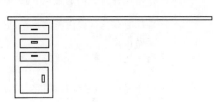

图 5-13 绘制多个小矩形　　　　　图 5-14 绘制长的矩形

(5) 单击"默认"选项卡"修改"面板中的"镜像"按钮▲,将左边的一系列矩形以桌面矩形的顶边中点和底边中点的连线为对称轴进行镜像。命令行提示与操作如下。

```
命令：MIRROR
选择对象：(选取左边的一系列矩形)
选择对象：
指定镜像线的第一点：选择桌面矩形的底边中点
指定镜像线的第二点：选择桌面矩形的顶边中点
要删除源对象吗?[是(Y)/否(N)]〈否〉：
```

绘制结果如图 5-10 所示。

5.3.5 偏移命令

偏移对象是指保持选择的对象的形状，在不同的位置以不同的尺寸新建的一个对象。

1. 执行方式

命令行：OFFSET。

菜单栏：选择菜单栏中的"修改"→"偏移"命令。

工具栏：单击"修改"工具栏中的"偏移"按钮 ⊆ 。

功能区：单击"默认"选项卡"修改"面板中的"偏移"按钮 ⊆ 。

2. 操作步骤

```
命令：OFFSET
当前设置：删除源 = 否    图层 = 源    OFFSETGAPTYPE = 0
指定偏移距离或 [通过(T)/删除(E)/图层(L)]〈通过〉：(指定距离值)
选择要偏移的对象，或 [退出(E)/放弃(U)]〈退出〉：(选择要偏移的对象.按 Enter 键,会结束操作)
指定要偏移的那一侧上的点，或 [退出(E)/多个(M)/放弃(U)]〈退出〉：(指定偏移方向)
```

3. 选项说明

各选项的含义如表 5-2 所示。

表 5-2 "偏移"命令各选项含义

选项	含义
指定偏移距离	输入一个距离值，或按 Enter 键，使用当前的距离值，系统把该距离值作为偏移距离，如图 5-15 所示
通过(T)	指定偏移对象的通过点。选择该选项后出现如下提示。 选择要偏移的对象，或[退出(E)/放弃(U)]：(选择要偏移的对象,按 Enter 键,结束操作) 指定通过点或[退出(E)/多个(M)/放弃(U)]：(指定偏移对象的一个通过点) 操作完毕后，系统根据指定的通过点绘出偏移对象，如图 5-16 所示
删除(E)	偏移后，将源对象删除。选择该选项后出现如下提示。 要在偏移后删除源对象吗？[是(Y)/否(N)]〈否〉：

续表

选 项	含 义
图层(L)	确定将偏移对象创建在当前图层上还是源对象所在的图层上。选择该选项后出现如下提示。 输入偏移对象的图层选项 [当前(C)/源(S)]〈源〉:

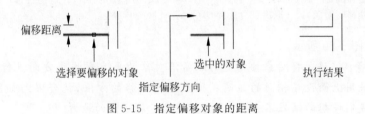

图 5-15   指定偏移对象的距离

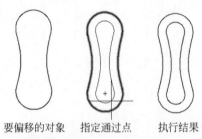

图 5-16   指定偏移对象的通过点

5.3.6   上机练习——手动三级开关

 练习目标

绘制如图 5-17 所示的手动三级开关。

设计思路

首先利用直线命令绘制三条直线,绘制一级开关,然后利用偏移命令进行偏移操作,绘制出三级开关的竖线,最后利用直线命令绘制剩余直线,最终完成手动三级开关的绘制。

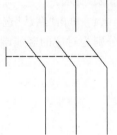

图 5-17   手动三级开关

操作步骤

(1)结合"正交"按钮 ⌐ 和"对象追踪"按钮 ⌐ ,单击"默认"选项卡"绘图"面板中的"直线"按钮 ∕ ,绘制三条直线,完成一级开关绘制,如图 5-18 所示。

(2)单击"默认"选项卡"修改"面板中的"偏移"按钮 ⊆ ,命令行操作如下。

5-3

```
命令：_offset
当前设置：删除源=否   图层=源   OFFSETGAPTYPE=0
指定偏移距离或 [通过(T)/删除(E)/图层(L)]〈通过〉:(在适当位置指定一点,如图 5-19 中的
点 1)
指定第二点:(水平向右适当距离指定一点,如图 5-19 中的点 2)
选择要偏移的对象,或 [退出(E)/放弃(U)]〈退出〉:(选择一条竖直直线)
指定要偏移的那一侧上的点,或 [退出(E)/多个(M)/放弃(U)]〈退出〉:(向右指定一点)
选择要偏移的对象,或 [退出(E)/放弃(U)]〈退出〉:(指定另一条竖线)
指定要偏移的那一侧上的点,或 [退出(E)/多个(M)/放弃(U)]〈退出〉:(向右指定一点)
选择要偏移的对象,或 [退出(E)/放弃(U)]〈退出〉:↙
```

结果如图 5-20 所示。

注意：偏移是将对象按指定的距离沿对象的垂直或法线方向进行复制。在本例中,如果采用上面设置相同的距离将斜线进行偏移的方法,就会得到如图 5-21 所示的结果,与我们设想的结果不一样,这是初学者应该注意的地方。

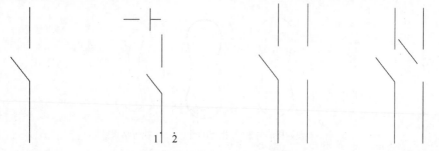

图 5-18　绘制直线　　图 5-19　指定偏移距离　　图 5-20　偏移结果　　图 5-21　偏移斜线

(3) 单击"默认"选项卡"修改"面板中的"偏移"按钮⊑,绘制第三级开关的竖线。具体操作方法与上面相同,只是在系统提示:

```
指定偏移距离或 [通过(T)/删除(E)/图层(L)]〈190.4771〉:
```

后直接按 Enter 键,接受上一次偏移指定的偏移距离为本次偏移的默认距离。结果如图 5-22 所示。

(4) 单击"默认"选项卡"修改"面板中的"复制"按钮♋,复制斜线,捕捉基点和目标点分别为对应的竖线端点,结果如图 5-23 所示。

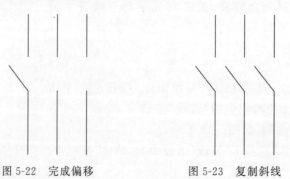

图 5-22　完成偏移　　　　　　　图 5-23　复制斜线

（5）单击"默认"选项卡"绘图"面板中的"直线"按钮 ∕，绘制一条竖直线和一条水平线，结果如图 5-24 所示。

（6）选择上面绘制的水平直线，打开"特性"面板，在"线型"下拉列表框中选择 ACAD_ISO02W100 线型，在"特性"选项板中将线型比例改为 3，如图 5-25 所示，可以看到，水平直线的线型已经改为虚线，最终结果如图 5-17 所示。

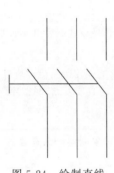

图 5-24　绘制直线

图 5-25　"特性"面板

5.3.7　阵列命令

阵列是指多次复制选择对象并把这些副本按矩形或环形排列。把副本按矩形排列称为建立矩形阵列，把副本按环形排列称为建立极阵列。建立极阵列时，应该控制复制对象的次数和对象是否被旋转；建立矩形阵列时，应该控制行和列的数量以及对象副本之间的距离。

用该命令可以建立矩形阵列、极阵列（环形）和旋转的矩形阵列。

1．执行方式

命令行：ARRAY。

菜单栏：选择菜单栏中的"修改"→"阵列"命令。

工具栏：单击"修改"工具栏中的"矩形阵列"按钮 田，或单击"修改"工具栏中的"路径阵列"按钮 ⊙⊙ ，或单击"修改"工具栏中的"环形阵列"按钮 ⊙⊙⊙ 。

功能区：单击"默认"选项卡"修改"面板中的"矩形阵列"按钮田或"路径阵列"按钮⊙⊙或"环形阵列"按钮⊙⊙⊙（如图 5-26 所示）。

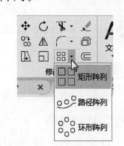

图 5-26　"阵列"下拉列表

2．操作步骤

命令：ARRAY
选择对象：(使用对象选择方法)
输入阵列类型[矩形(R)/路径(PA)/极轴(PO)]〈矩形〉：

3．选项说明

各选项的含义如表 5-3 所示。

表 5-3 "阵列"命令各选项含义

选 项	含 义
矩形(R)	将选定对象的副本分布到行数、列数和层数的任意组合。选择该选项后出现如下提示。 选择夹点以编辑阵列或 [关联(AS)/基点(B)/计数(COU)/间距(S)/列数(COL)/行数(R)/层数(L)/退出(X)]〈退出〉:(通过夹点,调整阵列间距、列数、行数和层数;也可以分别选择各选项输入数值)
路径(PA)	沿路径或部分路径均匀分布选定对象的副本。选择该选项后出现如下提示。 选择路径曲线:(选择一条曲线作为阵列路径) 选择夹点以编辑阵列或 [关联(AS)/方法(M)/基点(B)/切向(T)/项目(I)/行(R)/层(L)/对齐项目(A)/Z方向(Z)/退出(X)]〈退出〉:(通过夹点,调整阵列行数和层数;也可以分别选择各选项输入数值)
极轴(PO)	在绕中心点或旋转轴的环形阵列中均匀分布对象副本。选择该选项后出现如下提示。 指定阵列的中心点或 [基点(B)/旋转轴(A)]:(选择中心点、基点或旋转轴) 选择夹点以编辑阵列或 [关联(AS)/基点(B)/项目(I)/项目间角度(A)/填充角度(F)/行(ROW)/层(L)/旋转项目(ROT)/退出(X)]〈退出〉:(通过夹点,调整角度,填充角度;也可以分别选择各选项输入数值)

注意:阵列在平面作图时有三种方式,即分别在矩形、路径或环形(圆形)阵列中创建对象的副本。对于矩形阵列,可以控制行和列的数目以及它们之间的距离;对于路径阵列,可以沿整个路径或部分路径平均分布对象副本;对于环形阵列,可以控制对象副本的数目并决定是否旋转副本。

5.3.8 上机练习——多级插头插座

5-4

练习目标

绘制如图 5-27 所示的多级插头插座。

设计思路

首先利用二维绘图命令绘制初步图形,然后利用矩形阵列命令进行矩形阵列,最终完成多级插头插座的绘制。

操作步骤

图 5-27 多级插头插座

(1)单击"默认"选项卡"绘图"面板中的
"直线"按钮 /、"圆弧"按钮 ⌒ 和"矩形"按钮 ▱ 等,绘制如图 5-28 所示的图形。

注意:利用"正交""对象捕捉"和"对象追踪"等工具准确绘制图线,保持相应端点对齐。

(2)单击"默认"选项卡"绘图"面板中的"图案填充"按钮 ▨,将矩形进行填充,如

图 5-29 所示。

（3）将两条水平直线的线型改为虚线，如图 5-30 所示。

图 5-28　初步绘制图形　　　图 5-29　图案填充　　　图 5-30　修改线型

（4）单击"默认"选项卡"修改"面板中的"矩形阵列"按钮品，将"行"和"列"文本框分别设置为 1 和 6，列间距设置为刚才所绘制的虚线的长度。矩形阵列结果如图 5-31 所示。

（5）单击"默认"选项卡"修改"面板中的"删除"按钮，将图 5-31 最右边两条水平虚线删掉，最终结果如图 5-27 所示。

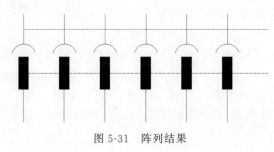

图 5-31　阵列结果

5.4　改变位置类命令

这一类编辑命令的功能是按照指定要求改变当前图形或图形的某部分的位置，主要包括移动、旋转和缩放等命令。

5.4.1　移动命令

1. 执行方式

命令行：MOVE。

菜单栏：选择菜单栏中的"修改"→"移动"命令。

工具栏：单击"修改"工具栏中的"移动"按钮。

快捷菜单：选择要复制的对象，在绘图区右击，从弹出的快捷菜单中选择"移动"命令。

功能区：单击"默认"选项卡"修改"面板中的"移动"按钮。

2. 操作步骤

Note

```
命令：MOVE
选择对象：(选择对象)
```

采用前面介绍的对象选择方法选择要移动的对象，按 Enter 键，结束选择。系统继续提示：

```
指定基点或位移：(指定基点或移至点)
指定基点或 [位移(D)]〈位移〉：(指定基点或位移)
指定第二个点或〈使用第一个点作为位移〉：
```

该命令的选项功能与"复制"命令类似。

5-5

5.4.2　上机练习——沙发茶几

练习目标

绘制如图 5-32 所示的客厅沙发茶几。

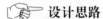
设计思路

　　首先利用二维绘图和编辑命令绘制客厅的沙发，然后绘制茶几和台灯，最终完成如图 5-32 所示的组合图形的绘制。

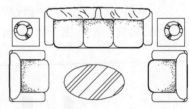

图 5-32　客厅沙发茶几

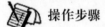
操作步骤

　　(1) 单击"默认"选项卡"绘图"面板中的"直线"按钮╱，绘制其中的单个沙发面 4 边，如图 5-33 所示。

　　说明：使用"直线"命令绘制沙发面的 4 边，应适当选择尺寸，注意其相对位置和长度的关系。

　　(2) 单击"默认"选项卡"绘图"面板中的"圆弧"按钮╱，将沙发面 4 边连接起来，得到完整的沙发面，如图 5-34 所示。

　　(3) 单击"默认"选项卡"绘图"面板中的"直线"按钮╱，绘制侧面扶手轮廓，如图 5-35 所示。

图 5-33　创建沙发面 4 边　　　图 5-34　连接边角　　　图 5-35　绘制扶手轮廓

（4）单击"默认"选项卡"绘图"面板中的"圆弧"按钮 ⌒，绘制侧面扶手的弧边线，如图 5-36 所示。

（5）单击"默认"选项卡"修改"面板中的"镜像"按钮 ⚠，镜像绘制另外一个侧面的扶手轮廓，如图 5-37 所示。

说明：以中间的轴线作为镜像线，镜像另一侧的扶手轮廓。

（6）单击"默认"选项卡"绘图"面板中的"圆弧"按钮 ⌒ 和"修改"面板中的"镜像"按钮 ⚠，绘制沙发背部扶手轮廓，如图 5-38 所示。

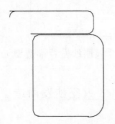

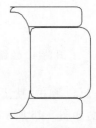

图 5-36　绘制扶手的弧边线　　　图 5-37　创建另外一侧扶手　　　图 5-38　创建背部扶手

（7）单击"默认"选项卡"绘图"面板中的"直线"按钮 ╱、"圆弧"按钮 ⌒ 和"修改"面板中的"镜像"按钮 ⚠，完善沙发背部扶手。结果如图 5-39 所示。

（8）单击"默认"选项卡"修改"面板中的"偏移"按钮 ⊆，对沙发面进行修改，使其更为形象，如图 5-40 所示。

（9）单击"默认"选项卡"绘图"面板中的"多点"按钮 ∴，在沙发座面上绘制点，细化沙发面，如图 5-41 所示。

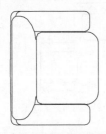
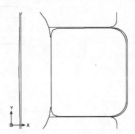
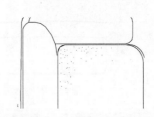

图 5-39　完善背部扶手　　　图 5-40　修改沙发面　　　图 5-41　细化沙发面

（10）单击"默认"选项卡"修改"面板中的"镜像"按钮 ⚠，进一步完善沙发面造型，使其更为形象，如图 5-42 所示。

（11）采用相同的方法，绘制 3 人座的沙发面造型，如图 5-43 所示。

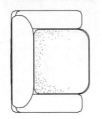
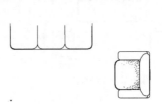

图 5-42　完善沙发面造型　　　图 5-43　绘制 3 人座的沙发面造型

说明：先绘制沙发面造型。

（12）单击"默认"选项卡"绘图"面板中的"直线"按钮／、"圆弧"按钮／和"修改"面板中的"镜像"按钮⚠，绘制 3 人座沙发扶手造型，如图 5-44 所示。

（13）单击"默认"选项卡"绘图"面板中的"直线"按钮／和"圆弧"按钮／，绘制 3 人座沙发背部造型，如图 5-45 所示。

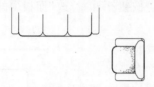

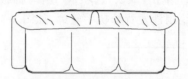

图 5-44 绘制 3 人座沙发扶手选型　　　图 5-45 建立 3 人座沙发背部造型

（14）单击"默认"选项卡"绘图"面板中的"多点"按钮⋰，对 3 人座沙发面造型进行细化，如图 5-46 所示。

（15）单击"默认"选项卡"修改"面板中的"移动"按钮✛，调整两个沙发造型的位置。命令行提示如下。

```
命令：MOVE↙
选择对象：(选择单人沙发)↙
指定基点或 [位移(D)]〈位移〉：(适当指定一点)
指定第二个点或〈使用第一个点作为位移〉：(适当指定一点)
```

结果如图 5-47 所示。

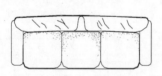
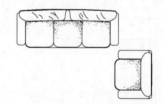

图 5-46 细化 3 人座沙发面造型　　　图 5-47 调整两个沙发的位置造型

（16）单击"默认"选项卡"修改"面板中的"镜像"按钮⚠，对单个沙发进行镜像，得到沙发组造型，如图 5-48 所示。

（17）单击"默认"选项卡"绘图"面板中的"椭圆"按钮◯，绘制 1 个椭圆形，建立椭圆形茶几造型。结果如图 5-49 所示。

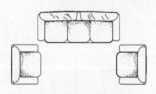
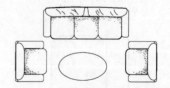

图 5-48 沙发组　　　图 5-49 建立椭圆形茶几造型

说明：可以绘制其他形式的茶几造型。

（18）单击"默认"选项卡"绘图"面板中的"图案填充"按钮▨，选择适当的图案，对茶几进行填充图案，如图 5-50 所示。

（19）单击"默认"选项卡"绘图"面板中的"多边形"按钮⬠，绘制沙发之间的一个正方形桌面灯造型，如图 5-51 所示。

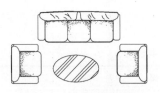

图 5-50　填充茶几图案

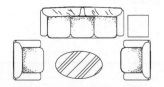

图 5-51　绘制桌面灯造型

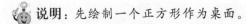 说明：先绘制一个正方形作为桌面。

（20）单击"默认"选项卡"绘图"面板中的"圆"按钮⊙，绘制两个大小和圆心位置都不同的圆形，如图 5-52 所示。

（21）单击"默认"选项卡"绘图"面板中的"直线"按钮╱，绘制随机斜线，形成灯罩效果，如图 5-53 所示。

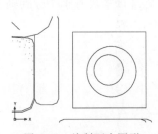

图 5-52　绘制两个圆形

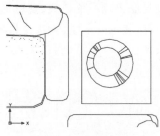

图 5-53　创建灯罩

（22）单击"默认"选项卡"修改"面板中的"镜像"按钮⚠，进行镜像得到两个沙发桌面灯，完成客厅沙发茶几图的绘制。结果如图 5-32 所示。

5.4.3　旋转命令

1. 执行方式

命令行：ROTATE。

菜单栏：选择菜单栏中的"修改"→"旋转"命令。

工具栏：单击"修改"工具栏中的"旋转"按钮↻。

快捷菜单：选择要旋转的对象，在绘图区右击，从弹出的快捷菜单中选择"旋转"命令。

功能区：单击"默认"选项卡"修改"面板中的"旋转"按钮↻。

2. 操作步骤

```
命令：ROTATE
UCS 当前的正角方向： ANGDIR = 逆时针　ANGBASE = 0
```

选择对象:(选择要旋转的对象)
指定基点:(指定旋转的基点.在对象内部指定一个坐标点)
指定旋转角度,或[复制(C)/参照(R)]〈0〉:(指定旋转角度或其他选项)

3. 选项说明

各选项的含义如表 5-4 所示。

表 5-4 "旋转"命令各选项含义

选 项	含 义
复制(C)	选择该项,旋转对象的同时保留原对象,如图 5-54 所示
参照(R)	采用参照方式旋转对象时,系统提示: 指定参照角〈0〉:(指定要参考的角度,默认值为 0) 指定新角度或[点(P)]〈0〉:(输入旋转后的角度值) 操作完毕后,对象被旋转至指定的角度位置。

说明:可以用拖动鼠标的方法旋转对象。选择对象并指定基点后,从基点到当前光标位置会出现一条连线,鼠标选择的对象会动态地随该连线与水平方向的夹角的变化而旋转,按 Enter 键,确认旋转操作,如图 5-55 所示。

旋转前　　　　旋转后

图 5-54　复制旋转

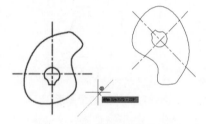

图 5-55　拖动鼠标旋转对象

5.4.4　上机练习——熔断式隔离开关

 练习目标

绘制如图 5-56 所示的熔断式隔离开关。

设计思路

首先使用直线命令绘制多条长短不一的直线,然后利用矩形命令绘制矩形,最后利用旋转命令旋转中间的竖直直线和矩形,最终完成熔断式隔离开关的绘制。

 操作步骤

图 5-56　熔断式隔离开关

（1）单击"默认"选项卡"绘图"面板中的"直线"按钮／,绘制一条水平线段和三条首尾相连的竖直线段,其中上面两条竖直线段以水平线段为分界点,下面两条竖直线段以图 5-57 所示点 1 为分界点。

5-6

☎ **注意**：这里绘制的三条首尾相连的竖直线段不能用一条线段代替，否则后面无法操作。

（2）单击"默认"选项卡"绘图"面板中的"矩形"按钮☐，绘制一个穿过中间竖直线段的矩形，如图 5-58 所示。

（3）单击"默认"选项卡"修改"面板中的"旋转"按钮↻，命令行操作如下。

```
命令: _rotate
UCS 当前的正角方向:  ANGDIR = 逆时针  ANGBASE = 0
选择对象:(选择矩形和中间竖直线段)
选择对象: ↙
指定基点:(捕捉图 5-57 中的点 1)
指定旋转角度,或 [复制(C)/参照(R)]〈0〉:(拖动鼠标,系统自动指定旋转角度垂直于基点与鼠标所在位置点连线,如图 5-59 所示)
```

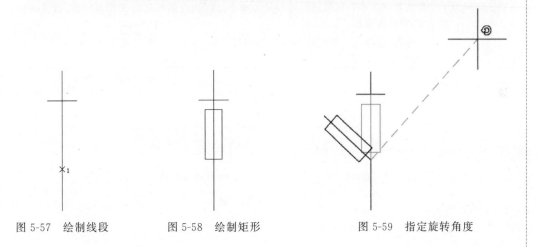

图 5-57　绘制线段　　　　图 5-58　绘制矩形　　　　图 5-59　指定旋转角度

5.4.5　缩放命令

1. 执行方式

命令行：SCALE。

菜单栏：选择菜单栏中的"修改"→"缩放"命令。

工具栏：单击"修改"工具栏中的"缩放"按钮☐。

快捷菜单：选择要缩放的对象，在绘图区右击，从弹出的快捷菜单中选择"缩放"命令。

功能区：单击"默认"选项卡"修改"面板中的"缩放"按钮☐。

2. 操作步骤

```
命令: SCALE
选择对象:(选择要缩放的对象)
指定基点:(指定缩放操作的基点)
指定比例因子或 [复制(C)/参照(R)]〈1.0000〉:
```

3．选项说明

各选项的含义如表 5-5 所示。

表 5-5 "缩放"命令各选项含义

选 项	含 义
参照(R)	采用参考方向缩放对象时,系统提示: 指定参照长度〈1〉:(指定参考长度值) 指定新的长度或 [点(P)]〈1.0000〉:(指定新长度值) 若新长度值大于参考长度值,则放大对象;否则,缩小对象。操作完毕后,系统以指定的基点按指定的比例因子缩放对象。如果选择"点(P)"选项,则指定两点来定义新的长度
指定比例因子	选择对象并指定基点后,从基点到当前光标位置会出现一条线段,线段的长度即为比例大小。鼠标选择的对象会动态地随该连线长度的变化而缩放,按 Enter键,确认缩放操作
复制(C)	选择"复制(C)"选项时,可以复制缩放对象,即缩放对象时保留原对象,如图 5-60所示

(a) 缩放前　　　　　　　　(b) 缩放后

图 5-60 复制缩放

5.5 改变几何特性类命令

这一类编辑命令在对指定对象进行编辑后,使编辑对象的几何特性发生改变。包括圆角、倒角、打断、剪切、延伸、拉伸、拉长等命令。

5.5.1 圆角命令

圆角是指用指定的半径决定的一段平滑的圆弧连接两个对象。系统规定可以圆角连接一对直线段、非圆弧的多段线段、样条曲线、双向无限长线、射线、圆、圆弧和椭圆。可以在任何时刻圆角连接非圆弧多段线的每个节点。

1．执行方式

命令行：FILLET。

菜单栏：选择菜单栏中的"修改"→"圆角"命令。

工具栏：单击"修改"工具栏中的"圆角"按钮 。

功能区：单击"默认"选项卡"修改"面板中的"圆角"按钮 。

2. 操作步骤

```
命令：FILLET
当前设置：模式 = 修剪,半径 = 0.0000
选择第一个对象或 [放弃(U)/多段线(P)/半径(R)/修剪(T)/多个(M)]:(选择第一个对象或别的
选项)
选择第二个对象,或按住 Shift 键选择对象以应用角点或 [半径(R)]:(选择第二个对象)
```

3. 选项说明

各选项的含义如表 5-6 所示。

表 5-6　"圆角"命令各选项含义

选　项	含　义
多段线(P)	在一条二维多段线的两段直线段的节点处插入圆滑的弧。选择多段线后,系统会根据指定的圆弧半径把多段线各顶点用圆滑的弧连接起来
半径(R)	定义圆角圆弧的半径。 输入的值将成为后续 FILLET 命令的当前半径。修改此值并不影响现有的圆角圆弧
修剪(T)	决定在圆角连接两条边时,是否修剪这两条边,如图 5-61 所示
多个(M)	可以同时对多个对象进行圆角编辑,而不必重新起用命令
圆角	按住 Shift 键并选择两条直线,可以快速创建零距离倒角或零半径圆角

(a) 修剪方式　　　　(b) 不修剪方式

图 5-61　圆角连接

5.5.2　上机练习——坐便器

练习目标

绘制如图 5-62 所示的坐便器。

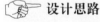 设计思路

利用二维绘图和二维编辑命令绘制坐便器图形。

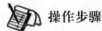 操作步骤

(1) 单击"默认"选项卡"绘图"面板中的"直线"按钮／,在图中绘制一条长度为 50 的水平直线,重复"直线"命令,单击水平直线的中点,此时会出现一个黄色的小三角提示。绘制一条垂直的直线,并移动到合适的位置,作为绘图的辅助线,如图 5-63 所示。

(2) 单击"默认"选项卡"绘图"面板中的"直线"按钮／,单击水平直线的左端点,输入坐标点(@6,−60)绘制直线,如图 5-64 所示。

(3) 单击"默认"选项卡"修改"面板中的"镜像"按钮,以垂直直线的两个端点为

图 5-62　坐便器

5-7

149

镜像点,将刚刚绘制的斜向直线镜像到另外一侧,如图 5-65 所示。

图 5-63 绘制辅助线　　　图 5-64 绘制直线　　　图 5-65 镜像图形

（4）单击"默认"选项卡"绘图"面板中的"圆弧"按钮 ，以斜线下端的端点为起点,如图 5-66 所示,以垂直辅助线上的一点为第二点,以右侧斜线的端点为端点,绘制弧线,如图 5-67 所示。

（5）在图中选择水平直线,然后单击"默认"选项卡"修改"面板中的"复制"按钮 ,选择其与垂直直线的交点为基点,然后输入坐标点(@0,-20),再次复制水平直线,输入坐标点(@0,-25),如图 5-68 所示。

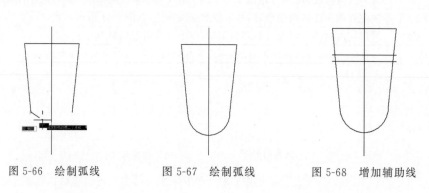

图 5-66 绘制弧线　　　图 5-67 绘制弧线　　　图 5-68 增加辅助线

（6）单击"默认"选项卡"修改"面板中的"偏移"按钮 ,将右侧斜向直线向左偏移 2,如图 5-69 所示。重复"偏移"命令,将圆弧和左侧直线复制到内侧,如图 5-70 所示。

（7）单击"默认"选项卡"绘图"面板中的"直线"按钮 ,将中间的水平线与内侧斜线的交点和外侧斜线的下端点连接起来,如图 5-71 所示。

图 5-69 偏移直线　　　图 5-70 偏移其他图形　　　图 5-71 连接直线

（8）单击"默认"选项卡"修改"面板中的"圆角"按钮 ,指定倒角半径为 10,依次选择最下面的水平线,和半部分内侧的斜向直线,将其交点设置为倒圆角,如图 5-72 所示。依照此方法，将右侧的交点也设置为倒圆角，直径也是 10，如图 5-73 所示。

图 5-72　设置倒圆角

图 5-73　设置另外一侧倒圆角

（9）单击"默认"选项卡"修改"面板中的"偏移"按钮 ⊆，将椭圆部分向内侧偏移 1，如图 5-74 所示。

在上侧添加弧线和斜向直线，如图 5-75 所示，再在左侧添加冲水按钮，即完成了坐便器的绘制，最终效果如图 5-62 所示。

图 5-74　偏移内侧椭圆

图 5-75　坐便器绘制完成

5.5.3　倒角命令

倒角是指用斜线连接两个不平行的线型对象。可以用斜线连接直线段、双向无限长线、射线和多段线。

1．执行方式

命令行：CHAMFER。

菜单栏：选择菜单栏中的"修改"→"倒角"命令。

工具栏：单击"修改"工具栏中的"倒角"按钮 ◢。

功能区：单击"默认"选项卡"修改"面板中的"倒角"按钮 ◢。

2．操作步骤

```
命令：CHAMFER
("不修剪"模式)当前倒角距离 1 = 0.0000,距离 2 = 0.0000
选择第一条直线或 [放弃(U)/多段线(P)/距离(D)/角度(A)/修剪(T)/方式(E)/多个(M)]:(选择第一条直线或别的选项)
选择第二条直线,或按住 Shift 键选择直线以应用角点或 [距离(D)/角度(A)/方法(M)]:(选择第二条直线)
```

3．选项说明

各选项的含义如表 5-7 所示。

表 5-7 "倒角"命令各选项含义

选 项	含 义
距离(D)	选择倒角的两个斜线距离。斜线距离是指从被连接的对象与斜线的交点到被连接的两对象的可能的交点之间的距离,如图 5-76 所示。这两个斜线距离可以相同也可以不相同,若二者均为 0,则系统不绘制连接的斜线,而是把两个对象延伸至相交,并修剪超出的部分
角度(A)	选择第一条直线的斜线距离和角度。采用这种方法斜线连接对象时,需要输入两个参数:斜线与一个对象的斜线距离和斜线与该对象的夹角,如图 5-77 所示
多段线(P)	对多段线的各个交叉点进行倒角编辑。为了得到最好的连接效果,一般设置斜线是相等的值。系统根据指定的斜线距离把多段线的每个交叉点都作斜线连接,连接的斜线成为多段线新添加的构成部分,如图 5-78 所示
修剪(T)	与圆角连接命令 FILLET 相同,该选项决定连接对象后是否剪切原对象
方式(E)	决定采用"距离"方式还是"角度"方式来倒角
多个(M)	同时对多个对象进行倒角操作

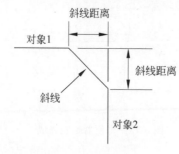

图 5-76 斜线距离

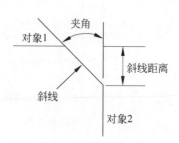

图 5-77 斜线距离与夹角

说明:有时用户在执行圆角和倒角命令时,发现命令不能执行或执行后没什么变化。那是因为系统默认圆角半径和斜线距离均为 0,如果不事先设定圆角半径或斜线距离,系统就以默认值执行命令,所以看起来好像没有执行命令。

(a)选择多段线   (b)倒角结果

图 5-78 斜线连接多段线

5.5.4 上机练习——洗菜盆

练习目标

绘制如图 5-79 所示的洗菜盆。

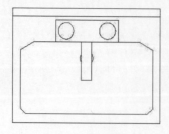

图 5-79 洗菜盆

设计思路

首先利用直线命令绘制洗菜盆的初步轮廓,然后利用圆、修剪等命令绘制旋钮和出水口,最后利用倒角命令绘制水盆的四角,最终完成洗菜盆的绘制。

操作步骤

(1)单击"默认"选项卡"绘图"面板中的"直线"按

钮╱,可以绘制出初步轮廓,大约尺寸如图 5-80 所示。

(2) 单击"默认"选项卡"绘图"面板中的"圆"按钮⊙,以图 5-80 中长 240、宽 80 的矩形大约左中位置处为圆心,绘制半径为 35 的圆。

(3) 单击"默认"选项卡"修改"面板中的"复制"按钮◦。,选择刚绘制的圆,复制到右边合适的位置,完成旋钮绘制。

(4) 单击"默认"选项卡"绘图"面板中的"圆"按钮⊙,以图 5-80 中长 139、宽 40 的矩形大约正中位置为圆心,绘制半径为 25 的圆作为出水口。

(5) 单击"默认"选项卡"修改"面板中的"修剪"按钮¾,将绘制的出水口圆修剪成如图 5-81 所示的形状。

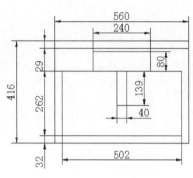

图 5-80 初步轮廓图

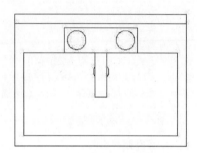

图 5-81 绘制水龙头和出水口

(6) 单击"默认"选项卡"修改"面板中的"倒角"按钮╱,绘制水盆四角。命令行提示与操作如下。

```
命令:CHAMFER
("修剪"模式) 当前倒角距离 1 = 0.0000,距离 2 = 0.0000
选择第一条直线或 [放弃(U)/多段线(P)/距离(D)/角度(A)/修剪(T)/方式(E)/多个(M)]:D
指定第一个倒角距离 〈0.0000〉: 50
指定第二个倒角距离 〈50.0000〉: 30
选择第一条直线或 [放弃(U)/多段线(P)/距离(D)/角度(A)/修剪(T)/方式(E)/多个(M)]:(选择
左上角横线段)
选择第二条直线,或按住 Shift 键选择要应用角点的直线:(选择右上角竖线段)
选择第一条直线或 [放弃(U)/多段线(P)/距离(D)/角度(A)/修剪(T)/方式(E)/多个(M)]:(选择
左上角横线段)
选择第二条直线,或按住 Shift 键选择要应用角点的直线:(选择右上角竖线段)
命令 : CHAMFER
("修剪"模式) 当前倒角距离 1 = 50.0000,距离 2 = 30.0000
选择第一条直线或 [放弃(U)/多段线(P)/距离(D)/角度(A)/修剪(T)/方式(E)/多个(M)]:A

指定第一条直线的倒角长度 〈20.0000〉:
指定第一条直线的倒角角度 〈0〉: 45
选择第一条直线或 [放弃(U)/多段线(P)/距离(D)/角度(A)/修剪(T)/方式(E)/多个(M)]:U
选择第一条直线或 [放弃(U)/多段线(P)/距离(D)/角度(A)/修剪(T)/方式(E)/多个(M)]: (选
择左下角横线段)
选择第二条直线,或按住 Shift 键选择要应用角点的直线:(选择左下角竖线段)
选择第一条直线或 [放弃(U)/多段线(P)/距离(D)/角度(A)/修剪(T)/方式(E)/多个(M)]: (选
择右下角横线段)
选择第二条直线,或按住 Shift 键选择要应用角点的直线:(选择右下角竖线段)
```

洗菜盆绘制结果如图 5-79 所示。

5.5.5 修剪命令

1. 执行方式

命令行：TRIM。

菜单栏：选择菜单栏中的"修改"→"修剪"命令。

工具栏：单击"修改"工具栏中的"修剪"按钮 ⅍。

功能区：单击"默认"选项卡"修改"面板中的"修剪"按钮 ⅍。

2. 操作步骤

```
命令：TRIM
当前设置：投影 = UCS,边 = 无
选择剪切边…
选择对象或〈全部选择〉:(选择用作修剪边界的对象)
按 Enter 键,结束对象选择,系统提示:
选择要修剪的对象,或按住 Shift 键选择要延伸的对象,或[栏选(F)/窗交(C)/投影(P)/边(E)/
删除(R)/放弃(U)]:
```

3. 选项说明

各选项的含义如表 5-8 所示。

表 5-8 "修剪"命令各选项含义

选 项	含 义
按 Shift 键	在选择对象时,如果按住 Shift 键,系统就自动将"修剪"命令转换成"延伸"命令。"延伸"命令将在下节介绍
边(E)	选择此选项时,可以选择对象的修剪方式:延伸和不延伸。 延伸(E):延伸边界进行修剪。在此方式下,如果剪切边没有与要修剪的对象相交,系统会延伸剪切边直至与要修剪的对象相交,然后再修剪,如图 5-82 所示。 不延伸(N):不延伸边界修剪对象。只修剪与剪切边相交的对象
栏选(F)	选择此选项时,系统以栏选的方式选择被修剪对象,如图 5-83 所示
窗交(C)	选择此选项时,系统以窗交的方式选择被修剪对象,如图 5-84 所示 被选择的对象可以互为边界和被修剪对象,此时系统会在选择的对象中自动判断边界,如图 5-84 所示

(a) 选择剪切边   (b) 选择要修剪的对象   (c) 修剪后的结果

图 5-82 延伸方式修剪对象

Note

(a) 选定剪切边　　　(b) 使用栏选选定的要修剪的对象　　　(c) 结果

图 5-83　栏选选择修剪对象

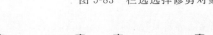

(a) 使用窗交选择选定的边　　(b) 选定要修剪的对象　　(c) 结果

图 5-84　窗交选择修剪对象

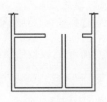

5-9

5.5.6　上机练习——灯具

 练习目标

绘制如图 5-85 所示的灯具。

 设计思路

首先利用矩形和镜像命令绘制轮廓线,然后利用圆弧和直线等命令绘制灯罩轮廓线,最后利用样条曲线拟合命令绘制灯罩上的装饰线,最终完成灯具的绘制。

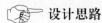 **操作步骤**

(1) 单击"默认"选项卡"绘图"面板中的"矩形"按钮□,绘制轮廓线。单击"默认"选项卡"修改"面板中的"镜像"按钮⚠,使轮廓线左右对称,如图 5-86 所示。

(2) 单击"默认"选项卡"绘图"面板中的"圆弧"按钮ᢁ和"修改"面板中的"偏移"按钮⊑,绘制两条圆弧,端点分别捕捉到矩形的角点上,绘制的下面圆弧中间一点捕捉到中间矩形上边的中点上,如图 5-87 所示。

图 5-85　灯具　　　　　图 5-86　绘制轮廓线　　　　图 5-87　绘制圆弧

（3）单击"默认"选项卡"绘图"面板中的"直线"按钮 ／和"圆弧"按钮 ／，绘制灯柱上的结合点，如图 5-88 所示。

（4）单击"默认"选项卡"修改"面板中的"修剪"按钮 ，修剪多余图线。命令行提示如下。

```
命令：_trim✓
当前设置：投影 = UCS,边 = 延伸
选择修剪边...
选择对象或〈全部选择〉:(选择修剪边界对象)✓
选择对象:(选择修剪边界对象)✓
选择对象：✓
选择要修剪的对象,或按住 Shift 键选择要延伸的对象,或 [投影(P)/边(E)/放弃(U)]:(选择修剪对象)✓
```

修剪结果如图 5-89 所示。

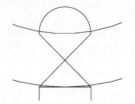
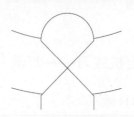

图 5-88　绘制灯柱上的结合点　　　　　图 5-89　修剪图形

（5）单击"默认"选项卡"绘图"面板中的"样条曲线拟合"按钮 ／和"修改"面板中的"镜像"按钮 ，绘制灯罩轮廓线，如图 5-90 所示。

（6）单击"默认"选项卡"绘图"面板中的"直线"按钮 ／，补齐灯罩轮廓线，直线端点捕捉对应样条曲线端点，如图 5-91 所示。

（7）单击"默认"选项卡"绘图"面板中的"圆弧"按钮 ／，绘制灯罩顶端的突起，如图 5-92 所示。

（8）单击"默认"选项卡"绘图"面板中的"样条曲线拟合"按钮 ／，绘制灯罩上的装饰线，最终结果如图 5-85 所示。

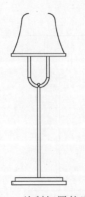
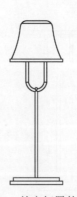
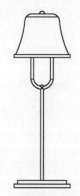

图 5-90　绘制灯罩轮廓线　　　图 5-91　补齐灯罩轮廓线　　　图 5-92　绘制灯罩顶端的突起

Note

5.5.7　延伸命令

延伸对象是指将要延伸的对象延伸至另一个对象的边界线,如图 5-93 所示。

(a) 选择边界　　　　　　(b) 选择要延伸的对象　　　　　　(c) 执行结果

图 5-93　延伸对象

1．执行方式

命令行：EXTEND。

菜单栏：选择菜单栏中的"修改"→"延伸"命令。

工具栏：单击"修改"工具栏中的"延伸"按钮 ➞| 。

功能区：单击"默认"选项卡"修改"面板中的"延伸"按钮 ➞| 。

2．操作步骤

```
命令：EXTEND
当前设置:投影 = UCS,边 = 无
选择边界的边…
选择对象或〈全部选择〉:(选择边界对象)
```

此时可以通过选择对象来定义边界。若直接按 Enter 键,则选择所有对象作为可能的边界对象。

系统规定可以用作边界对象的对象有：直线段、射线、双向无限长线、圆弧、圆、椭圆、二维和三维多段线、样条曲线、文本、浮动的视口、区域。如果选择二维多段线作为边界对象,系统会忽略其宽度而把对象延伸至多段线的中心线上。

选择边界对象后,系统继续提示：

```
选择要延伸的对象,或按住 Shift 键选择要修剪的对象,或[栏选(F)/窗交(C)/投影(P)/边(E)/
放弃(U)]:
```

3．选项说明

各选项的含义如表 5-9 所示。

表 5-9　"延伸"命令各选项含义

选　　项	含　　义
延伸的对象	如果要延伸的对象是适配样条多段线,则延伸后会在多段线的控制框上增加新节点。如果要延伸的对象是锥形的多段线,系统会修正延伸端的宽度,使多段线从起始端平滑地延伸至新的终止端。如果延伸操作导致新终止端的宽度为负值,则取宽度值为 0(如图 5-94 所示)
修剪的对象	选择对象时,如果按住 Shift 键,系统就自动将"延伸"命令转换成"修剪"命令

Note

5-10

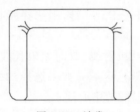

(a) 选择边界对象　(b) 选择要延伸的多段线　(c) 延伸后的结果

图 5-94　延伸对象

5.5.8　上机练习——沙发

 练习目标

绘制如图 5-95 所示的沙发。

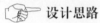 设计思路

首先利用矩形和直线命令绘制沙发的初步轮廓,然后利用圆角和延伸等命令进行细部操作,最终完成沙发的绘制。

操作步骤

(1) 单击"默认"选项卡"绘图"面板中的"矩形"按钮□,绘制圆角为 10、第一角点坐标为(20,20)、长度和宽度分别为 140 和 100 的矩形作为沙发的外框。

(2) 单击"默认"选项卡"绘图"面板中的"直线"按钮／,绘制坐标分别为(40,20)、(@0,80)、(@100,0)、(@0,−80)的连续线段,绘制结果如图 5-96 所示。

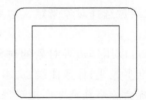

图 5-95　沙发　　　　　　　　图 5-96　绘制初步轮廓

(3) 单击"默认"选项卡"修改"面板中的"分解"按钮▥(此命令将在 5.5.16 节中详细介绍)、"圆角"按钮▭,修改沙发轮廓,命令行提示与操作如下。

```
命令: _explode
选择对象: 选择外面倒圆矩形
选择对象:
命令: _fillet
当前设置: 模式 = 修剪,半径 = 6.0000
选择第一个对象或[放弃(U)/多段线(P)/半径(R)/修剪(T)/多个(M)]: 选择内部四边形左边
选择第二个对象,或按住 Shift 键选择要应用角点的对象: 选择内部四边形上边
选择第一个对象或 [放弃(U)/多段线(P)/半径(R)/修剪(T)/多个(M)]: 选择内部四边形右边
选择第二个对象,或按住 Shift 键选择要应用角点的对象: 选择内部四边形上边
选择第一个对象或 [放弃(U)/多段线(P)/半径(R)/修剪(T)/多个(M)]:
```

单击"默认"选项卡"修改"面板中的"圆角"按钮，选择内部四边形左边和外部矩形下边左端为对象，进行圆角处理，绘制结果如图 5-97 所示。

（4）单击"默认"选项卡"修改"面板中的"延伸"按钮，命令行提示与操作如下。

```
命令：_ extend
当前设置：投影 = UCS，边 = 无
选择边界的边…
选择对象或〈全部选择〉：选择如图 5-97 所示的右下角圆弧
选择对象：
选择要延伸的对象，或按住 Shift 键选择要修剪的对象，或[栏选(F)/窗交(C)/投影(P)/边(E)/
放弃(U)]：选择如图 5-97 所示的左端短水平线
选择要延伸的对象，或按住 Shift 键选择要修剪的对象，或[栏选(F)/窗交(C)/投影(P)/边(E)/
放弃(U)]：
```

（5）单击"默认"选项卡"修改"面板中的"圆角"按钮，选择内部四边形右边和外部矩形下边为倒圆角对象，进行圆角处理。

（6）单击"默认"选项卡"修改"面板中的"修剪"按钮，以刚倒出的圆角圆弧为边界，对内部四边形右边下端进行修剪，绘制结果如图 5-98 所示。

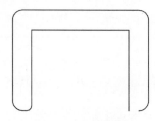

图 5-97　绘制倒圆

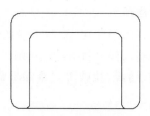

图 5-98　完成倒圆角

（7）单击"默认"选项卡"绘图"面板中的"圆弧"按钮，绘制沙发皱纹。在沙发拐角位置绘制六条圆弧，最终绘制结果如图 5-95 所示。

5.5.9　拉伸命令

拉伸对象是指拖拉选择对象，且使对象的形状发生改变。拉伸对象时，应指定拉伸的基点和移置点。利用一些辅助工具如捕捉、钳夹功能及相对坐标等可以提高拉伸的精度。

1．执行方式

命令行：STRETCH。

菜单栏：选择菜单栏中的"修改"→"拉伸"命令。

工具栏：单击"修改"工具栏中的"拉伸"按钮。

功能区：单击"默认"选项卡"修改"面板中的"拉伸"按钮。

2．操作步骤

```
命令：STRETCH
以交叉窗口或交叉多边形选择要拉伸的对象…
```

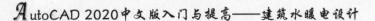

```
选择对象：C
指定第一个角点：(采用交叉窗口的方式选择要拉伸的对象)
指定基点或 [位移(D)] <位移>：(指定拉伸的基点)
指定第二个点或 <使用第一个点作为位移>：(指定拉伸的移至点)
```

此时，若指定第二个点，系统将根据这两点决定的矢量拉伸对象。若直接按 Enter 键，系统会把第一个点作为 X 轴和 Y 轴的分量值。

STRETCH 仅移动位于交叉选择内的顶点和端点，不更改那些位于交叉选择外的顶点和端点。部分包含在交叉选择窗口内的对象将被拉伸。

说明：用交叉窗口选择拉伸对象时，落在交叉窗口内的端点被拉伸，落在外部的端点保持不动。

5.5.10　上机练习——门把手

练习目标

绘制如图 5-99 所示的门把手。

设计思路

首先新建两个图层，绘制手柄的中心线和轮廓线。在绘制过程中利用直线和圆等二维绘图命令以及修剪、镜像、拉伸等二维编辑命令，最终完成门把手的绘制。

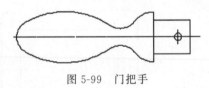

图 5-99　门把手

操作步骤

（1）设置图层

单击"默认"选项卡"图层"面板中的"图层特性"按钮，打开"图层特性管理器"选项板，新建以下两个图层。

① 第一图层命名为"轮廓线"，线宽属性为 0.3mm，其余属性默认。

② 第二图层命名为"中心线"，颜色设为红色，线型加载为 center，其余属性默认。

（2）将"轮廓线"层设置为当前层。单击"默认"选项卡"绘图"面板中的"直线"按钮，绘制坐标分别为(150,150)，(@120,0)的直线。结果如图 5-100 所示。

（3）单击"默认"选项卡"绘图"面板中的"圆"按钮，以点(160,150)为圆心，绘制半径为 10 的圆。重复"圆"命令，以点(235,150)为圆心，绘制半径为 15 的圆。再绘制半径为 50 的圆与前两个圆相切，结果如图 5-101 所示。

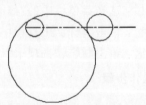

图 5-100　绘制直线　　　　图 5-101　绘制圆

（4）单击"默认"选项卡"绘图"面板中的"直线"按钮 ╱，绘制坐标为（250，150），（@10＜90），（@15＜180）的两条直线。重复"直线"命令，绘制坐标为（235，165），（235，150）的直线，结果如图 5-102 所示。

（5）单击"默认"选项卡"修改"面板中的"修剪"按钮 ✂，进行修剪处理，结果如图 5-103 所示。

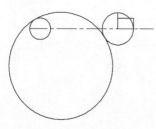

图 5-102　绘制直线

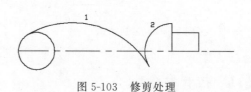

图 5-103　修剪处理

（6）绘制圆

单击"默认"选项卡"绘图"面板中的"圆"按钮 ⊙，绘制半径为12、与圆弧1和圆弧2相切的圆，结果如图 5-104 所示。

（7）修剪处理

单击"默认"选项卡"修改"面板中的"修剪"按钮 ✂，将多余的圆弧进行修剪，结果如图 5-105 所示。

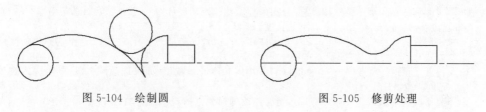

图 5-104　绘制圆　　　　　　　　　　　　　图 5-105　修剪处理

（8）单击"默认"选项卡"修改"面板中的"镜像"按钮 ◢◣，以点（150，150），（250，150）为两镜像点对图形进行镜像处理，结果如图 5-106 所示。

（9）单击"默认"选项卡"修改"面板中的"修剪"按钮 ✂，进行修剪处理，结果如图 5-107 所示。

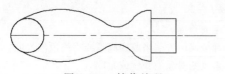

图 5-106　镜像处理

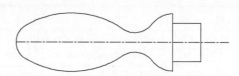

图 5-107　把手初步图形

（10）将"中心线"层设置为当前层。单击"默认"选项卡"绘图"面板中的"直线"按钮 ╱，在把手接头处中间位置绘制适当长度的竖直线段，作为销孔定位中心线，如图 5-108 所示。

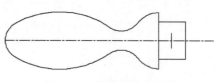

图 5-108　绘制销孔中心线

（11）将"轮廓线"层设置为当前层。单击"默认"选项卡"绘图"面板中的"圆"按钮
⊙，以中心线交点为圆心绘制适当半径的圆作为销孔，如图 5-109 所示。

（12）单击"默认"选项卡"修改"面板中的"拉伸"按钮，拉伸接头长度，结果如
图 5-110 所示。

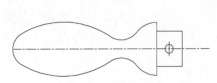

图 5-109　绘制销孔

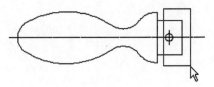

图 5-110　指定拉伸对象

5.5.11　拉长命令

1. 执行方式

命令行：LENGTHEN。

菜单栏：选择菜单栏中的"修改"→"拉长"命令。

功能区：单击"默认"选项卡"修改"面板中的"拉长"按钮╱。

2. 操作步骤

命令：LENGTHEN
选择要测量的对象或 [增量(DE)/百分比(P)/总计(T)/动态(DY)]〈总计(T)〉：(选定对象)
当前长度：30.5001(给出选定对象的长度，如果选择圆弧则还将给出圆弧的包含角)
选择要测量的对象或 [增量(DE)/百分比(P)/总计(T)/动态(DY)]〈总计(T)〉：DE(选择拉长或缩短的方式。如选择"增量(DE)"方式)
输入长度增量或 [角度(A)]〈0.0000〉：10(输入长度增量数值。如果选择圆弧段，则可输入选项A给定角度增量)
选择要修改的对象或 [放弃(U)]：(选定要修改的对象，进行拉长操作)
选择要修改的对象或 [放弃(U)]：(继续选择，按 Enter 键，结束命令)

3. 选项说明

各选项的含义如表 5-10 所示。

表 5-10　"拉长"命令各选项含义

选　项	含　义
增量(DE)	用指定增加量的方法来改变对象的长度或角度
百分比(P)	用指定要修改对象的长度占总长度的百分比的方法来改变圆弧或直线段的长度
总计(T)	用指定新的总长度或总角度值的方法来改变对象的长度或角度
动态(DY)	在这种模式下，可以使用拖拉鼠标的方法来动态地改变对象的长度或角度

5.5.12　上机练习——挂钟

 练习目标

绘制如图 5-111 所示的挂钟。

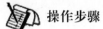 **设计思路**

利用圆命令绘制挂钟的外部轮廓,然后利用直线命令绘制挂钟的时针、分针和秒针,最后利用拉长命令绘制出挂钟图形。

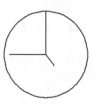

图 5-111　挂钟图形

操作步骤

(1) 单击"默认"选项卡"绘图"面板中的"圆"按钮⊙,以点 (100,100)为圆心,绘制半径为 20 的圆形作为挂钟的外轮廓线,如图 5-112 所示。

(2) 单击"默认"选项卡"绘图"面板中的"直线"按钮✏,绘制坐标为(100,100)、(100,120)、(100,100)、(80,100)、(100,100)、(105,94)的 3 条直线作为挂钟的指针,如图 5-113 所示。

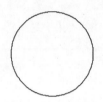

图 5-112　绘制圆形

图 5-113　绘制指针

(3) 单击"默认"选项卡"修改"面板中的"拉长"按钮✏,将秒针拉长至圆的边,绘制挂钟完成,如图 5-111 所示。

5.5.13　打断命令

1．执行方式

命令行：BREAK。

菜单栏：选择菜单栏中的"修改"→"打断"命令。

工具栏：单击"修改"工具栏中的"打断"按钮凸。

功能区：单击"默认"选项卡"修改"面板中的"打断"按钮凸。

2．操作步骤

命令：BREAK
选择对象:(选择要打断的对象)
指定第二个打断点或 [第一点(F)]:(指定第二个断开点或输入 F)

3．选项说明

其中选项的含义如表 5-11 所示。

表 5-11　"打断"命令的选项含义

选　项	含　义
打断点	如果选择"第一点(F)"选项,系统将丢弃前面的第一个选择点,重新提示用户指定两个打断点

Note

5.5.14 打断于点

打断于点是指在对象上指定一点，从而把对象在此点拆分成两部分。此命令与打断命令类似。

1．执行方式

命令行：BREAK（快捷命令：BR）。

工具栏：单击"修改"工具栏中的"打断于点"按钮□。

功能区：单击"默认"选项卡"修改"面板中的"打断于点"按钮□。

2．操作步骤

选择对象：(选择要打断的对象)
指定第二个打断点或 [第一点(F)]：_f(系统自动执行"第一点(F)"选项)
指定第一个打断点：(选择打断点)
指定第二个打断点：@(系统自动忽略此提示)

5.5.15 上机练习——吸顶灯

练习目标

绘制如图 5-114 所示的吸顶灯。

设计思路

首先新建两个图层，然后在相应的图层上利用直线命令绘制十字交叉的直线，以交叉线的交点为圆心，利用圆命令绘制同心圆，最后利用打断于点命令对十字交叉线的长度进行调整，最终完成吸顶灯的绘制。

图 5-114 吸顶灯

操作步骤

（1）新建两个图层。

① "1"图层，颜色为蓝色，其余属性默认。

② "2"图层，颜色为黑色，其余属性默认。

（2）单击"默认"选项卡"绘图"面板中的"直线"按钮／，绘制两条相交的直线，坐标点为{(50,100),(100,100)}，{(75,75),(75,125)}，如图 5-115 所示。

（3）单击"默认"选项卡"绘图"面板中的"圆"按钮⊙，以点(75,100)为中心，分别以15、10 为半径绘制两个同心圆，如图 5-116 所示。

图 5-115 绘制相交直线　　　　图 5-116 绘制同心圆

（4）单击"注释"选项卡"标注"面板中的"打断于点"按钮凸，将超出圆外的直线修剪掉。命令行提示如下。

```
命令：_break
选择对象：(选择竖直直线)
指定第二个打断点 或 [第一点(F)]:F ↙
指定第一个打断点：(选择竖直直线的上端点)
指定第二个打断点：(选择竖直直线与大圆上面的相交点)
```

采用同样的方法将其他 3 段超出圆外的直线修剪掉，结果如图 5-114 所示。

5.5.16　分解命令

1. 执行方式

命令行：EXPLODE。

菜单栏：选择菜单栏中的"修改"→"分解"命令。

工具栏：单击"修改"工具栏中的"分解"按钮凸。

功能区：单击"默认"选项卡"修改"面板中的"分解"按钮凸。

2. 操作步骤

```
命令：EXPLODE
选择对象：(选择要分解的对象)
```

选择一个对象后，该对象会被分解。系统继续提示该行信息，允许分解多个对象。

5.5.17　合并命令

可以将直线、圆弧、椭圆弧和样条曲线等独立的对象合并为一个对象，如图 5-117 所示。

1. 执行方式

命令行：JOIN。

菜单栏：选择菜单栏中的"修改"→"合并"命令。

工具栏：单击"修改"工具栏中的"合并"按钮 ⇥。

功能区：单击"默认"选项卡"修改"面板中的"合并"按钮 ⇥。

初始椭圆　　　　　初始椭圆

共享圆心　　　　　共享圆心

第二个椭圆　　　　第二个椭圆

图 5-117　合并对象

2. 操作步骤

```
命令：JOIN
选择源对象或要一次合并的多个对象:(选择一个对象)
选择要合并的直线:(选择另一个对象)
```

5.6　对象编辑

在对图形进行编辑时,还可以对图形对象本身的某些特性进行编辑,从而方便地进行图形绘制。

5.6.1　钳夹功能

利用钳夹功能可以快速、方便地编辑对象。AutoCAD 在图形对象上定义了一些特殊点,称为夹点,利用夹点可以灵活地控制对象,如图 5-118 所示。

图 5-118　夹点

要使用钳夹功能编辑对象,必须先打开钳夹功能,打开方法是:选择菜单栏中的"工具"→"选项"→"选择"命令。

在"选项"对话框的"选择集"选项卡中,选中"显示夹点"复选框。在该选项卡中,还可以设置代表夹点的小方格的尺寸和颜色。

也可以通过 GRIPS 系统变量来控制是否打开钳夹功能,1 代表打开,0 代表关闭。

打开了钳夹功能后,应该在编辑对象之前先选择对象。夹点表示了对象的控制位置。

使用夹点编辑对象,要选择一个夹点作为基点,称为基准夹点。然后,选择以下一种编辑操作:镜像、移动、旋转、拉伸和缩放。可以用空格键、Enter 键或键盘上的快捷键循环选择这些功能。

下面仅以其中的拉伸对象操作为例进行讲述,其他操作类似。

在图形上拾取一个夹点,该夹点改变颜色,此点为夹点编辑的基准夹点。这时系统提示如下。

> ** 拉伸 **
> 指定拉伸点或 [基点(B)/复制(C)/放弃(U)/退出(X)]:

在上述拉伸编辑提示下输入"移动"命令,或右击,从弹出的快捷菜单中选择"移动"命令,如图 5-119 所示,这样系统就会转换为"移动"操作,其他操作类似。

5.6.2　修改对象属性

1. 执行方式

命令行:DDMODIFY 或 PROPERTIES。

菜单栏:选择菜单栏中的"修改"→"特性或工具"→"选项板"→"特性"命令。

工具栏:单击"标准"工具栏中的"特性"按钮 。

图 5-119　右键快捷菜单

2．操作步骤

执行上述命令后，系统打开"特性"选项板，如图 5-120 所示。利用它可以方便地设置或修改对象的各种属性。

不同的对象属性种类和值不同，修改属性值，则对象改变为新的属性。

5.6.3　特性匹配

利用特性匹配功能可以将目标对象的属性与源对象的属性进行匹配，使目标对象的属性与源对象属性相同。利用特性匹配功能可以方便快捷地修改对象属性，并保持不同对象的属性相同。

1．执行方式

命令行：MATCHPROP。

菜单：选择菜单栏中的"修改"→"特性匹配"命令。

功能区：单击"默认"选项卡"特性"面板中的"特性匹配"按钮 。

2．操作步骤

图 5-120　"特性"选项板

```
命令：MATCHPROP
选择源对象:(选择源对象)
选择目标对象或 [设置(S)]:(选择目标对象)
```

图 5-121(a)所示为两个属性不同的对象，以左边的圆为源对象，对右边的矩形进行特性匹配，结果如图 5-121(b)所示。

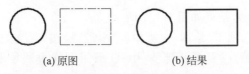

(a)原图　　　　(b)结果

图 5-121　特性匹配

5.6.4　上机练习——花朵的绘制

练习目标

绘制如图 5-122 所示的花朵。

设计思路

首先利用圆、多边形和多段线等命令绘制出花朵图形，然后利用特性命令修改花朵的属性，最终完成绘制。

图 5-122　花朵图案

5-14

操作步骤

（1）单击"默认"选项卡"绘图"面板中的"圆"按钮⊙，绘制花蕊。

（2）单击"默认"选项卡"绘图"面板中的"多边形"按钮⬠，以图 5-123 中的圆心为正多边形的中心点，绘制内接于圆的正五边形，结果如图 5-124 所示。

图 5-123　捕捉圆心

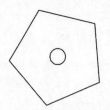

图 5-124　绘制正五边形

说明：一定要先绘制中心的圆，因为正五边形的外接圆与此圆同心，必须通过捕捉获得正五边形的外接圆圆心位置。如果反过来，先画正五边形，再画圆，会发现无法捕捉正五边形的外接圆圆心。

（3）单击"默认"选项卡"绘图"面板中的"圆弧"按钮，以最上斜边的中点为圆弧起点，左上斜边中点为圆弧端点，绘制花朵。绘制结果如图 5-125 所示。重复"圆弧"命令，绘制另外 4 段圆弧，结果如图 5-126 所示。

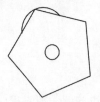

图 5-125　绘制一段圆弧

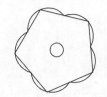

图 5-126　绘制所有圆弧

最后删除正五边形，结果如图 5-127 所示。

（4）单击"默认"选项卡"绘图"面板中的"多段线"按钮，绘制枝叶。花枝的宽度为 4；叶子的起点半宽为 12，端点半宽为 3。采用同样方法绘制另两片叶子，结果如图 5-128 所示。

图 5-127　绘制花朵

图 5-128　绘制出花朵图案

（5）选择枝叶，枝叶上显示夹点标志，在一个夹点上右击，从弹出的快捷菜单中选择"特性"命令，如图 5-129 所示，系统打开"特性"选项板。在"颜色"下拉列表框中选择绿色,如图 5-130 所示。

图 5-129　右键快捷菜单

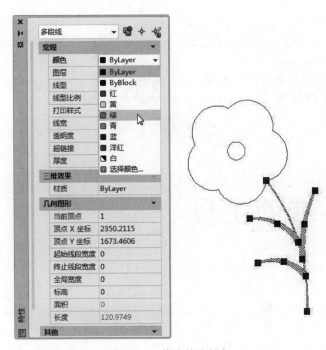

图 5-130　修改枝叶颜色

　　(6) 按照步骤(5)的方法修改花朵颜色为红色,花蕊颜色为洋红色,最终结果如图 5-122 所示。

第6章

辅助工具

在绘图设计过程中，经常会遇到一些重复出现的图形（如建筑设计中的桌椅、门窗等），如果每次都重新绘制这些图形，不仅会造成大量的重复工作，而且存储这些图形及其信息也会占据相当大的磁盘空间。图块与设计中心提出了模块化绘图的方法，这样不仅避免了大量的重复工作，提高了绘图速度和工作效率，而且还可以大大节省磁盘空间。本章主要介绍图块和设计中心的功能，主要内容包括图块操作、图块属性、设计中心、工具选项板等知识。

学 习 要 点

◆ 查询工具
◆ 图块及其属性
◆ 设计中心与工具选项板

6.1 查询工具

为方便用户及时了解图形信息,AutoCAD 提供了很多查询工具,这里简要进行说明。

6.1.1 距离查询

1. 执行方式

命令行:MEASUREGEOM。

菜单栏:选择菜单栏中的"工具"→"查询"→"距离"命令。

工具栏:单击"查询"工具栏中的"距离"按钮 。

功能区:单击"默认"选项卡"实用工具"面板中的"距离"按钮 。

2. 操作步骤

```
命令: MEASUREGEOM
输入一个选项 [距离(D)/半径(R)/角度(A)/面积(AR)/体积(V)/快速(Q)/模式(M)/退出(X)]〈距
离〉: _distance
指定第一点: (指定点)
指定第二个点或 [多个点(M)]: (指定第二点或输入 m 表示多个点)
输入一个选项 [距离(D)/半径(R)/角度(A)/面积(AR)/体积(V)/快速(Q)/模式(M)/退出(X)]〈距
离〉: 退出
```

3. 选项说明

其中选项的含义如表 6-1 所示。

表 6-1 "距离查询"命令选项含义

选 项	含 义
多个点	如果使用此选项,将基于现有直线段和当前橡皮线即时计算总距离

6.1.2 面积查询

1. 执行方式

命令行:MEASUREGEOM。

菜单栏:选择菜单栏中的"工具"→"查询"→"面积"命令。

工具栏:单击"查询"工具栏中的"面积"按钮 。

功能区:单击"默认"选项卡"实用工具"面板中的"面积"按钮 。

2. 操作步骤

```
命令: MEASUREGEOM
输入一个选项 [距离(D)/半径(R)/角度(A)/面积(AR)/体积(V)/快速(Q)/模式(M)/退出(X)]〈距
离〉: _area
指定第一个角点或 [对象(O)/增加面积(A)/减少面积(S)/退出(X)]〈对象(O)〉: (选择选项)
指定下一个点或 [圆弧(A)/长度(L)/放弃(U)]:
输入一个选项[距离(D)/半径(R)/角度(A)/面积(AR)/体积(V)/快速(Q)/模式(M)/退出(X)] <面
积>: x ↙
```

3．选项说明

在工具选项板中，系统设置了一些常用图形的选项卡，这些选项卡可以方便用户绘图。各选项的含义如表6-2所示。

表6-2 "面积查询"命令各选项含义

选　项	含　义
指定角点	计算由指定点所定义的面积和周长
增加面积	打开"加"模式，并在定义区域时即时保持总面积
减少面积	从总面积中减去指定的面积

6.2 图块及其属性

把一组图形对象组合成图块加以保存，需要的时候可以把图块作为一个整体以任意比例和旋转角度插入到图中任意位置，这样不仅避免了大量的重复工作，从而提高绘图速度和工作效率，而且可大大节省磁盘空间。

6.2.1 图块操作

1．图块定义

1）执行方式

命令行：BLOCK。

菜单栏：选择菜单栏中的"绘图"→"块"→"创建"命令。

工具栏：单击"绘图"工具栏中的"创建块"按钮 。

功能区：单击"默认"选项卡"块"面板中的"创建"按钮 ，或单击"插入"选项卡"块定义"面板中的"创建块"按钮 。

2）操作步骤

执行上述命令，系统打开图6-1所示的"块定义"对话框，利用该对话框指定定义对象和基点以及其他参数，可定义图块并命名。

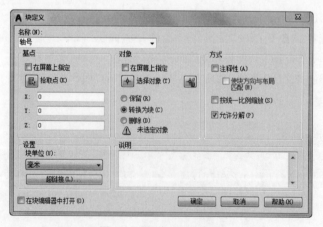

图6-1 "块定义"对话框

2．图块保存

1）执行方式

命令行：WBLOCK。

功能区：单击"插入"选项卡的"块定义"面板中的"写块"按钮 。

2）操作步骤

执行上述命令后，系统打开如图 6-2 所示的"写块"对话框。利用此对话框可把图形对象保存为图块或把图块转换成图形文件。

3．图块插入

1）执行方式

命令行：INSERT。

菜单栏：选择菜单栏中的"插入"→"块"选项板命令。

工具栏：单击"绘图"工具栏中的"插入块"按钮 。

功能区：单击"默认"选项卡"块"面板中的"插入"下拉菜单，或单击"插入"选项卡"块"面板中的"插入"下拉菜单，如图 6-3 所示。

图 6-2　"写块"对话框

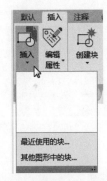

图 6-3　"插入"下拉菜单

2）操作步骤

执行上述命令后，系统打开"块"选项板，如图 6-4 所示。利用此选项板设置插入点位置、插入比例以及旋转角度，可以指定要插入的图块及插入位置。

6.2.2　图块的属性

1．属性定义

1）执行方式

命令行：ATTDEF。

菜单栏：选择菜单栏中的"绘图"→"块"→"定义属性"命令。

Note

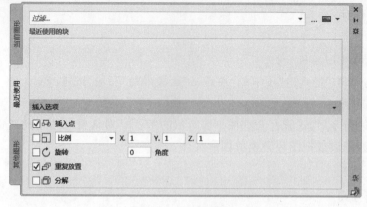

图 6-4　"块"选项板

功能区：单击"插入"选项卡"块定义"面板中的"定义属性"按钮✎，或单击"默认"选项卡"块"面板中的"定义属性"按钮✎。

2）操作步骤

执行上述命令后，系统打开"属性定义"对话框，如图 6-5 所示。

图 6-5　"属性定义"对话框

3）选项说明

各选项的含义如表 6-3 所示。

表 6-3　"图块的属性"命令各选项含义

选　项		含　义
"模式"选项区	"不可见"复选框	选中此复选框，属性为不可见显示方式，即插入图块并输入属性值后，属性值在图中并不显示出来
	"固定"复选框	选中此复选框，属性值为常量，即属性值在属性定义时给定，在插入图块时 AutoCAD 不再提示输入属性值
	"验证"复选框	选中此复选框，当插入图块时 AutoCAD 重新显示属性值，让用户验证该值是否正确

	选 项	含 义
"模式"选项区	"预设"复选框	选中此复选框,当插入图块时 AutoCAD 自动把事先设置好的默认值赋予属性,而不再提示输入属性值
	"锁定位置"复选框	选中此复选框,当插入图块时 AutoCAD 锁定块参照中属性的位置。解锁后,属性可以相对于使用夹点编辑的块的其他部分移动,并且可以调整多行属性的大小
	"多行"复选框	指定属性值可以包含多行文字
"属性"选项区	"标记"文本框	输入属性标签。属性标签可由除空格和感叹号以外的所有字符组成。AutoCAD 自动把小写字母改为大写字母
	"提示"文本框	输入属性提示。属性提示是插入图块时 AutoCAD 要求输入属性值的提示。如果不在此文本框内输入文本,则以属性标签作为提示。如果在"模式"选项区中选中"固定"复选框,即设置属性为常量,则不需设置属性提示
	"默认"文本框	设置默认的属性值。可把使用次数较多的属性值作为默认值,也可不设默认值。 其他各选项区比较简单,不再赘述

2. 修改属性定义

1) 执行方式

命令行:DDEDIT。

菜单栏:选择菜单栏中的"修改"→"对象"→"文字"→"编辑"命令。

2) 操作步骤

```
命令: DDEDIT
选择注释对象或[放弃(U)]:
```

在此提示下选择要修改的属性定义,AutoCAD 打开"编辑属性定义"对话框,如图 6-6 所示。可以在该对话框中修改属性定义。

3. 图块属性编辑

1) 执行方式

命令行:EATTEDIT。

菜单栏:选择菜单栏中的"修改"→"对象"→"属性"→"单个"命令。

工具栏:单击"修改 II"工具栏中的"编辑属性"按钮 。

2) 操作步骤

```
命令: EATTEDIT
选择块:
```

选择块后,系统打开"增强属性编辑器"对话框,如图 6-7 所示。在该对话框中不仅可以编辑属性值,还可以编辑属性的文字选项和图层、线型、颜色等特性值。

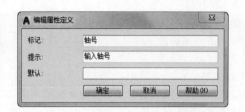

图 6-6 "编辑属性定义"对话框

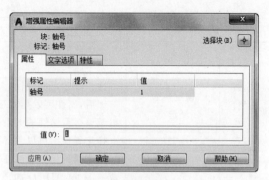

图 6-7 "增强属性编辑器"对话框

6.2.3 上机练习——灯图块

 **练习目标**

将图 6-8 所示灯图形定义为图块,取名为"deng",并保存。

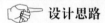 **设计思路**

首先打开源文件中的灯图形,然后利用创建命令将图形创建为图块,最后利用写块命令将图形保存到合适的路径下,以方便以后图形的使用。

图 6-8 绘制图块

 操作步骤

(1) 单击"默认"选项卡"块"面板中的"创建"按钮 ,打开"块定义"对话框。

(2) 在"名称"下拉列表框中输入"deng"。

(3) 单击"拾取"按钮切换到作图屏幕,选择圆心为插入基点,返回"块定义"对话框。

(4) 单击"选择对象"按钮 切换到作图屏幕,选择图 6-8 中的对象后,按 Enter 键返回"块定义"对话框。

(5) 单击"确定"按钮,关闭对话框。

(6) 在命令行输入 WBLOCK 命令,系统打开"写块"对话框,在"源"选项区中选择"块"单选按钮,在后面的下拉列表框中选择 deng 块,并进行其他相关设置,然后确认退出。

6.3 设计中心与工具选项板

使用 AutoCAD 2020 设计中心可以很容易地组织设计内容,并把它们拖动到当前图形中。工具选项板是"工具选项板"窗口中选项卡形式的区域,可以提供组织、共享和放置块及填充图案的有效方法。工具选项板还可以包含由第三方开发人员提供的自定义工具。也可以利用设计中心中的内容，将其创建为工具选项板。设计中心与工具选项板的使用大大方便了绘图，可以提高绘图的效率。

6.3.1　设计中心

1. 启动设计中心

执行方式

命令行：ADCENTER。

菜单栏：选择菜单栏中的"工具"→"选项板"→"设计中心"命令。

工具栏：单击"标准"工具栏中的"设计中心"按钮 ⬚。

快捷键：按 Ctrl+2 键。

功能区：单击"视图"选项卡"选项板"面板中的"设计中心"按钮 ⬚。

执行上述命令，系统打开设计中心。第一次启动设计中心时，默认打开的选项卡为"文件夹"。内容显示区采用大图标显示，左边的资源管理器采用 tree view 显示方式显示系统的树形结构，浏览资源的同时，在内容显示区显示所浏览资源的有关细目或内容，如图 6-9 所示。也可以搜索资源，方法与 Windows 资源管理器类似。

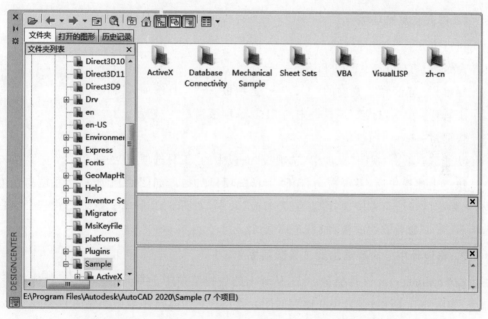

图 6-9　AutoCAD 2020 设计中心的资源管理器和内容显示区

2. 利用设计中心插入图形

设计中心一个最大的优点是可以将系统文件夹中的 DWG 图形当成图块插入到当前图形中去。

（1）从查找结果列表框中选择要插入的对象。

（2）双击对象，打开"插入"对话框，如图 6-10 所示。

（3）在对话框中插入点、比例和旋转角度等数值。

被选择的对象根据指定的参数插入到图形中。

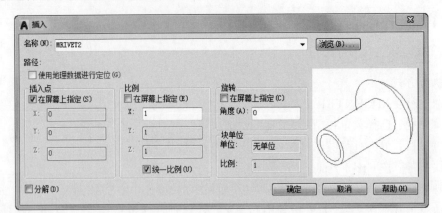

图 6-10 "插入"对话框

6.3.2 工具选项板

1．打开工具选项板

执行方式

命令行：TOOLPALETTES。

菜单栏：选择菜单栏中的"工具"→"选项板"→"工具选项板"命令。

工具栏：单击"标准"工具栏中的"工具选项板窗口"按钮。

快捷键：按 Ctrl＋3 键。

功能区：单击"视图"选项卡"选项板"面板中的"工具选项板"按钮。

执行上述操作后，系统自动打开"工具选项板"窗口，如图 6-11 所示。在窗口中右击，从弹出的快捷菜单中选择"新建选项板"命令，如图 6-12 所示。系统新建一个空白选项板，可以命名该选项板，如图 6-13 所示。

2．将设计中心内容添加到工具选项板

在 Designcenter 文件夹上右击，从弹出的快捷菜单中选择"创建块的工具选项板"命令，如图 6-14 所示，设计中心储存的图元就出现在工具选项板中新建的 Designcenter 选项板上，如图 6-15 所示。这样就可以将设计中心与工具选项板结合起来，建立一个快捷方便的工具选项板。

3．利用工具选项板绘图

只要将工具选项板中的图形单元拖动到当前图形，该图形单元就会以图块的形式插入当前图形中。如图 6-16 所示的是将工具选项板中"建筑"选项卡中的"床-双人床"图形单元拖到当前图形。

Note

图 6-11 "工具选项板"窗口　　图 6-12 快捷菜单　　图 6-13 新建选项板

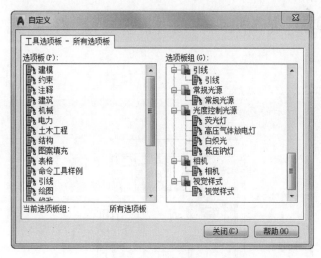

图 6-14 快捷菜单

Note

图 6-15 创建工具选项板

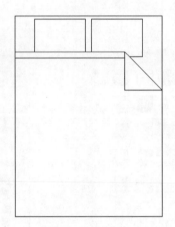

图 6-16 双人床

6-2

6.4 实例精讲——绘制居室室内布置平面图

 练习目标

绘制如图 6-17 所示的居室平面图。

图 6-17 居室平面图

Note

设计思路

首先利用二维绘图和编辑命令绘制建筑主体图，然后利用设计中心插入所需的图块，最后进行文字的标注，最终完成居室平面图的绘制。

6.4.1　绘制建筑主体图

 操作步骤

单击"默认"选项卡"绘图"面板中的"直线"按钮／和"圆弧"按钮，绘制建筑主体图，结果如图 6-18 所示。

6.4.2　启动设计中心

 操作步骤

（1）单击"视图"选项卡"选项板"面板中的"设计中心"按钮，出现如图 6-19 所示的设计中心面板，其中面板的左侧为资源管理器。

（2）双击左侧的 Kitchens.dwg 文件，打开如图 6-20 所示的窗口；单击面板右侧的块图标，出现如图 6-21 所示的厨房设计常用的燃气灶、水龙头、橱柜和微波炉等模块。

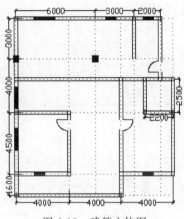

图 6-18　建筑主体图

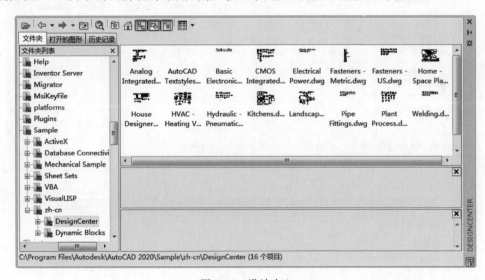

图 6-19　设计中心

6.4.3　插入图块

 操作步骤

新建"内部布置"图层，双击如图 6-21 所示的"微波炉"图标，打开如图 6-22 所示的

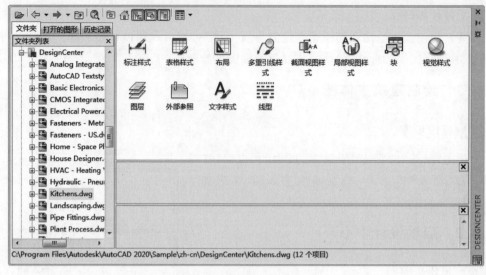

图 6-20　Kitchens.dwg

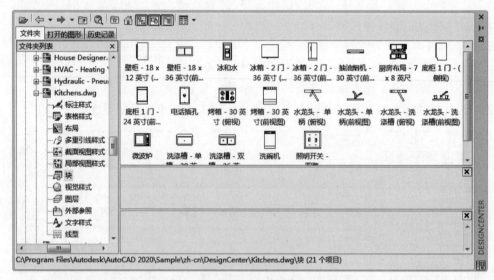

图 6-21　图形模块

图 6-22　"插入"对话框

对话框,设置插入点为(19.618,21.000),缩放比例为25.4,旋转角度为0,插入的图块如图6-23所示,绘制结果如图6-24所示。重复上述操作,把Home-Space Planner与House Designer中的相应模块插入图形中,绘制结果如图6-25所示。

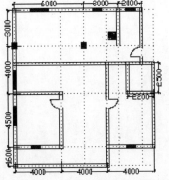

图6-23 插入的图块   图6-24 插入图块效果

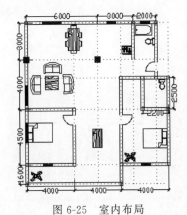

图6-25 室内布局

6.4.4 标注文字

 操作步骤

单击"默认"选项卡"注释"面板中的"多行文字"按钮 **A**,将"客厅""厨房"等名称输入相应的位置,结果如图6-17所示。

2

第2篇　建筑电气篇

　　本篇介绍典型建筑电气设计的基本方法和技巧，通过实例来加深读者对AutoCAD功能的理解和掌握。

第 7 章

电气工程基础

本章导读

　　本章将结合电气工程专业的浅要专业知识,介绍建筑电气工程图的相关理论基础知识,以及在 AutoCAD 中进行建筑电气设计的一些基础知识。希望通过本章的概要性叙述,帮助读者建立一种将专业知识与工程制图技巧相联系的思维模式,并初步掌握建筑电气 CAD 的一些基础知识。

学 习 要 点

◆ 概述
◆ 建筑电气工程施工图的设计深度
◆ 建筑电气设计职业法规及规范标准

7.1 概　　述

为了满足一定的生产生活需求,现代工业与民用建筑中要安装许多具有不同功能的电气设施,如照明灯具、电源插座、电视、电话、消防控制装置、各种工业与民用的动力装置、控制设备、智能系统、娱乐电气设施及避雷装置等。电气工程或设施都要经过专业人员专门设计表达在图纸上,这些相关图纸就可称为电气施工图(也可称电气安装图)。建筑施工图与给水排水施工图、采暖通风施工图统一列称为设备施工图。其中电气施工图按"电施"编号。

各种电气设施需表达在图纸中,其主要涉及两方面内容:一是供电、配电线路的规格与敷设方式;二是各类电气设备与配件的选型、规格与安装方式。而导线、各种电气设备及配件等本身在图纸中多数并不是采用其投影制图,而是用国际或国内统一规定的图例、符号及文字表示,可参见相关标准规程的图例说明,亦可于图纸中予以详细说明,并将其标绘在按比例绘制的建筑结构的各种投影图中(系统图除外),这也是电气施工图的一个特点。

7.1.1 建筑电气工程项目的分类

建筑电气工程可满足不同的生产生活以及安全等方面的需要,其功能的实现涉及多项更详细具体的功能项目,这些功能项目共同作用以满足整个建筑电气的整体功能。建筑电气工程一般包括以下一些项目。

(1)外线工程:室外电源供电线路、室外通信线路等,涉及强电和弱电,如电力线路和电缆线路。

(2)变配电工程:由变压器、高低压配电框、母线、电缆、继电保护与电气计量等设备组成的变配电所。

(3)室内配线工程:主要有线管配线、桥架线槽配线、瓷瓶配线、瓷夹配线、钢索配线等。

(4)电力工程:各种风机、水泵、电梯、机床、起重机以及其他工业与民用、人防等动力设备(电动机)和控制器与动力配电箱。

(5)照明工程:照明电器、开关按钮、插座和照明配电箱等相关设备。

(6)接地工程:各种电气设施的工作接地、保护接地系统。

(7)防雷工程:建筑物、电气装置和其他构筑物、设备的防雷设施,一般需经由有关气象部门防雷中心检测。

(8)发电工程:各种发电动力装置,如风力发电装置、柴油发电机设备。

(9)弱电工程:智能网络系统、通信系统(广播、电话、闭路电视系统)、消防报警系统、安保检测系统等。

7.1.2 建筑电气工程施工图纸的分类

由于建筑电气工程项目的规模大小、功能不同,其图纸的数量、类别是有差异的。

常用的建筑电气工程图大致可分为以下几类,应注意每套图纸的各类型图纸的排放顺序。一套完整优秀的施工图应非常方便施工人员阅读识图,其必须遵循一定的顺序。

1. 目录、设计说明、图例、设备材料明细表

图纸目录应表达有关序号、图纸名称、图纸编号、图纸张数、篇幅、设计单位等。

设计说明(施工说明)主要阐述电气工程的设计基本概况,如设计的依据、工程的要求和施工原则、建筑功能特点、电气安装标准、安装方法、工程等级、工艺要求及有关设计的补充说明等。

图例即为便于表达各种电气装置而简化的图形符号,通常只列出本套图纸中涉及的一些图形符号,一些常见的标准通用图例可省略。相关图形符号可参见《电气简图用图形符号》(GB/T 4728.1—2018)的有关解释。

设备材料明细表则应列出该项电气工程所需要的各种设备和材料的名称、型号、规格和数量,可供进一步设计概算和施工预算时参考。

2. 电气系统图

电气系统图是用于表达该项电气工程的供电方式及途径,电力输送、分配及控制关系和设备运转等情况的图纸。从电气系统图中应可看出该电气工程的概况。电气系统图包括变配电系统图、动力系统图、照明系统图、弱电系统图等子项。

3. 电气平面图

电气平面图是表示电气设备、相关装置及各种管线平面布置位置关系的图纸,是进行电气安装施工的依据。电气平面图以建筑总平面图为依据,在建筑图上绘出电气设备、相关装置及各种线路的安装位置、敷设方法等。常用的电气平面图有变配电所平面图、动力平面图、照明平面图、防雷平面图、接地平面图、弱电平面图等。

4. 设备布置图

设备布置图是表达各种电气设备或器件的平面与空间的位置、安装方式及其相互关系的图纸,通常由平面图、立面图、剖面图及各种构件详图等组成。设备布置图是按三视图原理绘制的,类似于建筑结构制图方法。

5. 安装接线图

安装接线图又可称安装配线图,是用来表示电气设备、电气元件和线路的安装位置、配线方式、接线方法、配线场所特征等的图纸。

6. 电气原理图

电气原理图是表达某一电气设备或系统的工作原理的图纸,它是按照各个部分的动作原理采用展开法来绘制的。通过分析电气原理图可以清楚地看出整个系统的动作顺序。电气原理图可以用来指导电气设备和器件的安装、接线、调试、使用与维修。

7. 详图

详图是表达电气工程中设备的某一部分、某一节点的具体安装要求和工艺的图纸,可参照标准图集或单独制图予以表达。

工程人员的识图阅读一般应按如下顺序进行:

标题栏及图纸说明—总说明—系统图—电路图与接线图—平面图—详图—设备材料明细表。

7.1.3　建筑电气工程图的特点

建筑电气工程图的内容主要通过如下图纸表达,即系统图、位置图(平面图)、电路图(控制原理图)、接线图、端子接线图、设备材料表等。建筑电气工程图不同于机械图、建筑图,掌握了解建筑电气工程图的特点,对建筑电气工程制图及识图将会提供很多方便。其有如下一些特点。

(1) 建筑电气工程图大多是在建筑图上采用统一的图形符号,并加注文字符号绘制出来的。绘制和阅读建筑电气工程图,首先必须明确和熟悉这些图形符号、文字符号及项目代号所代表的内容和物理意义,以及它们之间的相互关系。图形符号、文字符号及项目代号可查阅相关标准的解释,如《电气简图用图形符号 第5部分:半导体管和电子管》(GB/T 4728.5—2018)、《工业系统、装置与设备以及工业产品 结构原则与参照代号 第3部分:应用指南》(GB/T 5094.3—2005)。

(2) 任何电路均为闭合回路,一个合理的闭合回路一定包括四个基本元素,即电源、用电设备、导线和开关控制设备。正确识读图纸,还必须了解各种设备的基本结构、工作原理、工作程序、主要性能和用途等,以便于对设备安装及运行的了解。

(3) 电路中的电气设备、元件等,彼此之间都是通过导线连接起来,构成一个整体。识图时,可将各有关的图纸联系起来,相互参照,应通过系统图、电路图联系,通过布置图、接线图找位置,交叉查阅,可达到事半功倍的效果。

(4) 建筑电气工程施工通常是与土建工程及其他设备安装工程(给水排水管道、工艺管道、采暖通风管道、通信线路、消防系统及机械设备等设备安装工程)施工相互配合进行的。故识读建筑电气工程图时应与有关的土建工程图、管道工程图等对应、参照起来阅读,仔细研究电气工程的各施工流程,以提高施工效率。

(5) 有效识读电气工程图也是编制工程预算和施工方案的基础,其能有效指导施工、指导设备的维修和管理。同时,我们在识图时还应熟悉有关规范、规程及标准的要求,才能真正读懂、读通图纸。

7.1.4　建筑电气工程图的基本规定

工业与民用建筑的各个环节均离不开图纸的表达,建筑设计单位设计、绘制图纸,建筑施工单位按图纸组织工程施工,图纸成为双方信息表达及交换的载体,所以图纸必须遵循由设计和施工等部门共同遵守的一定的格式及标准。这包括建筑电气工程自身的规定,还包括机械制图、建筑制图等相关工程方面的一些规定。

建筑电气制图一般主要参照《房屋建筑制图统一标准》(GB/T 50001—2017)及《电气工程 CAD 制图规则》(GB/T 18135—2008)等。

电气制图中涉及的图例、符号、文字符号及项目代号可参照标准《电气简图用图形符号 第5部分:半导体管和电子管》(GB/T 4728.5—2018)、《工业系统、装置与设备以及工业产品 结构原则与参照代号 第3部分:应用指南》(GB/T 5094.3—2005)等。

同时,对于电气工程中的一些常用术语应认识理解,方便识图。我国的相关行业标准及国际上通用的 IEC 标准都比较严格地界定了电气图的有关名词术语概念,这些名词术语是电气工程图制图及阅读所必需的。读者可查阅相关文献资料进行详细了解。

7.2 建筑电气工程施工图的设计深度

该部分为摘录建设部颁发的文件《建筑工程设计文件编制深度规定》(2003 版)中电气工程部分施工图设计的有关内容,供读者学习参考。

7.2.1 总则

1) 民用建筑工程一般应分为方案设计、初步设计和施工图设计三个阶段;对于技术要求简单的民用建筑工程,经有关主管部门同意,并且合同中有不做初步设计的约定,可在方案设计审批后直接进入施工图设计。

2) 各阶段设计文件编制深度应按以下原则进行。

(1) 方案设计文件,应满足编制初步设计文件的需要。

注意:对于投标方案,设计文件深度应满足标书要求;若标书无明确要求,设计文件深度可参照本规定的有关条款。

(2) 初步设计文件,应满足编制施工图设计文件的需要。

(3) 施工图设计文件,应满足设备材料采购、非标准设备制作和施工的需要。对于将项目分别发包给几个设计单位或实施设计分包的情况,设计文件相互关联处的深度应当满足各承包或分包单位设计的需要。

7.2.2 方案设计

建筑电气设计说明如下。

(1) 设计范围

本工程拟设置的电气系统。

(2) 变、配电系统

① 确定负荷级别:1、2、3 级负荷的主要内容。

② 负荷估算。

③ 电源:根据负荷性质和负荷量,要求外供电源的回路数、容量、电压等级。

④ 变、配电所:位置、数量、容量。

(3) 应急电源系统:确定备用电源和应急电源形式。

(4) 照明、防雷、接地、智能建筑设计的相关系统内容。

7.2.3 初步设计

1. 初步设计阶段

建筑电气专业设计文件应包括设计说明书、设计图纸、主要电气设备表、计算书(供内部使用及存档)。

2．设计说明书

1）设计依据

（1）建筑概况：应说明建筑类别、性质、面积、层数、高度等；

（2）相关专业提供给本专业的工程设计资料；

（3）建设方提供的有关职能部门（如供电部门、消防部门、通信部门、公安部门等）认定的工程设计资料，建设方设计要求；

（4）本工程采用的主要标准及法规。

2）设计范围

（1）根据设计任务书和有关设计资料说明本专业的设计工作内容和分工；

（2）本工程拟设置的电气系统。

3）变、配电系统

（1）确定负荷等级和各类负荷容量；

（2）确定供电电源及电压等级，电源由何处引来，电源数量及回路数、专用线或非专用线，电缆埋地或架空、近远期发展情况；

（3）备用电源和应急电源容量确定原则及性能要求，有自备发电机时，说明启动方式及与市电网关系；

（4）高、低压供电系统结线形式及运行方式，正常工作电源与备用电源之间的关系，母线联络开关运行和切换方式，变压器之间低压侧联络方式，重要负荷的供电方式；

（5）变、配电站的位置、数量、容量（包括设备安装容量，计算有功、无功，视在容量，变压器台数、容量）及形式（户内、户外或混合），设备技术条件和选型要求；

（6）继电保护装置的设置；

（7）电能计量装置：采用高压或低压，专用柜或非专用柜（满足供电部门要求和建设方内部核算要求），监测仪表的配置情况；

（8）功率因数补偿方式：说明功率因数是否达到供用电规则的要求，应补偿容量、采取的补偿方式和补偿前后的结果；

（9）操作电源和信号：说明高压设备操作电源和运行信号装置配置情况；

（10）工程供电：高、低压进出线路的型号及敷设方式。

4）配电系统

（1）电源由何处引来、电压等级、配电方式，对重要负荷和特别重要负荷及其他负荷的供电措施；

（2）选用导线、电缆、母干线的材质和型号，敷设方式；

（3）开关、插座、配电箱、控制箱等配电设备选型及安装方式；

（4）电动机启动及控制方式的选择。

5）照明系统

（1）照明种类及照度标准；

（2）光源及灯具的选择、照明灯具的安装及控制方式；

（3）室外照明的种类（如路灯、庭院灯、草坪灯、地灯、泛光照明、水下照明等）、电压等级、光源选择及其控制方法等；

（4）照明线路的选择及敷设方式（包括室外照明线路的选择和接地方式）。

Note

6) 热工检测及自动调节系统

(1) 按工艺要求说明热工检测及自动调节系统的组成;

(2) 自动化仪表的选择;

(3) 仪表控制盘/台选型及安装;

(4) 线路选择及敷设;

(5) 仪表控制盘/台的接地。

7) 火灾自动报警系统

(1) 按建筑性质确定保护等级及系统组成;

(2) 消防控制室位置的确定和要求;

(3) 火灾探测器、报警控制器、手动报警按钮、控制台/柜等设备的选择;

(4) 火灾报警与消防联动控制要求,控制逻辑关系及控制显示要求;

(5) 火灾应急广播及消防通信概述;

(6) 消防主电源、备用电源供给方式,接地及接地电阻要求;

(7) 线路选型及敷设方式;

(8) 当有智能化系统集成要求时,应说明火灾自动报警系统与其他子系统的接口方式及联动关系;

(9) 应急照明的电源形式、灯具配置、线路选择及敷设方式、控制方式等。

8) 通信系统

(1) 对工程中不同性质的电话用户和专线分别统计其数量;

(2) 电话站总配线设备及其容量的选择和确定;

(3) 电话站交、直流供电方案;

(4) 电话站站址的确定及对土建的要求;

(5) 通信线路容量的确定及线路网络组成和敷设;

(6) 对市话中继线路的设计分工,线路敷设和引入位置的确定;

(7) 室内配线及敷设要求;

(8) 防电磁脉冲接地、工作接地方式及接地电阻要求。

9) 有线电视系统

(1) 系统规模、网络组成、用户输出口电平值的确定;

(2) 节目源选择;

(3) 机房位置、前端设备配置;

(4) 用户分配网络、导体选择及敷设方式、用户终端数量的确定。

10) 闭路电视系统

(1) 系统组成;

(2) 控制室的位置及设备的选择;

(3) 传输方式、导体选择及敷设方式;

(4) 电视制作系统组成及主要设备选择。

11) 有线广播系统

(1) 系统组成;

(2) 输出功率、馈送方式和用户线路敷设的确定;

（3）广播设备的选择，并确定广播室位置；

（4）导体选择及敷设方式。

12）扩声和同声传译系统

（1）系统组成；

（2）设备选择及声源布置的要求；

（3）确定机房位置；

（4）同声传译方式；

（5）导体选择及敷设方式。

13）呼叫信号系统

（1）系统组成及功能要求（包括有线或无线）；

（2）导体选择及敷设方式；

（3）设备选型。

14）公共显示系统

（1）系统组成及功能要求；

（2）显示装置安装部位、种类、导体选择及敷设方式；

（3）显示装置规格。

15）时钟系统

（1）系统组成、安装位置、导体选择及敷设方式；

（2）设备选型。

16）安全技术防范系统

（1）系统防范等级、组成和功能要求；

（2）保安监控及探测区域的划分、控制、显示及报警要求；

（3）摄像机、探测器安装位置的确定；

（4）访客对讲、巡更、门禁等子系统配置及安装；

（5）机房位置的确定；

（6）设备选型、导体选择及敷设方式。

17）综合布线系统

（1）根据工程项目的性质、功能、环境条件，以及近、远期用户要求确定综合布线的类型及配置标准；

（2）系统组成及设备选型；

（3）总配线架、楼层配线架及信息终端的配置；

（4）导体选择及敷设方式；

（5）建筑设备监控系统及系统集成，包括系统组成、监控点数及其功能要求、设备选型等。

18）信息网络交换系统

（1）系统组成、功能及用户终端接口的要求；

（2）导体选择及敷设要求。

19）车库管理系统

（1）系统组成及功能要求；

（2）监控室设置；

（3）导体选择及敷设要求。

20）智能化系统集成

（1）集成形式及要求；

（2）设备选择。

21）建筑物防雷

（1）确定防雷类别；

（2）防直接雷击、防侧击雷、防雷击电磁脉冲、防高电位侵入的措施；

（3）当利用建（构）筑物混凝土内钢筋作接闪器、引下线、接地装置时，应说明采取的措施和要求。

22）接地及安全

（1）本工程各系统要求接地的种类及接地电阻要求；

（2）总等电位、局部等电位的设置要求；

（3）接地装置要求，当接地装置需作特殊处理时应说明采取的措施、方法等；

（4）安全接地及特殊接地的措施。

23）需提请在设计审批时解决或确定的主要问题

3．设计图纸

1）电气总平面图（仅有单体设计时，可无此项内容）

（1）标示建（构）筑物名称、容量，高、低压线路及其他系统线路走向，回路编号，导线及电缆型号规格，架空线杆位，路灯、庭院灯的杆位（路灯、庭院灯可不绘线路图），重复接地点等；

（2）变、配电站位置、编号和变压器容量；

（3）比例、指北针。

2）变、配电系统

（1）高、低压供电系统图：注明开关柜编号、型号及回路编号、一次回路设备型号、设备容量、计算电流、补偿容量、导体型号规格、用户名称、二次回路方案编号；

（2）平面布置图：应包括高/低压开关柜、变压器、母干线、发电机、控制屏、直流电源及信号屏等设备平面布置和主要尺寸，图纸应有比例；

（3）标示房间层高、地沟位置、标高（相对标高）。

3）配电系统（一般只绘制内部作业草图，不对外出图）

主要干线平面布置图，竖向干线系统图（包括配电及照明干线、变配电站的配出回路及回路编号）。

4）照明系统

对于特殊建筑，如大型体育场馆、大型影剧院等，有条件时应绘制照明平面图。该平面图应包括灯位（含应急照明灯）、灯具规格、配电箱（或控制箱）位，不需连线。

5）热工检测及自动调节系统

（1）需专项设计的自控系统需绘制热工检测及自动调节原理系统图；

（2）控制室设备平面布置图。

6）火灾自动报警系统

（1）火灾自动报警系统图；

（2）消防控制室设备布置平面图。

7）通信系统

（1）电话系统图；

（2）站房设备布置图。

8）防雷系统、接地系统

一般不出图纸，特殊工程只出防雷系统平面图、接地平面图。

9）其他系统

（1）各系统所属系统图；

（2）各控制室设备平面布置图（若在相应系统图中说明清楚时，可不出此图）。

4．主要设备表

注明设备名称、型号、规格、单位、数量。

5．设计计算书（供内部使用及存档）

（1）用电设备负荷计算。

（2）变压器选型计算。

（3）电缆选型计算。

（4）系统短路电流计算。

（5）防雷类别计算及避雷针保护范围计算。

（6）各系统计算结果尚应标示在设计说明或相应图纸中。

（7）因条件不具备不能进行计算的内容，应在初步设计中说明，并应在施工图设计时补算。

7.2.4　施工图设计

在施工图设计阶段，建筑电气专业设计文件应包括图纸目录、施工设计说明、设计图纸、主要设备表、计算书（供内部使用及存档）。

1．图纸目录

先列新绘制图纸，后列重复使用图。

2．施工设计说明

（1）工程设计概况：应将经审批定案后的初步（或方案）设计说明书中的主要指标录入。

（2）各系统的施工要求和注意事项（包括布线、设备安装等）。

（3）设备订货要求（亦可附在相应图纸上）。

（4）防雷及接地保护等其他系统有关内容（亦可附在相应图纸上）。

（5）本工程选用标准图图集编号、页号。

3．设计图纸

1）施工设计说明、补充图例符号及主要设备表

施工设计说明、补充图例符号、主要设备表可组成首页，当内容较多时，可分设专页。

2）电气总平面图（仅有单体设计时,可无此项内容）

（1）标注建（构）筑物名称或编号、层数或标高、道路、地形等高线和用户的安装容量。

（2）标注配电站位置、编号；变压器台数、容量；发电机台数、容量；室外配电箱的编号、型号；室外照明灯具的规格、型号、容量。

（3）架空线路应标注：线路规格及走向,回路编号,杆位编号,挡数,挡距,杆高,拉线,重复接地,避雷器等（附标准图集选择表）。

（4）电缆线路应标注：线路走向、回路编号、电缆型号及规格、敷设方式（附标准图集选择表）、人（手）孔位置。

（5）比例、指北针。

（6）图中未表达清楚的内容可附图作统一说明。

3）变、配电站

（1）高、低压配电系统图（一次线路图）

图中应标明母线的型号、规格；变压器、发电机的型号、规格；开关、断路器、互感器、继电器、电工仪表（包括计量仪表）等的型号、规格、整定值。

图下方表格标注：开关柜编号、开关柜型号、回路编号、设备容量、计算电流、导体型号及规格、敷设方法、用户名称、二次原理图方案号（当选用分格式开关柜时,可增加小室高度或模数等相应栏目）。

（2）平、剖面图

按比例绘制变压器、发电机、开关柜、控制柜、信号柜、补偿柜、支架、地沟、接地装置等平/剖面布置、安装尺寸等,当选用标准图时,应标注标准图编号、页次,标注进出线回路编号、敷设安装方法,图纸应有比例。

（3）继电保护及信号原理图

继电保护及信号二次原理方案,应选用标准图或通用图。当需要对所选用标准图或通用图进行修改时,只需绘制修改部分并说明修改要求。

控制柜、直流电源及信号柜、操作电源均应选用企业标准产品,图中标示相关产品型号、规格和要求。

（4）竖向配电系统图

以建（构）筑物为单位,自电源点开始至终端配电箱止,按设备所处相应楼层绘制,应包括变、配电站变压器台数、容量,发电机台数、容量,各处终端配电箱编号,自电源点引出回路编号（与系统图一致）,接地干线规格。

（5）相应图纸说明

图中表达不清楚的内容,可随图作相应说明。

4）配电、照明

（1）配电箱（或控制箱）系统图,应标注配电箱编号、型号,进线回路编号；各开关（或熔断器）型号、规格、整定值；配电回路编号、导线型号规格（对于单相负荷应标明相别）,对有控制要求的回路应提供控制原理图；对重要负荷供电回路宜标明用户名称。上述配电箱（或控制箱）系统内容在平面图上标注完整的,可不单独出配电箱（或控制箱）系统图。

（2）配电平面图应包括建筑门窗、墙体、轴线、主要尺寸、工艺设备编号及容量；布置配电箱、控制箱，并注明编号、型号及规格；绘制线路始、终位置（包括控制线路），标注回路规模、编号、敷设方式，图纸应有比例。

（3）照明平面图，应包括建筑门窗、墙体、轴线、主要尺寸，标注房间名称，绘制配电箱、灯具、开关、插座、线路等平面布置，标明配电箱编号、干线、分支线回路编号、相别、型号、规格、敷设方式等；凡需二次装修部位，其照明平面图随二次装修设计，但配电或照明平面上应相应标注预留的照明配电箱，并标注预留容量；图纸应有比例。

（4）图中表达不清楚的，可随图作相应说明。

5）热工检测及自动调节系统

（1）普通工程宜选定型产品，仅列出工艺要求。

（2）需专项设计的自控系统需绘制热工检测及自动调节原理系统图、自动调节框图、仪表盘及台面布置图、端子排接线图、仪表盘配电系统图、仪表管路系统图、锅炉房仪表平面图，并列出主要设备材料表、设计说明。

6）建筑设备监控系统及系统集成

（1）监控系统方框图，绘至 DDC^① 站止；

（2）随图说明相关建筑设备监控（测）要求、点数、位置；

（3）配合承包方了解建筑情况及要求，审查承包方提供的深化设计图纸。

7）防雷、接地及安全

（1）绘制建筑物顶层平面，应有主要轴线号、尺寸、标高，标注避雷针、避雷带、引下线位置。注明材料型号规格，所涉及的标准图编号、页次，图纸应标注比例。

（2）绘制接地平面图（可参考防雷顶层平面图），绘制接地线、接地极、测试点、断接卡等的平面位置，标明材料型号、规格、相对尺寸等及涉及的标准图编号、页次（当利用自然接地装置时，可不出此图），图纸应标注比例。

（3）当利用建筑物（或构筑物）钢筋混凝土内的钢筋作为防雷接闪器、引下线、接地装置时，应标注连接点，接地电阻测试点，预埋件位置及敷设方式，注明所涉及的标准图编号、页次。

（4）随图说明包括：防雷类别和采取的防雷措施（包括防侧击雷、防雷击电磁脉冲、防高电位引入）；接地装置形式，接地极材料要求、敷设要求、接地电阻值要求；当利用桩基、基础内钢筋作接地极时应采取的措施。

（5）除防雷接地外的其他电气系统的工作或安全接地的要求（如直流接地、局部等电位、总等电位接地等），如果采用共用接地装置，应在接地平面图中叙述清楚，交代不清楚的应绘制相应图纸（如局部等电位平面图等）。

8）火灾自动报警系统

（1）火灾自动报警及消防联动控制系统图、施工设计说明、报警及联动控制要求；

（2）各层平面图，应包括设备及器件布点、连线，线路型号、规格及敷设要求。

9）其他系统

（1）各系统的系统框图；

---

① DDC：直接数字控制系统。

（2）说明各设备定位安装、线路型号规格及敷设要求；

（3）配合系统承包方了解相应系统的情况及要求，审查系统承包方提供的深化设计图纸。

4. 主要设备表

注明主要设备名称、型号、规格、单位、数量。

5. 计算书（供内部使用及归档）

施工图设计阶段的计算书，只补充初步设计阶段时应进行计算而未进行计算的部分，修改因初步设计文件审查变更后需重新进行计算的部分。

7.3　建筑电气设计职业法规及规范标准

规范或标准是工程设计的依据，贯穿于整体工程设计过程，一名合格的专业人员应首先熟悉专业规范的各相关条文。本节列出一些建筑电气工程设计中的常用规范标准，读者可选用查询。

电气工程设计人员在设计过程中应严格执行相关条文，保证工程设计的合理安全，并符合相关质量要求，特别是对于一些强制性条文，更应提高警惕、严格遵守。在工作中应注意以下几点。

（1）掌握我国电气工程设计中法律法规强制执行的概念。

（2）了解电气工程设计中强制执行法律法规文件的名称。

（3）了解我国电气工程设计相关法律法规的归口管理、编制、颁布、等级、分类、版本的基本概念。

（4）了解我国电气工程中工程管理、工程经济、环境保护、监理、咨询、招标、施工、验收、试运行、达标投产、交付运行等环节执行有关法律法规的基本要求。

（5）了解 IEC、IEEE、ISO 的基本概念和在我国电气工程勘察设计中的使用条件及与我国各种法律法规的关系。

表 7-1 列出了电气工程设计中的常用法律法规及标准规范目录，读者可自行查阅，便于工程设计之用。其涉及了建设法规、高压供配电、低压配电、建筑物电气装置、职能建筑与自动化、公共部分、电厂与电网等相关法规及各类规范标准，包含了全国勘察设计注册电气工程师复习推荐用法律、规程、规范。

表 7-1　相关职业法规及标准

序号	文 件 编 号	文 件 名 称
1	GB/T 50062—2008	电力装置的继电保护和自动装置设计规范
2	GB 50217—2018	电力工程电缆设计标准
3	GB 50058—2014	爆炸危险环境电力装置设计规范
4	GB 50016—2014	建筑设计防火规范

续表

序号	文件编号	文件名称
5	GB/T 50314—2015	智能建筑设计标准
6	GB/T 50311—2016	综合布线系统工程设计规范
7	GB 50052—2009	供配电系统设计规范
8	GB 50053—2013	20kV及以下变电所设计规范
9	GB 50054—2011	低压配电设计规范
10	GB 50227—2017	并联电容器装置设计规范
11	GB 50060—2008	3～110kV高压配电装置设计规范
12	GB 50055—2011	通用用电设备配电设计规范
13	GB 50057—2010	建筑物防雷设计规范
14	JGJ/T 16—2008	民用建筑电气设计规范(附条文说明[另册])
15	GB 50260—2013	电力设施抗震设计规范
16	GB 50150—2016	电气装置安装工程 电气设备交接试验标准
17	DL/T 5035—2016	发电厂供暖通风与空气调节设计规范
18	GB 50116—2013	火灾自动报警系统设计规范
19	GB 50174—2017	数字中心设计规范
20	GB 50038—2005	人民防空地下室设计规范
21	GB 50034—2013	建筑照明设计标准
22	GB/T 50200—2018	有线电视网络工程设计标准
23	GB/T 5465.2—2008	电气设备用图形符号 第2部分:图形符号
24	GB/T 6988.5—2006	电气技术用文件的编制 第5部分:索引
25	GB/T 16571—2012	博物馆和文物保护单位安全防范系统要求
26	GB/T 16676—2010	银行安全防范报警监控联网系统技术要求
27	GB 50056—1993	电热设备电力装置设计规范
28	GB 50168—2006	电气装置安装工程 电缆线路施工及验收规范
29	GB 50173—2014	电气装置安装工程 66kV及以下架空电力线路施工及验收规范
30	GB 50254—2014	电气装置安装工程 低压电器施工及验收规范
31	GB 50256—2014	电气装置安装工程 起重机电气装置施工及验收规范
32	GB/T 19000—2016	质量管理体系标准 基础和术语
33	GB 16895.1—2008	低压电气装置 第1部分:基本原则、一般特性评估和定义
34	GB 16895.21—2011	低压电气装置 第4-41部分:安全防护 电击防护
35	GB 16895.2—2017	低压电气装置 第4-42部分:安全防护 热效应保护
36	GB 16895.5—2012	低压电气装置 第4-43部分:安全防护 过电流保护
37	GB 16895.6—2014	低压电气装置 第5-52部分:电气设备的选择和安装 布线系统

续表

序号	文件编号	文件名称
38	GB 16895.4—1997	建筑物电气装置 第5部分：电气设备的选择和安装 第53章：开关设备和控制设备
39	GB/T 16895.3—2017	低压电气装置 第5-54部分：电气设备的选择和安装 接地配置和保护导体
40	GB/T 16895.8—2010	低压电气装置 第7-706部分：特殊装置或场所的要求 活动受限制的可导电场所
41	GB/T 16895.9—2000	建筑物电气装置——第7部分：特殊装置或场所的要求 第707节：数据处理设备用电气装置的接地要求
42	GB/T 18379—2001	建筑物电气装置的电压区段
43	GB/T 13869—2008	用电安全导则
44	GB 14050—2008	系统接地的型式和安全技术要求
45	GB 13955—2017	剩余电流动作保护装置安装和运行
46	GB/T 13870.1—2008	电流对人和家畜的效应——第1部分：通用部分
47	GB/T 13870.2—2016	电流对人和家畜的效应——第2部分：特殊情况
48	JGJ 38—2015	图书馆建筑设计规范
49	JGJ 57—2016	剧场建筑设计规范
50	JGJ 60—2012	交通客运站建筑设计规范
51	GB 50222—2017	建筑内部装修设计防火规范
52	GB 50263—2007	气体灭火系统施工及验收规范
53	GB 50067—2014	汽车库、修车库、停车场设计防火规范
54	GB 50098—2009	人民防空工程设计防火规范
55	GA/T 678—2007	联网型可视对讲系统技术要求
56	GB 50156—2012	汽车加油加气站设计与施工规范(2014年版)
57	GB 50328—2014	建筑工程文件归档规范
58	GB/T 50001—2017	房屋建筑制图统一标准
59	GB 50099—2011	中小学校设计规范
60	GB 50198—2011	民用闭路监视电视系统工程技术规范
61	GB 50096—2011	住宅设计规范
62	GB 50059—2011	35kV~110kV变电站设计规范
63	GB 50061—2010	66kV及以下架空电力线路设计规范
64	GB 50143—2018	架空电力线路、变电站(所)对电视差转台、转播台无线电干扰防护间距标准
65	GB 50063—2017	电力装置电测量仪表装置设计规范
66	GB 50073—2013	洁净厂房设计规范
67	GB 50300—2013	建筑工程施工质量验收统一标准

续表

序号	文 件 编 号	文 件 名 称
68	GB 50156—2012	汽车加油加气站设计与施工规范(2014年版)
69	GA 308—2001	安全防范系统验收规则
70	GA/T 367—2001	视频安防监控系统技术要求
71	YDJ 9—1990	市内通信全塑电缆线路工程设计规范
72	YD/T 2008—1993	城市住宅区和办公楼电话通信设施设计标准
73	YD 5010—1995	城市居住区建筑电话通信设计安装图集
74	YD 5032—2005	会议电视系统工程设计规范(附条文说明)
75	CECS 45—1992	地下建筑照明设计标准
76	GB 50333—2013	医院洁净手术部建筑技术规程
77	GB 51039—2014	综合医院建筑设计规范
78	JGJ 57—2016	剧场建筑设计规范
79	GB 17945—2010	消防应急照明和疏散指示系统
80	GB/T 14549—1993	电能质量 公用电网谐波
81	GB 50034—2013	建筑照明设计标准

第 **8** 章

电气照明工程图

本 章 导 读

　　建筑电气照明图是建筑设计单位提供给施工单位、使用单位,让其进行电气设备安装和维护管理的电气图,是电气施工图中最重要的图样之一。电气照明工程图描述及表达的对象是照明设备及其供电线路,电气照明图纸一般包括电气照明平面图及电气照明系统图。

　　本章将以实际建筑电气工程设计实例为背景,重点介绍某别墅的电气照明工程图的 AutoCAD 制图全过程,由浅及深、从制图理论至相关电气专业知识,尽可能全面、详细地描述该工程的制图流程。

学 习 要 点

◆ 电气照明平面图基础
◆ 独立别墅照明平面图设计实例
◆ 电气照明系统图基础
◆ 独立别墅照明系统图设计实例

Note

8.1 电气照明平面图基础

本节将简要介绍电气照明平面图的一些基本理论知识。

8.1.1 电气照明平面图概述

1. 电气照明平面图表示的主要内容

电气照明平面图一般包含以下内容：

(1) 照明配电箱的型号、数量、安装位置、安装标高，配电箱的电气系统；

(2) 照明线路的配线方式、敷设位置，线路的走向，导线的型号、规格及根数，导线的连接方法；

(3) 灯具的类型、功率、安装位置、安装方式及安装标高；

(4) 开关的类型、安装位置、离地高度、控制方式；

(5) 插座及其他电器的类型、容量、安装位置、安装高度等。

2. 图形符号及文字符号的应用

电气照明施工平面图是简图，它采用图形符号和文字符号来描述图中的各项内容。电气照明线路、其相关的电气设备的图形符号及其相关标注的文字符号所表征的意义，将于下文中作相关介绍。

3. 照明线路及设备位置的确定方法

照明线路及其设备一般采用图形符号和标注文字相结合的方式来表示，在电气照明施工平面图中不表示线路及设备本身的尺寸、形状，但必须确定其敷设和安装的位置。其平面位置是根据建筑平面图的定位轴线和某些构筑物的平面位置来确定的，而垂直位置，即安装高度，一般采用标高、文字符号等方式来表示。

4. 电气照明图的绘制步骤

电气照明平面图的绘制步骤包括：

(1) 画房屋平面(外墙、门窗、房间、楼梯等)；

(2) 电气工程 CAD 制图中，对于新建结构往往会由建筑专业提供建筑施工图，对于改建改造建筑则需重新绘制其建筑施工图；

(3) 画配电箱、开关及电力设备；

(4) 画各种灯具、插座、吊扇等；

(5) 画进户线及各电气设备、开关、灯具间的连接线；

(6) 对线路、设备等附加文字标注；

(7) 附加必要的文字说明。

8.1.2 常用照明线路分析

照明控制接线图包括原理接线图和安装接线图。原理接线图比较清楚地表明了开关、灯具的连接与控制关系，但不具体表示照明设备与线路的实际位置。在照明平面图上表示的照明设备连接关系图是安装接线图。照明平面图应清楚地表示灯具、开关、插座、线路的具体位置和安装方法,但对同一方向、同一档次的导线只用一根线表示。灯具和插座都是并联于电源进线的两端,相线必须经过开关后再进入灯座。零线直接接到灯座,保护接地线与灯具的金属外壳相连接。在一个建筑物内有许多灯具和插座,一般有两种连接方法。一种是直接接线法,灯具、插座、开关直接从电源干线上引接,导线中间允许有接头,如瓷夹配线、瓷柱配线等。另一种是共头接线法,导线的连接只能在开关盒、灯头盒、接线盒引线,导线中间不允许有接头。这种接线法耗用导线多,但接线可靠,是目前工程广泛应用的安装接线方法,如线管配线、塑料护套配线等。当灯具和开关的位置改变、进线方向改变时,都会使导线根数变化。所以,要真正看懂照明平面图,就必须了解导线数的变化规律,掌握照明线路设计的基本知识。

1. 开关与灯具的控制关系

1) 一个开关控制一盏灯

一个开关控制一盏灯是最简单的照明平面布置,这种配线方式可采用共头接线法或直接接线法,如图 8-1 所示的接线图中所采用的导线根数与实际接线的导线根数是一致的。

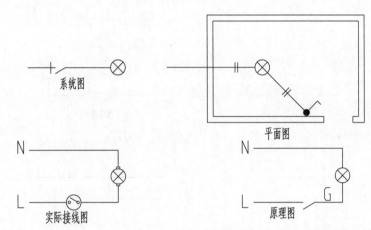

图 8-1　一个开关控制一盏灯

2) 多个开关控制多盏灯

如图 8-2 所示,图中有 1 个照明配电箱、3 盏灯、1 个单控双联开关和 1 个单控单联开关,其采用线管配线,共头接线法。

3) 两个开关控制一盏灯

如图 8-3 所示,图中两只双控开关在两处控制一盏灯,这种控制模式通常用于楼梯灯(楼上、楼下分别控制)及走廊灯(走廊两端进行控制)。

2. 插座的接线

1) 单相两极暗插

如图 8-4 所示为单相两极暗插座的平面图及接线示意图,由该图可以看出,左插孔接零线 N,右插孔接相线 L。

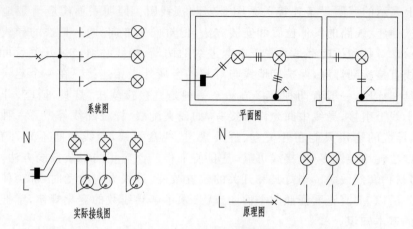

图 8-2　多个开关控制多盏灯

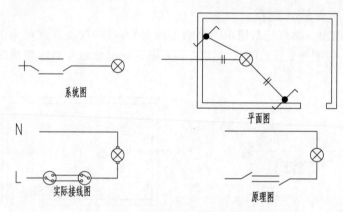

图 8-3　两个开关控制一盏灯

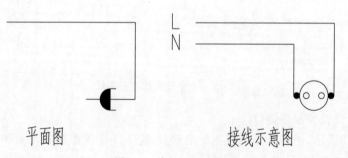

图 8-4　单相两极暗插

2）单相三极暗插

如图 8-5 所示为单相三极暗插座的平面图及接线示意图,由该接线图可以看出,上插孔接保护地线 PE,左插孔接零线 N,右插孔则接相线 L。

3）三相四极暗插座

如图 8-6 所示为三相四极暗插座的平面图及接线示意图,从接线图中可以看出,上插孔接零线 N,其余接三根相线(L1、L2、L3),保护接地线 PE 接电气设备的外壳及控制器。

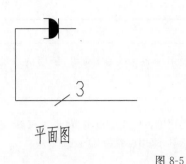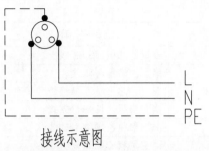

图 8-5 单相三极暗插座

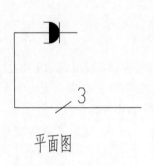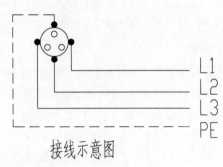

图 8-6 三相四极暗插座

关于电气的接线方式及控制知识,读者可查阅电气专业的相关书籍。

8.1.3 文字标注及相关必要的说明

建筑电气施工图的表达,一般采用图形符号与文字标注符号相结合的方法,文字标注包括相关尺寸、线路的文字标注,用电设备的文字标注,开关与熔断器的文字标注,照明变压器的文字标注,照明灯具的文字标注等,以及相关的文字特别说明,所有的文字标注均应按相关标准要求,做到文字表达规范、清晰明了。

以下简要介绍导线、电缆、配电箱、照明灯具、开关等电气设备的文字标注表示方法,电气专业书籍中也有叙述,本节主要是将其与 AutoCAD 制图相结合统一介绍。

1. 绝缘导线与电缆的表示

1) 绝缘导线

低压供电线路及电气设备的连接线,多采用绝缘导线。按绝缘材料分,有橡皮绝缘导线与塑料绝缘导线等。按线芯材料分为铜芯和铝芯,其中还有单芯和多芯的区别。导线的标准截面面积有 0.2mm^2、0.3mm^2、0.4mm^2、0.5mm^2、……。

表 8-1 列出常用绝缘导线的型号、名称和用途。

表 8-1 常用绝缘导线的型号、名称和用途

型　　号	名　　称	用　　途
BXF(BLXF)	氯丁橡皮铜(铝)芯线	适用于交流 500V 及以下、直流 1000V 及以下的电气设备和照明设备之用
BX(BLX)	橡胶皮铜(铝)芯线	
BXR	铜芯橡皮软线	

续表

型 号	名 称	用 途
BV(BLV)	聚氯乙烯铜(铝)芯线	适用于各种设备、动力、照明的线路固定敷设
BVR	聚氯乙烯铜芯软线	
BVV(BLVV)	铜(铝)芯聚氯乙烯绝缘和护套线	
RVB	铜芯聚氯乙烯平行软线	适用于各种交直流电器、电工仪器、小型电动工具、家用电器装置的连接
RVS	铜芯聚氯乙烯绞型软线	
RV	铜芯聚氯乙烯软线	
RX,RXS	铜芯、橡皮棉纱编织软线	

表中：B—绝缘电线，平行；R—软线；V—聚氯乙烯绝缘，聚氯乙烯护套；X—橡皮绝缘；L—铝芯(铜芯不表示)；S—双绞；XF—氯丁橡皮绝缘。

2）电缆

电缆按用途分，有电力电缆、通用（专用）电缆、通信电缆、控制电缆、信号电缆等。按绝缘材料可分为纸绝缘电缆、橡皮绝缘电缆、塑料绝缘电缆等。电缆主要由 3 个部分组成，即线芯、绝缘层和保护层，其中保护层又分为内保护层和外保护层。

电缆的型号表示，应表达出电缆的结构、特点及用途。表 8-2 列出了电缆型号字母代号含义，表 8-3 列出了电缆外护层数字代号含义。

表 8-2　电缆型号字母代号含义

类 别	绝缘种类	线芯材料	内护层	其他特征	外护层
电力电缆(不表示)	Z—纸绝缘	T—铜	Q—铅套	D—不滴流	2 个数字，见表 8-3 的代号
K—控制电缆	X—橡胶绝缘	（不表示）	L—铝套	F—分相护套	
P—信号电缆	V—聚氯乙烯	L—铝	X—橡胶套	P—屏蔽	
Y—移动式软电缆	Y—聚乙烯		V—聚氯乙烯套	C—重型	
H—市内电话电缆	YJ—交联聚乙烯		Y—聚乙烯套		

表 8-3　电缆外护层数字代号含义

第一个数字		第二个数字	
代号	铠装层类型	代号	外被层类型
0	无	0	无
1	—	1	纤维绕包
2	双钢带	2	聚氯乙烯护套
3	细圆钢丝	3	聚乙烯护套
4	粗圆钢丝	4	—

例如：

（1）VV-10000-3×50+2×25 表示聚氯乙烯绝缘，聚氯乙烯护套电力电缆，额定电压为 10000V，3 根 50mm² 铜芯线，及 2 根 25mm² 铜芯线。

（2）YJV22-3×75+1×35 表示交联聚乙烯绝缘，聚氯乙烯护套内钢带铠装，3 根 75mm² 铜芯线及 1 根 35mm² 铜芯线。

2. 线路文字标注

动力及照明线路在平面图上均用图线表示,而且只要走向相同,无论导线根数多少,都可用一条图线(单线法),同时在图线上打上短斜线或标以数字,用以说明导线的根数。另外,在图线旁标注必要的文字符号,用以说明线路的用途、导线型号、规格、根数、线路敷设方式及敷设部位等。这种标注方式习惯称为直接标注。

其标注基本格式为

$$a\text{-}b(c \times d)e\text{-}f$$

其中,a——线路编号或线路用途的符号;

　　b——导线型号;

　　c——导线根数;

　　d——导线截面面积,mm^2;

　　e——保护管直径,mm;

　　f——线路敷设方式和敷设部位。

《电气简图用图形符号》(GB/T 4728—2008)未对线路用途符号及线路敷设方式和敷设部位用文字符号作统一规定,但仍一般习惯使用原来以汉语拼音字母为标注的方法,专业人士推荐使用以相关专业英文字母表征其相关说明。

例如:

(1) WP1-BLV-(3×50＋1×35)-K-WE

表示 1 号电力线路,导线型号为 BLV(铝芯聚氯乙烯绝缘电线),共有 4 根导线,其中 3 根截面面积分别为 50mm^2,1 根截面面积为 35mm^2,采用瓷瓶配线,沿墙明敷设。

(2) BLX-(3×4)G15-WC

表示 3 根截面面积分别为 4mm^2 的铝芯橡皮配绝缘电线,穿直径 15mm 的水煤气钢管沿墙暗敷设。

☎注意:当线路用途明确时,可以不标注线路的用途。

标注线路的相关符号所代表的含义如表 8-4～表 8-6 所示。

表 8-4　标注线路用文字符号

序号	中 文 名 称	英 文 名 称	常用文字符号		
			单字母	双字母	三字母
1	控制线路	Control line		WC	—
2	直流线路	Direct current line		WD	—
3	应急照明线路	Emergency lighting ine		WE	WEL
4	电话线路	Telephone line		WF	—
5	照明线路	Illuminating ine	W	WL	—
6	电力线路	Power line		WP	—
7	声道(广播)线路	Sound gate line		WS	—
8	电视线路	TV line		WV	—
9	插座线路	Socket line		WX	—

表 8-5　线路敷设方式文字符号

序号	中文名称	英文名称	旧符号	新符号
1	暗敷	Concealed	A	C
2	明敷	Exposed	M	E
3	铝皮线卡	Aluminum clip	QD	AL
4	电缆桥架	Cable tray	—	CT
5	金属软管	Flexible metalic conduit	—	F
6	水煤气管	Gas tube	G	G
7	瓷绝缘子	Porcelain insulator	CP	K
8	钢索敷设	Supported by messenger wire	S	MR
9	金属线槽	Metallic raceway	—	MR
10	电线管	Electrical metallic tubing	DG	T
11	塑料管	Plastic conduit	SG	P
12	塑料线卡	Plastic clip	VJ	PL
13	塑料线槽	Plastic raceway	—	PR
14	钢管	Steel conduit	GG	S

表 8-6　线路敷设部位文字符号

序号	中文名称	英文名称	旧符号	新符号
1	梁	Beam	L	B
2	顶棚	Ceiling	P	CE
3	柱	Column	Z	C
4	地面(楼板)	Floor	D	F
5	构架	Rack	—	R
6	吊顶	Suspended ceiling	—	SC
7	墙	Wall	Q	W

3. 动力、照明配电设备的文字标注

动力和照明配电设备应采用国家标准所规定的图形符号绘制,并应在图形符号旁加注文字标注,其文字标注格式一般可为 $a\frac{b}{c}$ 或 a-b-c,当需要标注引入线的规格时,则标注为

$$a\frac{b\text{-}c}{d(e\times f)\text{-}g}$$

其中,a——设备编号;

b——设备型号;

c——设备功率,kW;

d——导线型号;

e——导线根数;

f——导线截面面积,mm^2;

g——导线敷设方式及敷设部位。

例如:

(1) $A_3 \dfrac{XL\text{-}3\text{-}2}{40.5}$，即表示为 3 号动力配电箱，其型号为 XL-3-2 型，功率为 40.5kW；

(2) $A_3 \dfrac{XL\text{-}3\text{-}2\text{-}40.5}{BLV\text{-}3\times35G50\text{-}CE}$，即表示为 3 号动力配电箱，型号为 XL-3-2 型，功率为 40.5kW，配电箱进线为 3 根铝芯聚氯乙烯绝缘电线，其截面积为 35mm²，穿直径 40mm 的水煤气钢管，沿柱子明敷。

1）用电设备的文字标注

用电设备应按国家标准规定的图形符号表示，并在图形符号旁用文字标注说明其性能和特点，如编号、规格、安装高度等。其标注格式为

$$\frac{a}{b} \quad \text{或} \quad \frac{a \mid b}{c \mid d}$$

其中，a——设备的编号；

　　　b——额定功率，kW；

　　　c——线路首端熔断片或自动开关释放器的电流，A；

　　　d——安装标高，m。

2）开关及熔断器的文字标注

开关及熔断器的表示，亦为图形符号加文字标注。

其文字标注格式一般为

$$a\frac{b\text{-}c/i}{d(e\times f)\text{-}g}, \quad \text{或} \quad a\frac{b}{c/i}, \quad \text{或} \quad a\text{-}b\text{-}c/i$$

当需要标注引入线时，则其标注格式为

$$a\frac{b\text{-}c/i}{d(e\times f)\text{-}g}$$

其中，a——设备编号；

　　　b——设备型号；

　　　c——额定电流，A；

　　　i——整定电流，A；

　　　d——导线型号；

　　　e——导线根数；

　　　f——导线截面面积，mm²；

　　　g——导线敷设方式及敷设部位。

例如：

(1) $Q_5 \dfrac{HH_3\text{-}100/3}{100/80}$，即表示 5 号开关设备，型号为 HH₃-100/3 型，即额定电流为 100A 的三极铁壳开关，开关内熔断器所配用的熔体额定电流为 80A。

(2) $Q_2 \dfrac{HH_3\text{-}100/3\text{-}100/80}{BLX\text{-}3\times35G40\text{-}FC}$，即表示 2 号开关设备，型号为 HH₃-100/3，即额定电流为 100A 的三极铁壳开关，开关内熔断器所配用的熔体额定电流为 80A，开关的进线采用 3 根截面积分别为 35mm² 的铝芯橡皮绝缘线，导线穿直径为 40mm 的水煤气钢管理地暗敷。

（3）$Q_5 \dfrac{DZ10\text{-}100/3}{100/80}$，即表示 5 号开关设备，型号为 DZ10-100/3，即装置式三极低压空气断路器，俗称自动空气开关。其额定电流为 100A，脱扣器整定电流为 80A。

3）照明灯具的文字标注

照明灯具种类多样，图形符号也各有不同。

其文字标注方式一般为

$$a\text{-}b\,\dfrac{c\times d\times L}{e}f$$

当灯具安装方式为吸顶安装时，则标注应为

$$a\text{-}b\,\dfrac{c\times d\times L}{}f$$

其中，a——灯具的数量；

  b——灯具的型号或编号或代号；

  c——每盏灯具的灯泡总数；

  d——每个灯泡的容量，W；

  e——灯泡安装高度，m；

  f——灯具安装方式；

  L——光源的种类（常省略此项）。

照明灯具的安装方式及字母代号如表 8-7 所示。

表 8-7　照明灯具安装方式及字母代号

中文名称	英 文 名 称	旧符号	新符号	备　　注
链吊	Chain pendant	L	C	—
管吊	Pipe(conduit) erected	G	P	—
线吊	Wire(cord) pendant	X	WP	—
吸顶	Ceiling mounted (absorbed)	—	—	—
嵌入	Recessed in	—	R	
壁装	Wall mounted	B	WP	图形能区别时可不注

注：当灯具安装方式为吸顶安装时，可在标注方案安装高度处改为"—"横线，而不必标注符号。

常用的光源种类有白炽灯（IN）、荧光灯（FL）、汞灯（Hg）、钠灯（Na）、碘灯（I）、氙灯（Xe）、氖灯（Ne）等。

例如：

（1）$10\text{-}YG_2\text{-}2\,\dfrac{2\times 40\times FL}{3}C$，即表示有 10 盏型号为 YG2-2 的荧光灯，每盏灯有 2 个 40W 灯管，安装高度为 3m，采用链吊安装；

（2）$5\text{-}DBB306\,\dfrac{4\times 60\times IN}{}C$，即表示有 5 盏型号为 DBB306 的圆口方罩吸顶灯，每盏灯有 4 个白炽灯泡，灯泡功率为 60W，吸顶安装。

4）照明变压器的文字标注

照明变压器也使用图形符号附加文字标注的方式来表示，其文字标注的格式一般为

$$a/b-c$$

其中, a——一次电压, V;

　　 b——二次电压, V;

　　 c——额定容量, V·A。

例如:

380/36-500, 即表示该照明变压器一次侧额定电压为 380V, 二次侧额定电压为 36V, 其容量为 500V·A。

8-1

8.2 独立别墅照明平面图设计实例

设计思路

本例的电气设计对象为某私人别墅, 两层砖混结构, 要求按现行规范标准对其进行强电及弱电系统的电气设计。

首先是建筑施工图的绘制。在建筑电气工程制图中, 对于新建建筑往往会由建筑单位提供电子版建筑施工图; 对于改建改造建筑, 若没有原电子版建筑施工图, 则需根据原档案所存的图纸, 进行建筑施工图的绘制。关于建筑施工图的 AutoCAD 的制图流程, 用户可查阅相关文献中建筑专业施工图的绘制方法。

建筑电气工程中的建筑图, 主要是指建筑平面图中的轮廓线, 绘制步骤如下:

(1) 画基准线, 即按尺寸画出房屋的纵横向定位轴线;

(2) 画主要的墙和柱的轮廓线;

(3) 画门窗和次要结构;

(4) 画细部构造及标注尺寸等。

8.2.1 绘制环境设置

根据《房屋建筑制图统一标准》(GB/T 50001—2017), 电气工程照明图层名称代号如表 8-8 所示。

表 8-8 电气工程照明图层名称代号

中 文 名 称	英 文 名 称	中 文 说 明	英 文 说 明
电气-照明	E-LITE	照明	Lighting
电气-照明-特殊	E-LITE-SPCL	特殊照明	Special Lighting
电气-照明-应急	E-LITE-EMER	应急照明	Emergency Lighting
电气-照明-出口	E-LITE-EXIT	出口照明	Exit Lighting
电气-照明-顶灯	E-LITE-CLHG	吸顶灯	Ceiling-Mounted Lighting
电气-照明-壁灯	E-LITE-WALL	壁灯	Wall-Mounted Lighting
电气-照明-楼层	E-LITE-FLOR	楼层照明(灯具)	Floor-Mounted Lighting
电气-照明-简图	E-LITE-OTLN	背景照明简图	Lighting Outline for Background (Optional)
电气-照明-室内	E-LITE-ROOF	室内照明	Roof Lighting

中文名称	英文名称	中文说明	英文说明
电气-照明-户外	E-LITE-SITE	户外照明	Site Lighting
电气-照明-开关	E-LITE-SWCH	照明开关	Lighting Switches
电气-照明-线路	E-LITE-CIRC	照明线路	Lighting Circuits
电气-照明-编号	E-LITE-NUMB	照明回路编号	Luminaries Identification and Texts
电气-照明-线盒	E-LITE-JBOX	接线盒	Junction Box
电气-电源	E-POWER	电源	Power
电气-电源-墙座	E-POWER-WALL	墙上电源与插座	Power Wall Outlets and Receptacles
电气-电源-顶棚	E-POWER-CLNG	顶棚电源插座与装置	Power Ceiling Receptacles and Devices
电气-电源-电盘	E-POWER-PANL	配电盒	Power Panels
电气-电源-设备	E-POWER-EQPM	电源设备	Power Equipment
电气-电源-电柜	E-POWER-SWBD	配电柜	Power Switchboard
电气-电源-线号	E-POWER-NUMB	电路编号	Power Circuit Numbers
电气-电源-电路	E-POWER-CIRC	电路	Power Circuits
电气-电源-暗管	E-POWER-URAC	暗管	Underfloor Raceways
电气-电源-总线	E-POWER-BUSW	总线	Busways
电气-电源-户外	E-POWER-SITE	户外电源	Site Power
电气-电源-户内	E-POWER-ROOF	户内电源	Roof Power
电气-电源-简图	E-POWER-OTLN	电源简图	Power Outline for Background
电气-电源-线盒	E-POWER-JBOX	电源接线盒	Junction Box

1. 图层设置

单击"默认"选项卡"图层"面板中的"图层特性"按钮 ，打开"图层特性管理器"选项板，根据本电气工程 CAD 制图需要，新建如图 8-7 所示的图层。

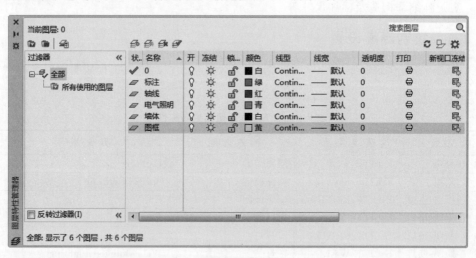

图 8-7 "图层特性管理器"选项板

☎ 注意：(1) 各图层设置不同颜色、线宽、状态等。

(2) 0 层不作任何设置，也不应在 0 层绘制图样。

(3) 因本例为建筑电气工程制图，为满足电气图样的表达需要，根据制图标准要求,将所有建筑图样的线宽均统一设置成"细线"(0.25b)。关于电气工程制图中各线型、线宽设置的要求,读者可参见1.1.3节。

小技巧:

工具条添加方法:

(1)右击任意工具条空白处,即可打开工具条列表,只需单击相应所需的工具条名称,使其名称前出现"勾选"标记,表示选中。

(2)菜单:选择菜单栏中的"视图"→"工具栏"→"工具自定义窗口"命令,进行自定义工具的设置。

2. 文字样式

(1)单击"默认"选项卡"注释"面板中的"文字样式"按钮 A,打开"文字样式"对话框,设置如图8-8所示。

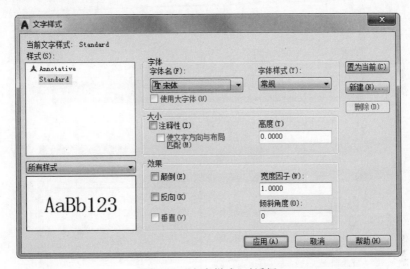

图8-8 "文字样式"对话框

(2)字体采用大字体,为 txt. shx + hztxt. shx 的组合(建筑制图中一般选用大字体,没有该类字体的用户可于互联网上下载安装),高宽比设置为 0.7,此处暂不设置文字高度,样式名为默认的 Standard,若用户想另建其他样式的字体,则需单击"新建",并输入样式名,进行新的字体样式组合及样式设置。同时,对话框左下角还提供了当前窗口字体设置的效果预览小窗口,以方便用户对字体样式的直观确认。右下角的"帮助"项可给用户提供快捷的各项参数的解释说明。

小技巧:

多数情况下,同一幅图中的文字可能为同一种字体,但文字高度是不统一的,如标注的文字、标题文字、说明文字等文字高度是不一致的,若在文字样式中文字高度默认为0,则每次用该样式输入文字时,系统都将提示输入文字高度。输入大于0.0的高度值则为该样式的字体设置了固定的文字高度,使用该字体时,其文字高度是不允许改变的。

Note

3. 标注样式

（1）单击"默认"选项卡"注释"面板中的"标注样式"按钮，打开"标注样式管理器"对话框，如图 8-9 所示。单击"修改"按钮，打开"修改标注样式"对话框，如图 8-10 所示，即可进行标注样式的调整设置（用户可以选择置为当前、新建、修改、替代、比较等按钮，来完成标注样式的设置）。

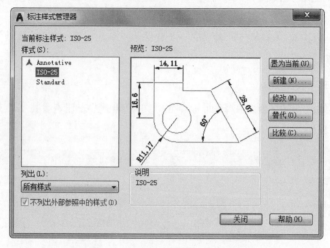

图 8-9 "标注样式管理器"对话框

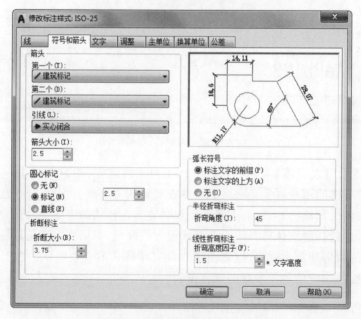

图 8-10 "修改标注样式"对话框

注意：建筑制图中标注尺寸线的起始及结束均以斜 45°短线为标记，故在"符号和箭头"选项卡中，均在下拉符号列表框中选择"建筑标记"斜短线。对于其他各项，用户均可参照相关建筑制图标准或教科书来进行设置。

（2）用户可按《房屋建筑制图统一标准》（GB/T 50001—2017）的要求，对标注样式进行设置,其包括文字、单位、箭头等。此处应注意,各项涉及各种尺寸大小值的,都应为以实际图纸上表现的尺寸乘以制图比例的倒数(如制图比例为1:100,其即为100)。假定需要在A4图纸上看到3.5mm单位的字,则AutoCAD中的字高应设为350。此方法类似于"图框"的相对缩放概念。

一般一幅工程图中可能涉及几种不同的标注样式,此时读者可建立不同的标注样式,进行"新建"或"修改"或"替代",然后使用某标注样式时,可直接单击选用"样式名"下拉列表框中的样式。用户对于标注样式设置的各细节如有不理解的地方,可随时调用帮助文档(快捷键为F1)进行学习。

小技巧:

用户可以根据需要,从已完成的图纸中导入该图纸中所使用的标注样式,然后直接应用于新的图纸绘制中。

8.2.2 绘制图框

(1)将当前图层设置为"图框"。

(2)在AutoCAD绘图区按1:1比例,即原尺寸绘制图框,图纸矩形尺寸为210mm×297mm,再扣除图纸的边宽c及装订侧边宽a后,其内框的尺寸为200mm×267mm。

① 单击"默认"选项卡"绘图"面板中的"矩形"按钮□,绘制图框,命令行提示和操作如下。

```
命令: _rectang(绘制外框)
指定第一个角点或 [倒角(C)/标高(E)/圆角(F)/厚度(T)/宽度(W)]:(任意指定一点)
指定另一个角点或 [面积(A)/尺寸(D)/旋转(R)]: d
指定矩形的长度 <10.0000>: 297
指定矩形的宽度 <10.0000>: 210
指定另一个角点或 [面积(A)/尺寸(D)/旋转(R)]:(指定一点,结果如图8-11所示)
命令: RECTANG(绘制内框)
指定第一个角点或 [倒角(C)/标高(E)/圆角(F)/厚度(T)/宽度(W)]:(以外框的左上角顶点为基点)
指定另一个角点或 [面积(A)/尺寸(D)/旋转(R)]: d
指定矩形的长度 <297.0000>: 267
指定矩形的宽度 <210.0000>: 200
指定另一个角点或 [面积(A)/尺寸(D)/旋转(R)]:(指定一点,如图8-12所示)
```

图8-11 绘制外框　　　图8-12 绘制内框

② 单击"默认"选项卡"修改"面板中的"移动"按钮✛,命令行提示与操作如下。

命令： MOVE(将内框向右下移动,水平25,竖向－5)
选择对象:(选中内框)
选择对象:↙(按 Enter 键)
指定基点或位移:(任意指定一点)
指定位移的第二点或〈用第一点作位移〉:@25,－5(@表
示相对距离,结果如图 8-13 所示)

图 8-13　移动内框

本工程建筑制图比例为 1∶100,因为此比例为缩小比例,故只需将图框相对放大 100,随后图样即可按 1∶1 即原尺寸绘制,从而获得 1∶100 相对的缩小比例图纸。单击"默认"选项卡"修改"面板中的"缩放"按钮🔲,命令行提示与操作如下。

命令： _scale
选择对象:(选中图框)
指定基点:(指定缩放的中心点)
指定比例因子或 [复制(C)/参照(R)]〈1.0000〉:100(放大 100 倍)

💡 **小技巧:**

利用 Scale(缩放)命令可以将所选择对象的真实尺寸按照指定的尺寸比例放大或缩小,执行后输入 r 参数即可进入参照模式,然后指定参照长度和新长度即可。参照模式适用于不直接输入比例因子或比例因子不明确的情况。

8.2.3　绘制定位轴线、轴号

根据建筑制图标准,轴号的圆圈在物理图纸上的表现应为直径 8mm 的圆,因此处的制图比例为 1∶100,故于 AutoCAD 制图时轴圈的直径应为 800mm(8 乘以比例的倒数 100),再利用单行文字功能将轴号插入到圆圈中。

1. 绘制轴线

📞 **注意:** 定位轴线线型为点划线,线型设置如前述。

(1) 将当前图层设置为"轴线"层。

(2) 单击"默认"选项卡"绘图"面板中的"直线"按钮╱,绘制两条正交轴线,轴线长度略大于轴网尺寸即可,如图 8-14 所示。绘制正交直线时,单击"正交"按钮ᒪ,即可在正交模式下绘制线条。

💡 **小技巧:**

使用"直线"(line)命令时,若为正交直线,可单击"正交"按钮,根据正交方向提示,直接输入下一点的距离即可,而不需要输入"@"符号;若为斜线,则可右击"极轴"按钮,打开窗口,可设置斜线的捕捉角度,此时,图形即进入了自动捕捉所需角度的状态,可大大

图 8-14　两条正交轴线

提高制图时输入直线长度的效率。如图 8-15 所示为"状态栏"命令按钮。

图 8-15 "状态栏"命令按钮

同时,右击"对象捕捉"按钮,从弹出的快捷菜单中选择"对象捕捉设置"命令(如图 8-16 所示),打开"草图设置"对话框(如图 8-17 所示),进行对象捕捉设置。绘图时,只需按下"对象捕捉"按钮,程序会自动进行某些点的捕捉,如端点、中点、圆切点、等线等。捕捉对象功能的应用可以极大提高制图速度。使用对象捕捉可指定对象上的精确位置,例如,使用对象捕捉可以绘制到圆心或多段线中点的直线。

图 8-16 右键快捷菜单

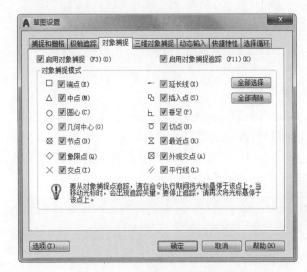

图 8-17 "对象捕捉"模式选择

若某命令下提示输入某一点(如起始点或中心点或基准点等),都可以指定对象捕捉。默认情况下,当光标移到对象的对象捕捉位置时,将显示标记和工具栏提示。此功能称为 AutoSnap(自动捕捉),其提供了视觉提示,指示哪些对象捕捉正在使用。

(3) 单击"默认"选项卡"修改"面板中的"偏移"按钮⟐,分别偏移这两条轴线,依次偏移,形成轴网。命令行提示与操作如下。

```
命令: offset ↙
当前设置: 删除源 = 否   图层 = 源   OFFSETGAPTYPE = 0
指定偏移距离或 [通过(T)/删除(E)/图层(L)]〈通过〉: 5400(偏移的轴网间距)
选择要偏移的对象,或 [退出(E)/放弃(U)]〈退出〉:(指定左边轴线)
指定要偏移的那一侧上的点,或 [退出(E)/多个(M)/放弃(U)]〈退出〉:(指定右侧)
选择要偏移的对象,或 [退出(E)/放弃(U)]〈退出〉: ↙
```

(4) 同理,依次以上一次偏移形成的轴线为对象,将竖直轴线分别向右偏移 2400、3600,将水平轴线分别向下偏移 1500、1800、1500、2400、1800、1500、1500、1500、3000,结果如图 8-18 所示。

(5) 单击"默认"选项卡"修改"面板中的"修剪"按钮⟋,对轴线进行适当修剪,即形成如图 8-19 所示轴网。

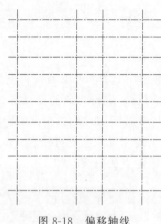

图 8-18　偏移轴线

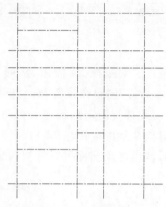

图 8-19　修剪轴线

2．绘制轴号

（1）命名轴线。轴线命名从左至右依次为阿拉伯数字，即 1、2、3、…，从下向上依次为英文字母序，即 A、B、C、…。

（2）单击"默认"选项卡"绘图"面板中的"圆"按钮⊙，绘制轴圈。命令行提示与操作如下。

```
命令：_circle
指定圆的圆心或 [三点(3P)/两点(2P)/切点、切点、半径(T)]：2p
指定圆直径的第一个端点：(指定最左边轴线上端点)
指定圆直径的第二个端点：800(将光标指向第一个端点的正上方，直接输入数字。)
```

☏ **注意**：打印图纸中轴圈直径为 8mm，由于是 1∶100 比例制图，故轴圈尺寸得相对放大 100 倍。

 小技巧：

使用上面这种绘制圆的方法可以保证圆刚好位于轴线的顶端，不需要再重新对正，快速简捷。

（3）单击"默认"选项卡"注释"面板中的"单行文字"按钮 A，在轴圈中插入轴号。命令行提示与操作如下。

```
命令：_text
当前文字样式： Standard　当前文字高度： 2.5000
指定文字的起点或 [对正(J)/样式(S)]：(插入文字的左下角点为文字的插入点或起点，此处插入点应为圆内的左下角)
指定高度〈2.5000〉:600✓(此时文字的图纸物理高度为 6mm)
指定文字的旋转角度〈0〉:✓(不旋转，直接按 Enter 键)
```

输入文字，输入结束，按 Enter 键。

☏ **注意**：如果文字位置不正，可以利用"移动"命令将文字进行适当移动，以保持文字位置大约在圈圈中央。

（4）单击"默认"选项卡"修改"面板中的"复制"按钮，复制轴号至各轴线末端，并双击轴号值即可进行轴号值更改。命令行提示与操作如下。

命令：　COPY↙
选择对象：(选中轴圈及轴号)
选择对象：(右击表示选择完毕)
指定基点或［位移(D)］〈位移〉：(选择复制的插入点,根据轴号编排,选择轴圈的最上下左右四分点作为插入点)
指定第二个点或〈使用第一个点作为位移〉：(移动选中的对象,指定相应的位置为各轴线的端点)

最终结果如图 8-20 所示。

小技巧：

修改轴圈内的文字时，只需双击文字（命令：ddedit），即打开闪烁的文字编辑符（同 Word），此模式下用户即可输入新的文字。

8.2.4　绘制墙线、门窗洞口和柱

1. 绘制墙线

（1）将当前图层设置为"墙体"。

（2）指定多线样式。选择菜单栏中的"格式"→

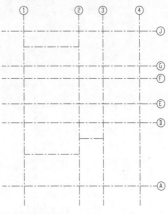

图 8-20　绘制定位轴线图

"多线样式"命令，打开"多线样式"对话框，如图 8-21 所示。单击"新建"按钮，打开"创建新的多线样式"对话框，输入新样式名"墙 1"，如图 8-22 所示。单击"继续"按钮，打开"新建多线样式：墙 1"对话框，在"封口"选项区的"直线"项后选中"起点"和"端点"复选框，如图 8-23 所示。单击"确定"按钮，回到"多线样式"对话框，在"样式"列表框中选择"墙 1"样式，如图 8-24 所示，单击"置为当前"按钮，再单击"确定"按钮，完成多线样式设置和指定。

图 8-21　"多线样式"对话框

图 8-22　"创建新的多线样式"对话框

图 8-23 "新建多线样式：墙 1"对话框

图 8-24 指定多线样式

（3）选择菜单栏中的"绘图"→"多线"命令，绘制墙线。根据墙体的分布布置情况，连续绘制墙线，命令行提示与操作如下。

```
命令：_mline
当前设置：对正 = 上，比例 = 20.00，样式 = STANDARD
指定起点或[对正(J)/比例(S)/样式(ST)]： s↙
输入多线比例〈20.00〉： 300↙(墙厚300mm)
当前设置：对正 = 上，比例 = 300.00，样式 = STANDARD
指定起点或[对正(J)/比例(S)/样式(ST)]： j↙
```

输入对正类型 [上(T)/无(Z)/下(B)] 〈上〉：z↙
指定起点或 [对正(J)/比例(S)/样式(ST)]：(指定轴线左上交点)(默认对正方式为多线中心)
指定下一点：(依次指定下一点)
指定下一点或 [放弃(U)]：↙(按 Enter 键结束绘制)

采用同样方法绘制其他多线，如图 8-25 所示。

（4）利用多线编辑工具对墙线进行细部修改。选择菜单栏中的"修改"→"对象"→"多线"命令，打开"多线编辑工具"对话框，如图 8-26 所示，分别选择不同的编辑方式和需要编辑的多线进行编辑，结果如图 8-27 所示。

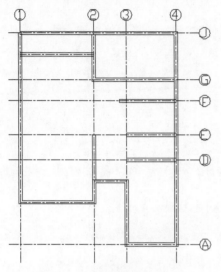

图 8-25　绘制墙线及柱的定位

图 8-26　"多线编辑工具"对话框

（5）单击"默认"选项卡"绘图"面板中的"直线"按钮／，将多余的轴线进行修剪，结果如图 8-28 所示。

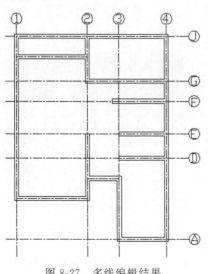

图 8-27　多线编辑结果

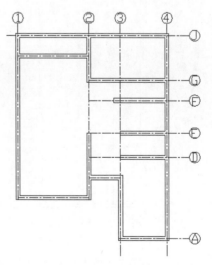

图 8-28　修剪轴线

（6）单击"默认"选项卡"修改"面板中的"分解"按钮🗗，将多线墙体线进行分解，命令行提示与操作如下。

```
命令：_explode
选择对象：（选择所有的图形对象）
```

这样，所有的多线对象被分解为线段，为后面的墙体修剪做准备。

2. 绘制门窗洞口

（1）单击"默认"选项卡"修改"面板中的"偏移"按钮⊆，将最左边墙线向右偏移1700，结果如图 8-29 所示。

（2）单击"默认"选项卡"修改"面板中的"延伸"按钮➔，将刚偏移的直线上端延伸到最上墙线，命令行提示与操作如下。

```
命令：_extend
当前设置：投影 = UCS, 边 = 无
选择边界的边…
选择对象或〈全部选择〉：（选择最上墙线）
选择对象：↙
选择要延伸的对象，或按住 Shift 键选择要修剪的对象，或[栏选(F)/窗交(C)/投影(P)/边(E)/
放弃(U)]：（选择刚偏移的直线）
选择要延伸的对象，或按住 Shift 键选择要修剪的对象，或[栏选(F)/窗交(C)/投影(P)/边(E)/
放弃(U)]：↙
```

结果如图 8-30 所示。

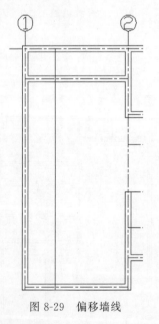

图 8-29　偏移墙线

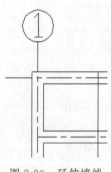

图 8-30　延伸墙线

（3）单击"默认"选项卡"修改"面板中的"偏移"按钮⊆，将刚延伸的直线向右偏移2400，结果如图 8-31 所示。

（4）单击"默认"选项卡"修改"面板中的"修剪"按钮，将墙线进行修剪，结果如图 8-32 所示。

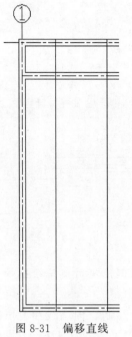

图 8-31　偏移直线

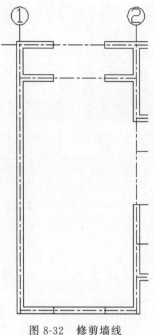

图 8-32　修剪墙线

（5）单击"默认"选项卡"修改"面板中的"偏移"按钮，将图 8-32 所示两竖直直线分别向外偏移 600，将最下墙线向外偏移 100，如图 8-33 所示。

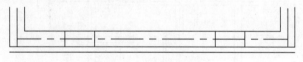

图 8-33　偏移直线

（6）单击"默认"选项卡"修改"面板中的"延伸"按钮，将图 8-33 中两竖直直线延伸到最下直线，如图 8-34 所示。

图 8-34　延伸直线

（7）单击"默认"选项卡"修改"面板中的"修剪"按钮，将相关图线进行修剪，如图 8-35 所示。

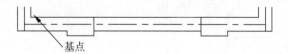

基点

图 8-35　修剪直线

（8）单击"默认"选项卡"绘图"面板中的"直线"按钮 ╱，绘制玻璃图线。命令行提示与操作如下。

```
命令：_line
指定第一点：from ↙
基点：〈偏移〉：(指定内墙线与左窗框线交点,如图 8-35 所示)
指定下一点或 [放弃(U)]：(向下移动鼠标指定直线下一点方向)100 ↙(100 表示直线的起点距
离基点 100mm)
指定下一点或 [放弃(U)]：(打开"正交"开关和"对象捕捉"开关,捕捉右窗框线上一点)
```

采用同样方法绘制另一条玻璃图线,如图 8-36 所示。

图 8-36　绘制玻璃图线

 小技巧：

采用上面讲述的"基点偏移"方法确定直线绘制起点有时能给绘图带来方便,请读者仔细体会。

（9）继续利用上面讲述的各种绘图和编辑命令绘制室内墙线和窗户以及门洞,具体尺寸参照图 8-37。绘制结果如图 8-38 所示。

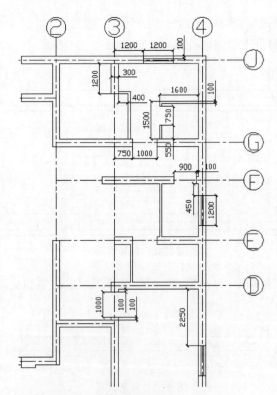

图 8-37　绘制室内墙线和窗户以及门洞

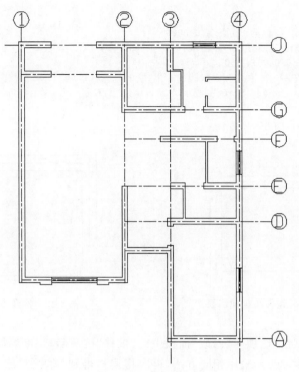

图 8-38 绘制结果

（10）单击"默认"选项卡"绘图"面板中的"直线"按钮／和"修改"面板中的"偏移"按钮⊑,绘制大门台阶,尺寸如图 8-39 所示。

（11）单击"默认"选项卡"绘图"面板中的"直线"按钮／、"修改"面板中的"偏移"按钮⊑和"修剪"按钮,绘制门洞和厕所窗户,尺寸如图 8-40 所示。

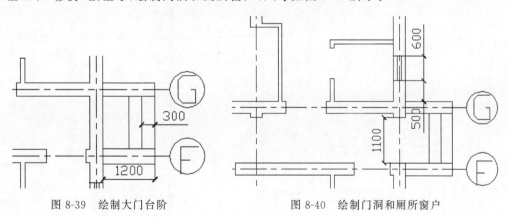

图 8-39 绘制大门台阶　　图 8-40 绘制门洞和厕所窗户

（12）单击"默认"选项卡"修改"面板中的"偏移"按钮⊑,将图 8-38 中所示的墙线向下偏移 2100,并单击"默认"选项卡"修改"面板中的"延伸"按钮,将其左边的墙线延伸,如图 8-41 所示。

（13）单击"默认"选项卡"修改"面板中的"圆角"按钮,将刚延伸的两直线进行圆角处理,命令行提示与操作如下。

命令：_fillet
当前设置：模式 = 修剪,半径 = 0.0000
选择第一个对象或 [放弃(U)/多段线(P)/半径(R)/修剪(T)/多个(M)]：R↙
指定圆角半径〈0.0000〉：150↙
选择第一个对象或 [放弃(U)/多段线(P)/半径(R)/修剪(T)/多个(M)]：(选择一条直线)
选择第二个对象,或按住 Shift 键选择对象以应用角点或[半径(R)]：(选择相交的一条直线)

结果如图 8-42 所示。

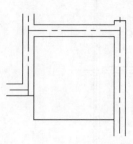

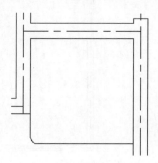

图 8-41　偏移和延伸墙线　　　　　　　　图 8-42　圆角处理

（14）单击"默认"选项卡"修改"面板中的"偏移"按钮⊆,将刚绘制的直线和对应的圆角同时向外偏移 300。采用相同方法,再次将偏移得到的图线向外偏移 300,并单击"默认"选项卡"修改"面板中的"修剪"按钮▼,进行修剪,结果如图 8-43 所示。

完成台阶面绘制的图形如图 8-44 所示。

（15）单击"默认"选项卡"修改"面板中的"偏移"按钮⊆,将最外墙线向外偏移 450,并单击"默认"选项卡"绘图"面板中的"直线"按钮／、"修改"面板中的"延伸"按钮➝和"修剪"按钮▼等绘制散水线,如图 8-45 所示。

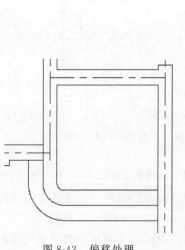

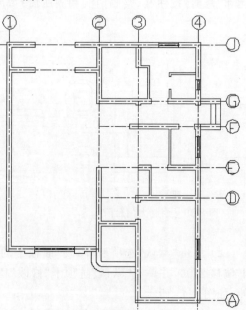

图 8-43　偏移处理　　　　　　　　　　图 8-44　绘制台阶面

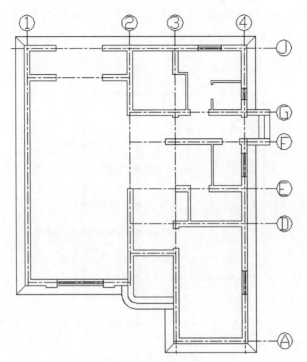

图 8-45 绘制散水线

3．绘制柱

（1）单击"默认"选项卡"绘图"面板中的"矩形"按钮□，绘制柱的截面，形成柱网。命令行提示与操作如下。

```
命令：_rectang
指定第一个角点或 [倒角(C)/标高(E)/圆角(F)/厚度(T)/宽度(W)]:(指定多线一个角点)
指定另一个角点或 [面积(A)/尺寸(D)/旋转(R)]: d(绘制矩形有多种模式,本处选用定尺寸绘制)
指定矩形的长度〈10.0000〉:300
指定矩形的宽度〈10.0000〉:300
指定另一个角点或 [面积(A)/尺寸(D)/旋转(R)]:
```

（2）单击"默认"选项卡"绘图"面板中的"图案填充"按钮圈，如图 8-46 所示选择 SOLID 图案，拾取刚绘制的矩形中的任意一点，进行柱截面填充。

图 8-46 "图案填充创建"选项卡

（3）单击"默认"选项卡"修改"面板中的"复制"按钮，将填充完的混凝土柱截面逐一"复制"到轴线相交的位置。绘制的平面图如图 8-47 所示。

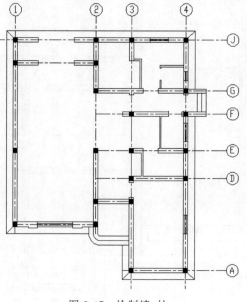

图 8-47　绘制墙、柱

8.2.5　室内布局

室内布局的主要工作是布置室内的家具和门窗，一般情况下可以通过调用已有的设计单元图块来快速完成。具体步骤如下。

（1）将当前图层设置为"建筑"，设置好颜色，线宽为 0.25b，此处取 0.18mm。

注意：建筑制图时，常会应用到一些标准图块，如卫具、桌椅等，此时用户可以从 AutoCAD 设计中心直接调用一些建筑图块。

（2）单击"视图"选项卡"选项板"面板中的"设计中心"按钮，系统打开"设计中心"对话框，如图 8-48 所示。

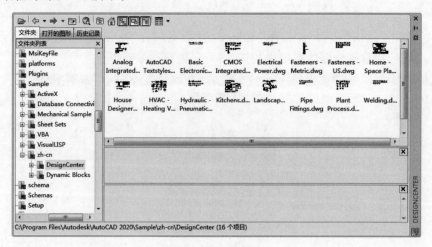

图 8-48　设计中心

（3）选中某个图块，按住鼠标不放，将选中的图块直接拖入 CAD 模型空间，再根据所需尺寸对其进行比例缩放（SCALE 按钮 ）即可。

或右击某图块，从弹出的快捷菜单中选择"插入块"命令，如图 8-49 所示，以插入块的形式，添加至模型空间，系统打开"插入"对话框，如图 8-50 所示。此时用户可根据窗口提示，进行相关参数的设置，如插入点、比例等。

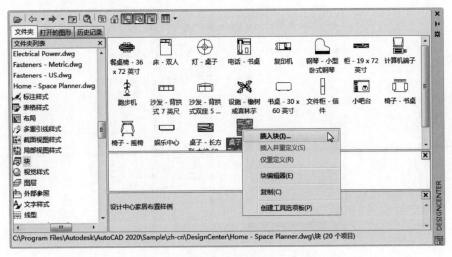

图 8-49　插入块

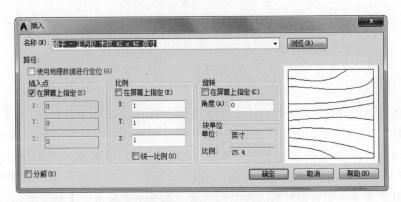

图 8-50　"插入"对话框

若在图 8-49 所示的快捷菜单中选择"块编辑器"命令，则 AutoCAD 会自动转入动态块编辑模式，此时用户即可根据需要，量身定制或修改模块。对于低版本的 AutoCAD，一般用户也可以利用"默认"选项卡"修改"面板中的"分解"按钮 将图块分解后再进行二次编辑。

小技巧：

通过设计中心，用户可以组织对图形、块、图案填充和其他图形内容的访问。可以将源图形中的任何内容拖动到当前图形中。可以将图形、块和填充拖动到工具选项板上。源图形可以位于用户的计算机上、网盘或网站上。另外，如果打开了多个图形，则可以通过设计中心在图形之间复制和粘贴其他内容（如图层定义、布局和文字样式）来

Note

简化绘图过程。AutoCAD 制图人员一定要利用好设计中心的优势。

　　绘制完基本建筑图样后，即需要对所绘图样进行大量的修改。关于墙线的编辑，以及室内基本家具设施平面的绘制均涉及大量的基本操作，本节不再赘述，请读者结合书中二维码提供的图块自行练习。修改完成即可形成如图 8-51 所示的一层建筑平面图。

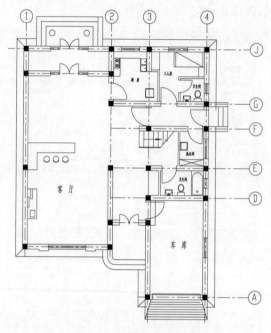

图 8-51　一层建筑平面图

 小技巧：

　　目前，国内对建筑 CAD 制图开发了多套适合我国规范的专业软件，如天正、广厦等。这些以 AutoCAD 为平台开发的 CAD 软件通常根据建筑制图的特点，对许多图形进行模块化、参数化，故使用这些专业软件大大提高了 CAD 制图的速度，而且 CAD 制图格式规范统一，减少了一些单靠 CAD 制图易出现的小错误，给制图人员带来了极大的方便，且节省了大量制图时间。感兴趣的读者也可试着使用一下相关软件。

8.2.6　绘制照明电气元件

　　前述的设计说明、图例中应画出各图例符号及其表征的电气元件名称，此处对图例符号的绘制作简要介绍。图层定义为"电气-照明"，设置好颜色，线条为中粗实线，设置线宽为 $0.5b$，此处取 $0.35\mathrm{mm}$。

　　📞 注意：在建筑平面图的相应位置，电气设备布置应满足生产生活功能、使用合理及施工方便，按国家标准图形符号画出全部的配电箱、灯具、开关、插座等电气配件。在配电箱旁应标出其编号及型号，必要时还应标注其进线。在照明灯具旁应用文字符号标出灯具的数量、型号、灯泡功率、安装高度、安装方式等。相关的电气标准中均提供了诸多电气元件的标准图例，读者应多学习，熟练掌握各电气元件的图例特征。

　　具体步骤如下。

1. 绘制单极暗装开关图例

（1）将当前图层设置为"电气-照明"。

（2）单击"默认"选项卡"绘图"面板中的"圆"按钮⊙，绘制半径为 250mm 的圆。

（3）单击"默认"选项卡"绘图"面板中的"直线"按钮╱，绘制水平长度 $L = 4r = 1000$mm 的直线段。

（4）单击"默认"选项卡"绘图"面板中的"直线"按钮╱，在水平直线段末端画 $L = 2r$ 的竖直线段。

☎ **注意**：正交模式下绘制定长度的直线，可直接输入线段的长度。

（5）右击"极轴追踪"按钮 ↻ ，从弹出的快捷菜单中选择"正在追踪设置"命令，打开"草图设置"对话框中的"极轴追踪"选项卡，设置 45°捕捉，在"增量角"下拉列表框中选择 45，如图 8-52 所示。

图 8-52 "极轴追踪"选项卡

（6）单击"默认"选项卡"修改"面板中的"旋转"按钮↻，将两直线段绕圆心逆时针旋转 45°即可。命令行提示与操作如下。

```
命令：_rotate
UCS 当前的正角方向：  ANGDIR = 逆时针   ANGBASE = 0
选择对象：(选择两条直线)
选择对象：(右击,结束对象选择)
指定基点：(指定旋转的中心点,即圆心,此时打开对象捕捉功能,捕捉圆心)
指定旋转角度,或 [复制(C)/参照(R)]〈315〉： 45(直接输入度数)
```

☎ **注意**：角度的旋转方向以逆时针为正！

（7）单击"默认"选项卡"绘图"面板中的"图案填充"按钮▨，选择 SOLID 填充图案，并选择圆作为填充对象(用户需明白选择填充范围时拾取点与选择对象的区别,灵活运用),将圆填充成为黑色实心圆。图例的整个绘制过程如图 8-53 所示。

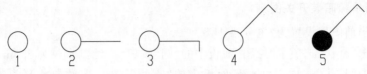

图 8-53　单级暗装开关绘制过程

2. 排气扇图例绘制

（1）单击"默认"选项卡"绘图"面板中的"圆"按钮⊙，绘制直径为 350mm 的圆。

（2）单击"默认"选项卡"绘图"面板中的"直线"按钮╱，绘制圆的竖直直径。

（3）单击"默认"选项卡"修改"面板中的"旋转"按钮⟳，将该直径绕圆心逆时针旋转 45°。

（4）单击"默认"选项卡"修改"面板中的"镜像"按钮◭，将该斜线以竖直方向为对称线进行镜像，得到另一条直径。命令行提示与操作如下。

```
命令：_mirror
选择对象：(右击,结束对象选择)
指定镜像线的第一点：(指定圆的上端点)
指定镜像线的第二点：(指定圆的下端点)
要删除源对象吗?[是(Y)/否(N)]〈否〉：n(不删除选中的源对象)
```

（5）打开"对象捕捉"按钮和"对象追踪"按钮来捕捉到圆心，绘制直径为 100mm 的同心圆。

📞 **注意**：也可使用"偏移"⧯命令获得同心圆。

（6）单击"默认"选项卡"修改"面板中的"修剪"按钮⊁，剪切掉较小同心圆内的直线，使其完全空心。命令行提示与操作如下。

```
命令：_trim
当前设置:投影 = UCS,边 = 延伸
选择剪切边...
选择对象或〈全部选择〉：　(选择小圆)
选择对象：(右击,结束对象选择)
选择要修剪的对象,或按住 Shift 键选择要延伸的对象,或[栏选(F)/窗交(C)/投影(P)/边(E)/删除(R)/放弃(U)]:(单击指定需要剪去的线段)
```

 小技巧：

以上各 AutoCAD 基本命令虽为基本操作,但若能灵活运用,掌握其诸多使用技巧,在实际制图时可以达到事半功倍的效果。

该图例的整个绘制过程如图 8-54 所示。

图 8-54　排气扇绘制过程

对其他图例读者可自行操作练习,基本操作方法如上所述。同时,在 AutoCAD 设计中心中也提供了一些标准电气元件图例,读者可自行尝试,并利用 AutoCAD 的帮助文档多加探索及学习。

通过"默认"选项卡"修改"面板中的"复制"按钮 、"移动"按钮 等基本命令,按设计意图,将灯具、开关、配电箱等电气元件的图例,一一对应复制到相应位置,灯具根据功能要求一般置于房间的中心位置,配电箱、开关、壁灯贴着门洞的墙壁设置,如图 8-55 所示。

☎ 注意:复制时,电气元件的平面定位可利用辅助线的方式进行,复制完成后再将辅助线删除即可。同时,在使用"复制"命令时一定要注意选择合适的基点,即基准点,以方便电器图例的准确定位。

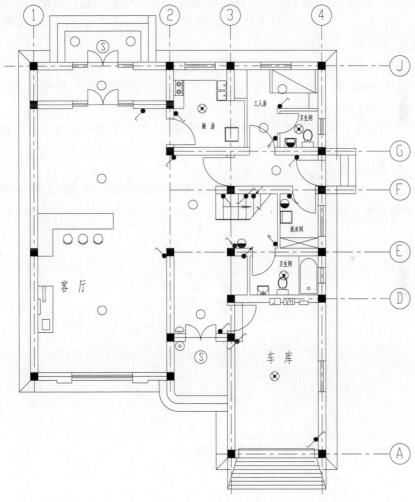

图 8-55　布置电气元件

8.2.7　绘制线路

将当前图层设置为"线路"。

Note

在图纸上绘制完配电箱和各种电气设备符号后，就可以绘制线路了（将各电气元件通过导线合理地连接起来）。下面介绍绘制线路的注意事项。

（1）在绘制线路前应按室内配线的敷线方式，规划出较为理想的线路布局。绘制线路时，应用中粗实线绘制干线、支线的位置及走向，连接好配电箱至各灯具、插座及所有用电设备和器具的连线以构成回路，并将开关至灯具的导线一并绘出。当灯具采用开关集中控制时，连接开关的线路应绘制在最近且较为合理的灯具位置处。最后，在单线条上画出细斜面用来表示线路的导线根数，并在线路的上侧或下侧，用文字符号标注出干/支线编号、导线型号及根数、截面、敷设部位和敷设方式等。当导线采用穿管敷设时，还要标明穿管的品种和管径。

（2）导线绘制可以单击"默认"选项卡"绘图"面板中的"多段线"按钮 ⊃ 或"直线"按钮 ／ 进行。采用"多段线"命令时，注意设置线宽 W。多段线是作为单个对象创建的相互连接的序列线段。可以创建直线段、弧线段或两者的组合线段。故编辑多段线时，多段线是一个整体，而不是各线段。

（3）右击"对象捕捉"按钮，打开"草图设置"对话框的"对象捕捉"选项卡，单击右侧的"全部选择"按钮即可选中所有的对象捕捉模式。当线路复杂时，为避免自动捕捉干扰制图，用户可仅选中其中的几项。捕捉开启的快捷键为 F9。

（4）线路的连接应遵循电气元件的控制原理，比如一个开关控制一只灯的线路连接方式与一个开关控制两盏灯的线路连接方式是不同的。读者应在学习电气专业课时掌握电气制图的相关电气知识或理论。

如图 8-56 所示即为线路绘制完毕后的图纸，读者可通过该线路图，分析各开关所控制的电器是否合理。

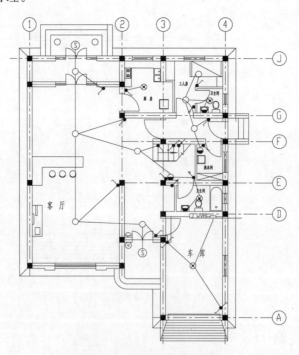

图 8-56　绘制电器连接导线

8.2.8 尺寸标注

1.将当前图层设置为"标注"

(1)单击"默认"选项卡"注释"面板中的"标注样式"按钮，打开"标注样式管理器"对话框，如图 8-57 所示。单击"修改"按钮，打开"修改标注样式"对话框，在该对话框中进行样式设置，如图 8-58 所示。

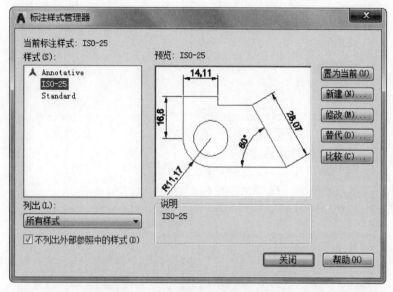

图 8-57 "标注样式管理器"对话框

(2)箭头的大小由制图比例确定，如图纸中需表现 2mm 大小的箭头，制图比例为 1：50，则箭头大小应设置为 $2 \times 50 = 100$mm。

2.利用线性标注

单击"默认"选项卡"注释"面板中的"线性"按钮，进行尺寸标注。命令行提示与操作如下。

```
命令：_dimlinear
指定第一个尺寸界线原点或〈选择对象〉：
指定第二条尺寸界线原点：
指定尺寸线位置或
[多行文字(M)/文字(T)/角度(A)/水平(H)/垂直(V)/旋转(R)]：
标注文字 = 6000
```

3.利用连续标注

单击"默认"选项卡"注释"面板中的"连续"按钮进行尺寸标注。命令行提示与操作如下。

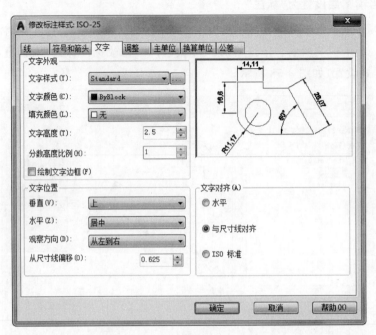

(a)

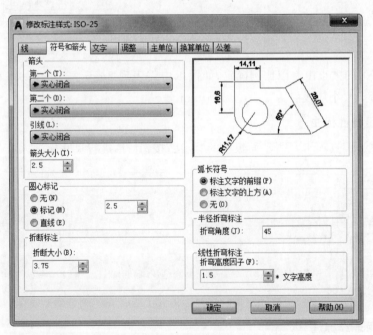

(b)

图 8-58　文字大小及符号箭头设置

命令：_dimcontinue
指定第二条尺寸界线原点或 [放弃(U)/选择(S)]〈选择〉:(按 Enter 键表示利用上一次标注的末点作为连续标注的起点,若需要指定任意标注的起点,则输入 S 进行选择)
标注文字 = 1800(要结束此命令,请按 Esc 键.或按两次 Enter 键)

 小技巧：

连续标注与线性标注的区别：连续标注只需在第一次标注时指定标注的起点,下次标注自动以上次标注的末点作为起点,因此连续标注时只需连续指定标注的末点。而线性标注需要每标注一次都要指定标注的起点及末点,其与连续标注相比效率较低。连续标注常用于建筑轴网的尺寸标注,一般连续标注前都先采用线性标注进行定位。

4. 指北针的绘制

指北针的图纸尺寸为 14mm 直径的圆,指针底部宽为 3mm,因此图为 1∶100 比例,故应在 AutoCAD 中画 1400mm 直径的圆,其步骤如下。

(1) 单击"默认"选项卡"绘图"面板中的"圆"按钮⊙,绘制直径为 1400mm 的圆;
(2) 单击"默认"选项卡"绘图"面板中的"直线"按钮╱,绘制指针的一边;
(3) 单击"默认"选项卡"修改"面板中的"镜像"按钮⚏,镜像指针的另一边;
(4) 单击"默认"选项卡"绘图"面板中的"图案填充"按钮▩,将指针涂黑;
(5) 单击"默认"选项卡"注释"面板中的"多行文字"按钮A,标注指向文字"北"。
绘制流程如图 8-59 所示。

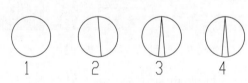

图 8-59　指北针绘制流程

 小技巧：

有时用户在将 AutoCAD 中的图形粘贴或插入 Word 或其他软件中时,发现圆变成了正多边形,图样变形了,此时,只要使用一下 VIEWRES 命令,将缩放比例设得大一些,即可改变图形质量。

命令：VIEWRES
是否需要快速缩放?[是(Y)/否(N)]〈Y〉:
输入圆的缩放百分比 (1 – 20000)〈1000〉: 5000
正在重生成模型。

VIEWRES 使用短矢量控制圆、圆弧、椭圆和样条曲线的外观。矢量数目越大,圆或圆弧的外观越平滑。例如,如果创建了一个很小的圆然后将其放大,它可能显示为一

Note

个多边形。使用 VIEWRES 命令增大缩放百分比并重生成图形,可以更新圆的外观并使其平滑。减小缩放百分比会有相反的效果。

上述操作也可通过如下方法实现:选择菜单栏中的"工具"→"选项"命令,打开"选项"对话框,切换到"显示"选项卡,在"显示精度"选项组中进行设置,如图 8-60 所示。

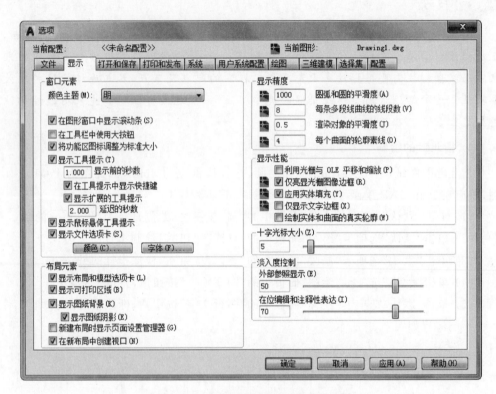

图 8-60 "选项"对话框的"显示"选项卡

(6)单击"默认"选项卡"修改"面板中的"移动"按钮✛,将指北针移动到图纸的右上角处。各文字及尺寸标注完成后,结果如图 8-61 所示。

(7)图 8-61 中 WL2 表示照明线路 2(数值表示编号);线路上的斜线加数值,表示导线的根数,如为 2,则导线根数为 2;灯具标注的横线上方 40 表示功率 40W,横线下方 2.3 表示安装高度,横线右侧 W 字母表示灯具为壁装。读者可根据前文所讲的电气工程图文字标注说明,进行电气工程图识图。

 小技巧:

用户可以将以上绘制的图例创建为块,即将图例以块为单位进行保存,并归类于每一个文件夹内,以后再次需要利用此图例制图时,只需插入该图块即可,同时还可以对块进行属性赋值。图块的使用可以大大提高制图效率。

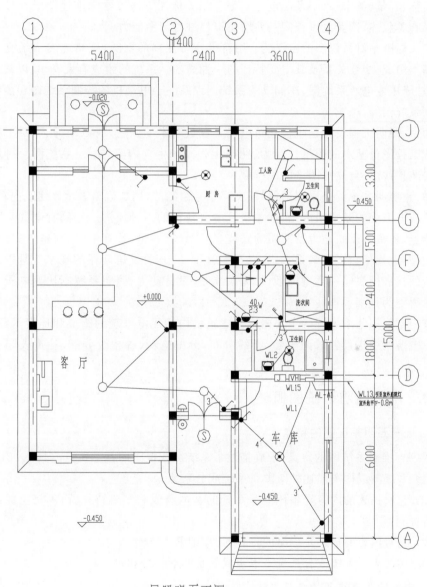

一层照明平面图

图 8-61　一层照明平面图

8.3　电气照明系统图基础

照明及动力系统图是用来表达照明及动力供配电的图纸,一般采用单线法绘制,图中应标出配电箱、开关、熔断器、导线和电缆的型号规格,保护管径与敷设方式,用电设备的名称、容量(额定指标)及配电方式等。相关标注方法可参见前述图形符号及文字符号等有关叙述,读者也可查阅一些图集资料进行阅图能力训练。

相关标准中对系统图的定义为:用符号或带注释的框图,概略地表示系统或分系统的基本组成、相互关系及其主要特征的一种简图。系统的组成有大有小,以某工厂为例,有总降压变电所系统图、车间动力系统图以及一台电动机的控制系统图和照明灯具的控制系统图等。

动力、照明工程设计是现代建筑电气工程最基本的内容,所以动力、照明工程图亦为电气工程图最基本的图纸。动力、照明工程图的主要内容包括:系统图、平面图、配电箱安装接线图等(注意图纸的编排顺序)。

动力、照明系统图是用图形符号、文字符号绘制的,用来概略表示该建筑内动力、照明系统或分系统的基本组成、相互关系及主要特征的一种简图。它具有电气系统图的基本特点,能集中反映动力及照明的安装容量、计算容量、计算电流、配电方式,导线或电缆的型号、规格、数量、敷设方式,以及穿管管径、开关及熔断器的规格型号等。它和变电所的接线图属同一类型图纸,均为系统图,只是动力、照明系统图比变电所主接线图表示得更为详细、清晰。

室内电气照明系统图的主要内容为建筑物内的配电系统的组成和连接示意图,主要表示电源的引进设置总配电箱、干线分布,分配电箱、各相线分配、计量表和控制开关等。

8.3.1　电气照明系统图概述

1. 电气照明系统图的特点

国家标准对系统图的定义,准确描述了系统图或框图的基本特点。具体如下:

(1)系统图或框图描述的对象是系统或分系统;

(2)它所描述的内容是系统或分系统的基本组成和主要特征,而不是全部组成和全部特征;

(3)它对内容的描述是概略的,而不是详细的;

(4)用来表示系统或分系统基本组成的是图形符号和带注释的框。

2. 电气照明系统图的表示方法

电气照明系统图的表示方法有两种。

1)多线表示法

多线表示法是每根导线在简图上都分别有一条线表示的方法。

一般用细实线表示导线,即一条图线代表一根导线,这种表示法表达清晰细微;其缺点是对于复杂的图样线条可能过于密集,而导致表达烦琐。这种表示方法一般用于控制原理图等。

2)单线表示法

单线表示法是指两根或两根以上的导线在简图上只用一条图线表示的方法。一般使用中粗实线来代表一束导线,这种表示方法比多线法简练,制图工作量较小,一般用于系统图的绘制等。

在同一图中,根据图样表达的需要,必要时也可以将单线表示法与多线表示法组合使用。

照明与动力系统图一般可按系统图表达的内容,由左及右绘制,大体遵循如图 8-62 所示的绘制顺序。

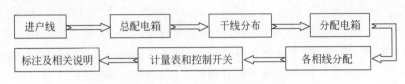

图 8-62　电气照明系统图绘制流程

3. 系统图或框图的功能意义

对于图样主要用带注释的框绘制的系统图,习惯上一般称其为框图。实际上,从表达内容上看,系统图与框图没有原则上的差异。

系统图或框图在电气图的整套图纸中占据重要的位置,阅读电气施工图首先也应从系统图起始。原因在于系统图往往是某一系统、某一装置、某一设备成套设计图纸中的第一张图纸,它从总体上描述电气系统或分系统,是系统或分系统设计的汇总,是依据系统或分系统功能依次分解的层次绘制的。有了系统图或框图,就为下一步编制更为详细的电气图或编制其他技术文件等提供了基本依据。根据系统图就可以从整体上确定该项电气工程的规模,进而可为设计其他电气图、编制其他技术文件,以及进行有关的电气计算、选择导线及开关等设备、拟定配电装置的布置和安装位置等提供依据,还可为电气工程的工程概预算、施工方案文件的编制提供基本依据。

另外,电气系统图还是电气工程施工操作、技术培训及技术维修不可缺少的图纸,因为只有首先通过阅读系统图,对系统或分系统的总体情况有所了解认识后,才能在有所依据的前提下,进行电气操作或维修等。如一个系统或分系统发生故障时,维修人员即可借助系统图初步确定故障产生部位,进而阅读电路图和接线图来确定故障的具体位置。

在绘制成套的电气图纸时,用系统图来描述对象,可对这类对象作适当划分,然后分别绘制详细的电气图,使得图样表达更为清晰简练、准确,同时还可以缩小图纸幅面,以利于保管、复制及缩微。

4. 系统图及框图的绘制方法

首先,系统图及框图的绘制必须遵守电气方面标准的有关规定,以及其他各国标或地方标准,个别地适当加以补充说明,应当尽量简化图纸、方便施工,既详细而又不琐碎地表示设计者的设计目的,图纸中各部分应主次分明,表达清晰、准确。

1）图形符号的使用

前述章节已介绍了许多电气工程制图中涉及的图形符号，另外，读者也可参考电气工程各相关规范标准等进行深入学习。绘制系统图或框图应采用《电气简图用图形符号》（GB 4728—2008）中规定的图形符号（包括方框符号），由于系统图或框图描述的对象层次较高，因此多数情况下都采用带注释的框。框内的注释可以是文字，可以是有关符号，也可以同时采用文字加符号。框的形式可以是实线框，也可以是点划框。有时也会用到一些表示元器件的图形符号，这些符号只是用来表示某一部分的功能，并非与实际的元器件一一对应。

2）层次划分

对于较复杂的电气工程系统图，可根据技术深度及系统图原理，进行适当的层次划分，由表及里地绘制电气工程图。为了更好地描述对象（系统、成套装置、分系统、设备）的基本组成及其相互之间的关系和各部分的主要特征，往往需要在系统图或框图上反映出对象的层次。通常，对于一个比较复杂的对象，往往可以用逐级分解的方法来划分层次，按不同的层次单独绘制系统图或者框图。较高层次的系统图主要反映对象的概况，较低层次的系统图可将对象表达得较为详细。

3）项目代号标注

项目代号的有关知识，前述章节也有所涉及，读者也可查阅相关资料，多加补充了解。系统图或框图中表示系统基本组成的各个框原则上均应标注项目代号，因为系统图、框图和电路图、接线图是前后呼应的，标注项目代号为图纸的相互查找提供了方便。通常在较高层次的系统图上标注高层代号，在较低层次的系统图上一般只标注种类代号。通过标注项目代号，使图上的项目与实物之间建立起一一对应关系，并反映出项目的层次关系和从属关系。若不需要标注时，也可不标注。由于系统图或框图不具体表示项目的实际连接和安装位置，所以一般标注端子代号和位置代号。项目代号的构成、含义和标注方法可参见前述章节。

4）布局

系统图和框图通常习惯采用功能布局法，必要时还可以加注位置信息。框图的布局应合理，使材料、能量和控制信息流向表达清楚。

5）连接线

在系统图和框图上，采用连接线来反映各部分之间的功能关系。连接线的线型有细实线和粗实线之分。一般电路连接线采用与图中图形符号相同的细实线，必要时，可将表示电源电路和主信号电路的连接线用粗实线表示。反映非电过程流向的连接线也采用比较明显的粗实线。

连接线一般绘到线框为止，当框内采用符号作注释时应穿越框线进入框内，此时被穿越的框线应采用点划线。在连接上可以标注各种必要的注释，如信号名称、电平、频率、波形等。在输入与输出的连接线上，必要时可标注功能及去向。连接线上箭头的表示一般是用开口箭头表示电信号流向，实心箭头表示非电过程和信息的流向。

5．室内电气照明系统图的主要内容

室内电气照明系统图描述的主要内容为其建筑物内的配电系统的组成和连接示意图，主要表示对象为电源的引进设置总配电箱、干线分布，分配电箱、各相线分配、计量表和控制开关等。

6．照明和动力系统图常识

配电系统图的设计应根据具体的工程规模、负荷性质、用电容量来进行。低压配电系统一般采用 380/220V 中性点直接接地系统，照明和动力回路宜分开设置。单相用电设备应均匀地分配到三相线路中，对 Y/Y0 接线的三相变压器，由单相负荷不平衡引起的中性线电流不得超过低压绕组额定电流的 25％。其任一相电流在满载时不得超过额定电流值。

8.3.2 室内照明供电系统的组成

室内照明供电系统一般由以下 4 部分组成。

1．接户线和进户线

从室外的低压架空供电线路的电线杆上引至建筑物外墙的支架，这段线路称为接户线，它是室外供电线路的一部分；从外墙支架到室内配电盘，这段线路称为进户线。进户点的位置就是建筑照明供电电源的引入点。进户位置距低压架空电杆应尽可能近一些，一般从建筑物的背面或侧面进户。多层建筑物采用架空线引入电源，一般由二层进户。

2．配电箱

配电箱是接受和分配电能的装置。在配电箱中，一般装有空气开关、断路器、计量表、电源指示灯等。

3．干线

从总配电箱引至分配电箱的一段供电线路称为干线。干线的布置方式有放射式、树干式和混合式。

4．支线

从分配电箱引至电灯等照明设备的一段供电线路称为支线，也称为回路。

一般建筑物的照明供电线路主要由进户线、总配电箱、计量箱、配电箱、配电线路以及开关插座、电气设备等用电器组成。

8.3.3 常用动力配电系统分类

1．放射式配电系统

图 8-63 所示即为放射式配电系统。此类型的配电系统可靠性较高，配电线路故障互不影响，配电设备集中，检修比较方便；缺点是系统灵活性较差，线路投资较大。一般适用于容量大、负荷集中或重要的用电设备，或集中控制设备。

2．树干式配电系统

图 8-64 所示即为树干式配电系统。该类型配电系统线路投资较少，系统灵活；缺点是配电干线

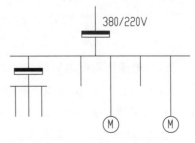

图 8-63 放射式配电系统

发生故障时影响范围大。一般适用于用电设备布置较均匀、容量不大,又没有特殊要求的配电系统。

3. 链式配电系统

图 8-65 所示即为链式配电系统。该类型配电系统的特点与树干式相似,适用于与配电屏距离较远,而彼此相距较近的小容量用电设备,链接的设备一般不超过三台或四台,容量不大于 10kW,其中一台不超过 5kW。

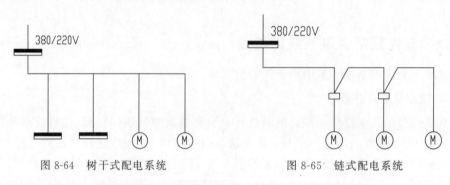

图 8-64 树干式配电系统　　　　图 8-65 链式配电系统

动力系统图一般采用单线绘制,但有时也用多线绘制。

8.3.4　常用照明配电系统图分类

照明配电系统常用的有三相四线制、三相五线制和单相两线制,一般都采用单线图绘制。根据照明类别的不同可分为以下几种类型。

1. 单电源照明配电系统

如图 8-66 所示,此种配电系统照明线路与电力线路在母线上分开供电,事故照明线路与正常照明线路分开。

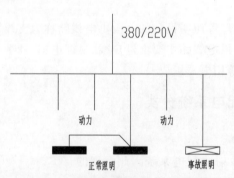

图 8-66　单电源照明配电系统示意图

2. 双电源照明配电系统

如图 8-67 所示,该系统中两段供电干线间设联络开关,当一路电源发生故障停电时,通过联络开关接到另一段干线上,事故照明由两段干线交叉供电。

3. 多高层建筑照明配电系统

(1) 如图 8-68 所示,在多高层建筑物内,一般可采用干线式供电,每层均设控制

Note

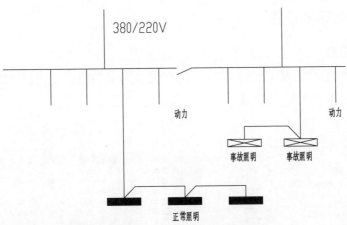

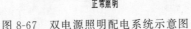

图 8-67 双电源照明配电系统示意图

箱,总配电箱设在底层(设备层)。

(2)照明配电系统的设计应根据照明类别,结合供电方式统一考虑,一般照明分支线采用单相供电,照明干线采用三相五线制,并尽量保证配电系统的三相电稳定。

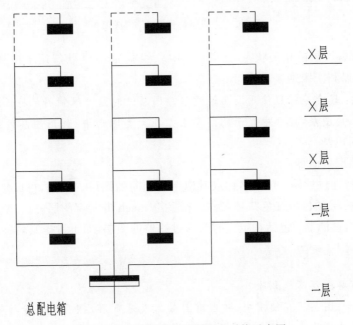

图 8-68 多高层建筑照明配电系统示意图

8.4 独立别墅照明系统图设计实例

8-2

 设计思路

本例仍以前面讲述的某私人别墅设计为例,说明其照明系统图的基本绘制过程。

8.4.1 绘图环境设置

1. 图层设置

（1）单击"默认"选项卡"图层"面板中的"图层特性"按钮 ，打开"图层特性管理器"选项板，如图 8-69 所示，完成如下图层设置。

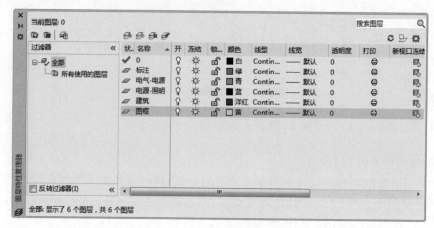

图 8-69 "图层特性管理器"选项板

（2）设置各图层的相关状态，如颜色、线型、线宽等，这些状态用于控制不同图层上相应的图样，以利于区别显示。

📞注意：读者应练习使用图层过滤器。图层过滤器可限制图层特性管理器和"图层"工具栏上的"图层"控件中显示的图层名。在大型图形中，利用图层过滤器，可以仅显示要处理的图层。

有两种图层过滤器。

① 图层特性过滤器：包括名称或其他特性相同的图层。例如，可以定义一个过滤器，其中包括图层颜色为红色并且名称包括字符 mech 的所有图层。

② 图层组过滤器：包括在定义时放入过滤器的图层，而不考虑其名称或特性。

小技巧：

为什么有些图层不能删除？

若欲删除的图层正在使用中（即当前图层），或是 0 层、拥有对象等特殊图层，那么这些图层是不能删除的。若要删除当前层，应把它切换到非当前层，即把其他层置为当前层，然后再删除该层。

如何删除顽固图层？

当要删除的图层可能含有对象，或是自动生成的块之类的东西，可试着冻结所要的图层，然后执行清理命令。清理命令的执行方式为：选择菜单栏中的"文件"→"图形实用工具"→"清理"命令，如图 8-70 所示。

2. 绘制图框

图框仍采用前述的 A4 标准图框，其绘制可参考前面章节，系统图的绘制采用单线

Note

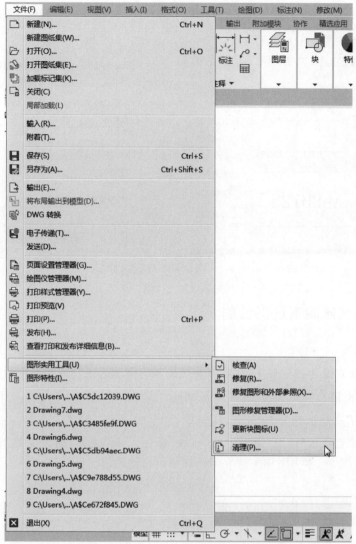

图 8-70　清理

法表示，不需要平面位置定位，故不要求比例的概念，只需根据工程规模，清晰、准确地表达设计内容就可以。此处根据前面图幅，仍然采用照明平面图 1：100 的比例。

　　用户也可以直接从其他已绘制完成的电子图中复制、粘贴图框至新建图纸中，另外也可以从 CAD 设计中心中插入图框块。

3. 文字样式设置

　　单击"默认"选项卡"注释"面板中的"文字样式"按钮，打开"文字样式"对话框，如图 8-71 所示。

　　新建样式名为"系统图样式"。选中"使用大字体"复选框，并进行如下字体组合：txt. shx＋hztxt. shx。

4. 标注样式

　　由于系统图不涉及平面尺寸的标注，故不设置标注样式。

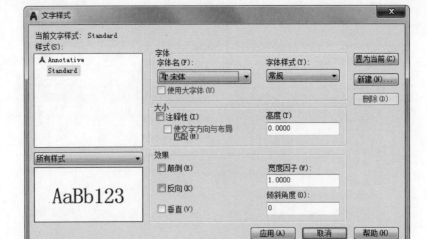

图 8-71　"文字样式"对话框

8.4.2　电气照明系统图绘制

1．进户线

由于此处别墅为独立住宅，故电气系统图较为简单。进户线由变电所设计确定。

2．总配电箱

总配电箱绘制如图 8-72 所示，注意应在"电气-电源"图层下绘制。该图的绘制主要利用"默认"选项卡"绘图"面板中的"直线"按钮／及"注释"面板中的"单行文字"按钮 **A** 完成，较简单，本书不作细节介绍。用户可自己练习。

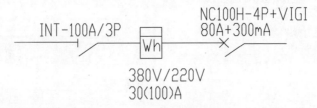

图 8-72　总配电箱绘制图

配电箱所标注的文字说明如下。

（1）INT-100A/3P 表示隔离开关型号，即 INT 系列，可带负荷分断和接通线路，提供隔离保护功能开关的极数为 3 极，额定电流为 100A。

（2）电度表 Wh 380V/220V 30(100)A：表示电度表参比电压为 380/220V，基本电流为 30(100)A。

（3）NC100H-4P＋VIGI 80A＋300mA 表示断路器型号，即 NC 系列，VIGI 表示漏电保护断路器，开关极数为 4 极，额定电流分别为 80A、300mA。

（4）配电箱 $\dfrac{AL-A1}{35kW}$，AL 表示照明配电箱，A1 为其编号，其额定功率为 35kW。

相关文字符号的应用可参见前述相关章节。

另外，由于电气图形符号的辅助文字标注格式基本上是统一的，标注时可制作带属性的图块，然后只需插入相应图块，更改相应属性值应可，读者可以试一试。其方法类似于前述章节的建筑图中"圆圈轴号"的绘制方法。

3. 干线

干线指总配电箱至各用户配电箱之间的线路。本例中，因为是独立别墅，没有再设置分用户配电箱。若有用户配电箱，只需从总配电箱引出线路（单线表示）至各用户配电箱以形成连接即可。

其绘制使用"直线"命令或"多线"命令。此处不作细节描述。

4. 分配电箱

各用户的配电箱本例中不涉及，其画法与总配电箱类似，应标注相关电气设备的型号、规格等。此处不再赘述。

5. 各相线分配

对各回路主要是设计该回路的开关、灯具、插座、线路等，并标注其编号、型号、规格等。如图 8-73 所示为某回路标注示例。

图 8-73 各相线分配

文字标注解释如下。

（1）断路器：DPN＋VIGI 表示带漏电保护器的型号为 DPN 的断路器，额定电流分别为 16A 与 30mA。

（2）线路标注：L2 表示编号为 2 的干线，WL4-BV-3×3.5-PC20CC，其中 WL4 表示第 4 条照明线路，BV 表示聚氯乙烯铜芯线，3×2.5 表示 3 根 $2.5mm^3$ 的导线，PC20CC 表示采用直径为 20mm 的硬塑料管穿线，沿柱暗敷。

线路的标注一般采用"默认"选项卡"注释"面板中的"单行文字"按钮 $\mathbf{A}$ 完成，标注时注意选择好文字样式及字体高度等。

另外，对于各线路文字标注的含义读者应多加理解记忆，对于常见的标注方式应非常熟悉，这也是制图与识图必备的一些能力。

 小技巧：

在实际设计中，虽然组成图块的各对象都有自己的图层、颜色、线型和线宽等特性，但插入到图形中，图块各对象原有的这些特性常常发生变化。图块组成对象图层、颜色、线型和线宽的变化，涉及到图层特性（包括图层设置和图层状态）。图层设置是指在图层特性管理器中对图层的颜色、图层的线型和图层的线宽的设置。图层状态是指图层的打开与关闭状态、图层的解冻与冻结状态、图层的解锁与锁定状态和图层的可打印与不可打印状态等。

用户首先应该学会 Bylayer（随层）与 Byblock（随块）的应用，如图 8-74 所示。两者

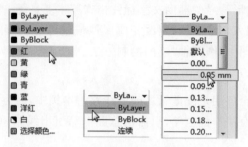

图 8-74　特性的随层与随块

的运用涉及到图块组成对象图层的继承性与图块组成对象颜色、线型和线宽的继承性。

Bylayer 设置就是在绘图时把当前颜色、当前线型或当前线宽设置为 Bylayer。如果当前颜色(当前线型或当前线宽)使用 Bylayer 设置,则所绘对象的颜色(线型或线宽)与所在图层的图层颜色(图层线型或图层线宽)一致,所以 Bylayer 设置也称为随层设置。

Byblock 设置就是在绘图时把当前颜色、当前线型或当前线宽设置为 Byblock。如果当前颜色使用 Byblock 设置,则所绘对象的颜色为白色(White);如果当前线型使用 Byblock 设置,则所绘对象的线型为实线(Continuous);如果当前线宽使用 Byblock 设置,则所绘对象的线宽为默认线宽(Default),一般默认线宽为 0.25mm,默认线宽也可以重新设置。Byblock 设置也称为随块设置。

"图块"还有内部图块与外部图块之分。内部图块是在一个文件内定义的图块,可以在该文件内部自由作用,内部图块一旦被定义,它就和文件同时被存储和打开。外部图块将"块"以主文件的形式写入磁盘,其他图形文件也可以使用它,要注意这是外部图块和内部图块的一个重要区别。

绘制某条相线的回路,包括断路器、线路标注及文字说明等,可直接利用"默认"选项卡"修改"面板中的"复制"按钮⭕或"矩形阵列"按钮⊞进行等间距复制。最后,按各回路的设计要求修改各文字的标注,修改标注时,只需双击标注文字,就会发现文字出现背景色以及闪烁的文字编辑符,此时即可对所注文字进行修改。

6. 相关文字标注说明

(1) 当前图层设置为"标注"。标注采用多行文字输入(注意特殊符号的应用)。

(2) 对配电系统的需要系数进行说明。需要系数是指同时系数和负荷系数的乘积。同时系数体现了电气设备同时使用的程度,负荷系数体现了设备带负荷的程度。需要系数是小于 1 的数值,用 K_x 来表示,它与电力系统、设备数目及设备效率有关。

各参数的含义如下:

P_e＝35kW,表示设备容量;

K_x＝0.9,表示需要系数;

P_{js}＝31.5kW,表示有功功率计算负荷;

$\cos\phi$＝0.9,表示负荷的平均功率因数;

I_{js}＝53.2A,表示计算电流。

(3) 各项完成后,利用"默认"选项卡"修改"面板中的"复制"按钮⭕或"矩形阵列"

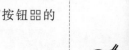

按钮器进行类似图线的重复绘制,并适当修改,即可得到最终的系统图,如图 8-75 所示。由图可见,对"默认"选项卡"修改"面板中的"复制"按钮品或"矩形阵列"按钮器的合理运用极大地提高了 AutoCAD 的制图效率。

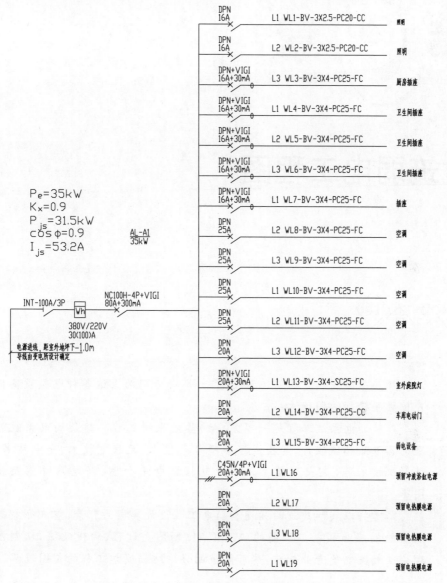

图 8-75 照明系统图

第**9**章

建筑弱电工程图

本　章　导　读

　　插座平面图属于照明工程图的一种,是专门为表达各种电气设备插座位置而绘制的图纸。

　　建筑弱电系统工程是一项复杂的集成系统工程。建筑弱电系统涉及的各专业领域较广,其集成了多项电气技术、无线电技术、光电技术、计算机技术等,庞大而复杂。图纸包括弱电平面图、弱电系统图及框图等。

　　本章将以实际建筑的插座和弱电工程设计实例为背景,重点介绍某别墅的插座和弱电工程图的 AutoCAD 制图全过程,由浅及深,从制图理论至相关电气专业知识,尽可能全面详细地描述该工程的制图流程。

学　习　要　点

◆ 插座平面图基础
◆ 某别墅插座平面图绘制实例
◆ 某别墅弱电电气工程图绘制实例

9.1　插座平面图基础

一般建筑电气工程照明平面图应表达出插座等（非照明电器）电气设备，但有时可能因工程庞大，电气设备布置得很复杂，为求建筑照明平面图表达清晰，可将插座等一些电气设备归类，单独绘制（根据图纸深度，分类、分层次）。

插座平面图主要应表达的内容为：插座的平面布置、线路、插座的文字标注（种类、型号等）、管线等。

插座平面图的一般绘制步骤（基本同照明平面图的绘制）如下。

（1）画房屋平面（包括外墙、门窗、房间、楼梯等）。

电气工程 CAD 制图中，对于新建结构常由建筑专业提供建筑图，对于改建改造建筑则需进行建筑图绘制。

（2）画配电箱、开关及电力设备。

（3）画各种插座等。

（4）画进户线及各电气设备的连接线。

（5）对线路、设备等附加文字标注。

（6）附加必要的文字说明。

9.2　某别墅插座平面图绘制实例

9-1

🖐 **设计思路**

本例仍以前面讲述的某私人别墅设计为例，介绍其插座平面图的绘制基本过程。

9.2.1　绘图环境设置

1. 图纸图框

图框仍采用前述的 A4 标准图框，其绘制过程可参考前面章节，比例同照明平面图，为 1∶100。由于插座平面图只是照明平面图中的子部分，故其绘制过程基本上与电气照明平面图相同。

初学者可在此处练习基本绘图命令，如直线、多线、矩形、快捷命令以及状态控制按钮的"开"与"关"。

有一定 AutoCAD 应用基础的读者，可在此处练习一下有关 CAD 制图中 DWT 模板文件的制作及调用过程，从 DWT 文件的创建，到直接利用 DWT 模板文件，练习并熟悉其保存及新建图纸的过程，以提高 CAD 制图速度。

2. 图层设置

其图层设置同前述照明平面图设置过程，如图 9-1 所示。

Note

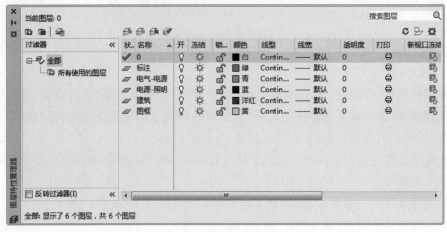

图 9-1　图层设置

 小技巧：

初学者务必首先学会图层的灵活运用。图层分类合理，则图样的修改很方便，在改一个图层的时候可以把其他的图层都关闭。把不同图层设为不同颜色，这样不会画错图层。要灵活使用冻结和关闭命令。

3. 文字样式

此处文字样式设置可参考前述章节。

☎ 注意：（1）如果改变现有文字样式的方向或字体文件，当图形重生成时所有具有该样式的文字对象都将使用新值。

（2）在 AutoCAD 提供的 TrueType 字体中，大写字母可能不能正确反映指定的文字高度。

只有在"字体名"文本框中指定 SHX 文件，才能使用大字体。只有 SHX 文件可以创建大字体。

（3）读者应掌握字体文件的加载方法，以及对乱码现象的解决方法。

 小技巧：

进行图样尺寸及文字标注时，一个好的制图习惯是首先设置完成文字样式，即先准备好写字的字体。

4. 标注样式

此处标注样式设置可参考前述章节。

 小技巧：

可利用 DWT 模板文件创建某专业 CAD 制图的统一文字及标注样式，以便下次制图直接调用，而不必重复设置样式。用户也可以从 CAD 设计中心查找所需的标注样式，直接导入新建的图纸中，即完成了对其的调用。

9.2.2　插座平面图绘制

建筑图的绘制涉及多项 AutoCAD 基本操作命令,读者应多加练习,即可熟能生巧。注意把建筑图置为"建筑"图层内。

本节直接利用上章已经绘制好的建筑图进行操作。

1. 插座与开关图例绘制

插座与开关都是照明电气系统中的常用设备。插座有单相与三相之分,其安装方式分为明装与暗装。若不加说明,明装式一律距地面 1.8m,暗装式一律距地面 0.3m。开关分扳把开关、按钮开关、拉线开关。扳把开关分单连和多连,若不加说明,安装高度一律距地面 1.4m;拉线式开关分普通式和防水式,安装高度或距地 3m,或距顶 0.3m。各种类型插座与开关如图 9-2 所示。

插　　座						开　　关			
明　　装			暗　　装			拉 线 式		扳 把 式	
单　相		三相	单　相		三相				
普通	有地线	有地线	普通	有地线	有地线	普通	防水	单连	多连
⌒	⌒	⌒	⬤	⬤	⬤	⌒	●	●	●

图 9-2　各种插座与开关图例

以暗装三相有地线插座为例,其 AutoCAD 制图步骤如下:

(1) 单击"默认"选项卡"绘图"面板中的"圆"按钮⊙,绘制直径 350mm 的圆(制图比例为 1:100,A4 图纸上实际尺寸为 3.5mm);

(2) 单击"默认"选项卡"绘图"面板中的"直线"按钮╱,绘制直径;

(3) 单击"默认"选项卡"修改"面板中的"修剪"按钮┅,剪去下半圆;

(4) 单击"默认"选项卡"绘图"面板中的"直线"按钮╱,绘制表示连接线的短线;

(5) 单击"默认"选项卡"修改"面板中的"镜像"按钮⚠,以半圆竖直半径作为镜像线得到左边的短线;

(6) 单击"默认"选项卡"绘图"面板中的"图案填充"按钮▦,选择 SOLID 图案,将半圆填充为阴影。

图 9-3 所示即为其绘制的全过程。

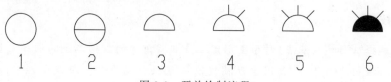

图 9-3　开关绘制流程

对于各种图例,可以统一制作成标准图块,统一归类管理,使用时直接调用,从而大大提高了制图效率。也可利用 DWT 模板文件,在 0 层绘制常用图块,方便使用。还可

Note

以灵活利用 CAD 设计中心，其库中预制了许多各专业的标准设计单元，这些设计中对标注样式、表格样式、布局、块、图层、外部参照、文字样式、线型等都作了专业的标准绘制，用户可通过设计中心来直接调用。调用的快捷键为 Ctrl＋2。

重复利用和共享图形内容是有效管理 AutoCAD 电子制图的基础。使用 AutoCAD 设计中心可以管理块参照、外部参照、光栅图像以及来自其他源文件或应用程序的内容。不仅如此，如果同时打开多个图形，还可以在图形之间复制和粘贴内容（如图层定义）来简化绘图过程。

在内容区域中，通过拖动、双击或右击，并从弹出的快捷菜单中选择"插入块"或"复制"命令，可以在图形中插入块、填充图案或附着外部参照。可以通过拖动或右击向图形中添加其他内容（例如图层、标注样式和布局）。可以从设计中心将块和填充图案拖动到工具选项板中，如图 9-4 所示。

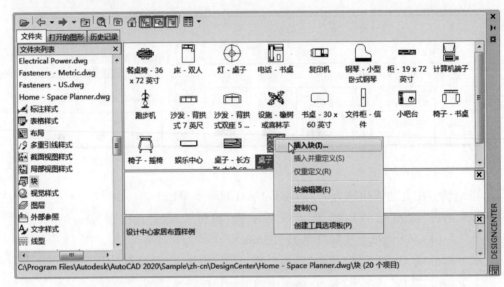

图 9-4　设计中心模块

2. 图形符号的平面定位布置

将当前图层指定为"电源-照明（插座）"图层。

通过"默认"选项卡"修改"面板中的"复制"按钮等，按设计意图，将绘制好的图例（如插座、配电箱等）一一对应复制到相应位置，插座的定位与房间的使用要求有关，配电箱、插座等贴着门洞的墙壁设置，如图 9-5 所示。

 小技巧：

正确选择"复制"的基点，对于图形定位是非常重要的。第二点的选择定位，用户可打开捕捉及极轴状态开关，利用自动捕捉有关点来自动进行。节点是在 AutoCAD 中常用来做定位、标注以及移动、复制等复杂操作的关键点，节点有效捕捉很关键。

在实际应用中有时会发现，我们选择了稍微复杂一点的图形并不出现节点，给图形操作带来了一点麻烦。解决这个问题有个小窍门：当选择的图形不出现节点的时候，使用复制的快捷键 Ctrl＋C,节点就会在选择的图形中显示出来。

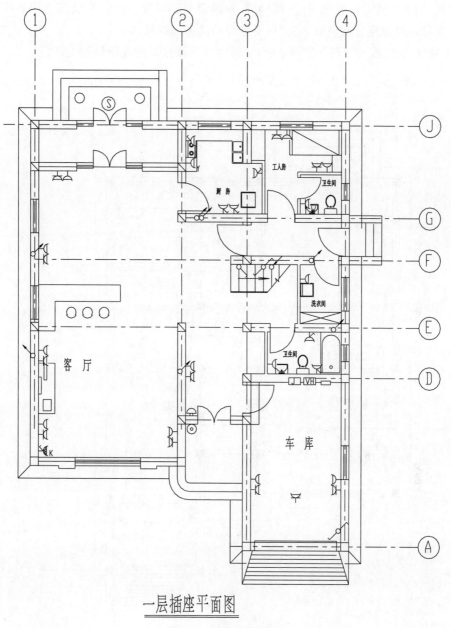

一层插座平面图

图 9-5 一层插座布置

3．绘制线路

（1）将当前图层设置为"线路"。

（2）在图纸上绘制完配电箱和各种电气设备符号后,就可以绘制线路了,线路的连接应该符合电气工程原理并充分考虑设计意图。在绘制线路前应按室内配线的敷线方式,规划出较为理想的线路布局。绘制线路时应用中粗实线绘制干线、支线的位置及走向,连接好配电箱至各灯具、插座及所有用电设备和器具的构成回路,并将开关至灯具的连线一并绘出。在单线条上画出细斜面用来表示线路的导线根数,并在线路的上侧或下侧,用文字符号标注出干/支线编号、导线型号及根数、截面、敷设部位和敷设方式等。当导线采用穿管敷设时,还要标明穿管的品种和管径。

(3)绘制完成的线路如图 9-6 所示,读者可识读该图的线路控制关系。

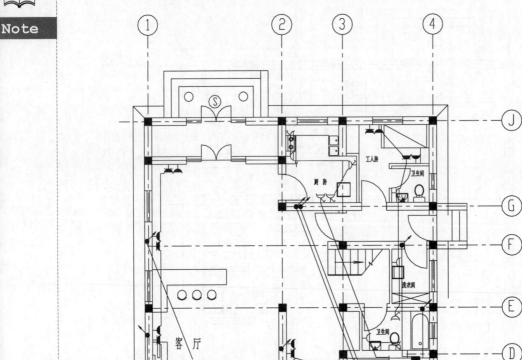

一层插座平面图

图 9-6 一层插座平面布置图

 小技巧:

AutoCAD 将操作环境和某些命令的值存储在系统变量中。可以通过直接在命令提示下输入系统变量名来检查任意系统变量和修改任意可写的系统变量,也可以使用SETVAR 命令或 AutoLISP® getvar 和 setvar 函数来实现。许多系统变量还可以通过对话框选项访问。要访问系统变量列表,应在"帮助"窗口的"目录"选项卡上,单击"系统变量"旁边的"＋"号。

用户应对 AutoCAD 某些系统变量的设置意义有所了解，CAD 的某些特殊功能往往需要修改系统变量来实现。AutoCAD 中共有上百个系统变量，通过改变其数值，可以提高制图效率。

4. 标注、附加说明

（1）将当前图层设置为"标注"图层。

（2）文字标注的代码符号前文已经讲述，读者可自行学习。尺寸标注也已经讲述，用户应熟悉标注样式设置的各环节。

注意：电气工程制图中可能会涉及诸多特殊符号，特殊符号的输入在单行文本输入与多行文本输入状态下有很大不同，对于字体文件的选择也特别重要。多行文字中插入符号或特殊字符的步骤如下。

（1）双击多行文字对象，打开"文字编辑器"选项卡。

（2）单击"插入"面板中的 @符号 按钮，如图 9-7 所示。

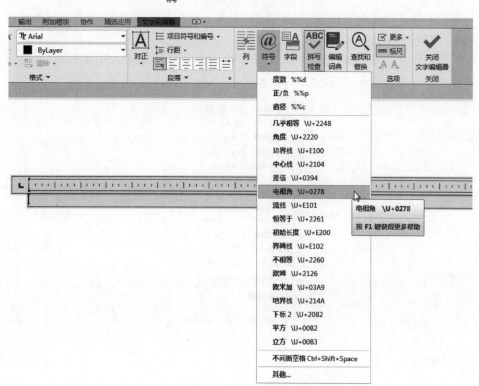

图 9-7　"插入"面板中的"符号"命令按钮

（3）单击符号列表上的某符号，或选择"其他"命令，打开"字符映射表"对话框，如图 9-8 所示。在"字符映射表"对话框中，选择一种字体，然后选择一种字符，并使用以下方法之一：

① 要插入单个字符，应将选定字符拖动到编辑器中。

② 要插入多个字符，则单击"选择"按钮，将所需字符都添加到"复制字符"文本框

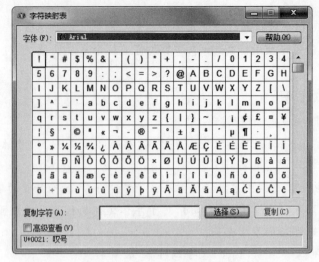

图 9-8 "字符映射表"对话框

中。选择了所有所需的字符后,单击"复制"按钮。在编辑器中右击,从弹出的快捷菜单中选择"粘贴"命令。

关于特殊符号的运用,用户可以适当记住一些常用符号的 ASCII 代码,同时也可以试着从软键盘中输入,即右击输入法工具条,选择相关字符,如图 9-9 所示。

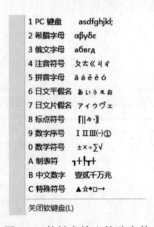

图 9-9 软键盘输入特殊字符

 小技巧:

在使用 AutoCAD 时,中、西文字高不等的问题一直困扰着设计人员,并影响图面质量和美观,若分成几段文字编辑又比较麻烦。通过对 AutoCAD 字体文件的修改,使中、西文字体协调,扩展了字体功能,并提供了对于道路、桥梁、建筑等专业有用的特殊字符,提供了上、下标文字及部分希腊字母的输入。此问题可通过选用大字体,调整字体组合来解决,如 gbenor. shx 与 gbcbig. shx 组合,即可得到中英文字高一样的文本。用户也可根据各专业需要,自行调整字体组合。

图 9-10 所示为完成标注后的插座平面图。

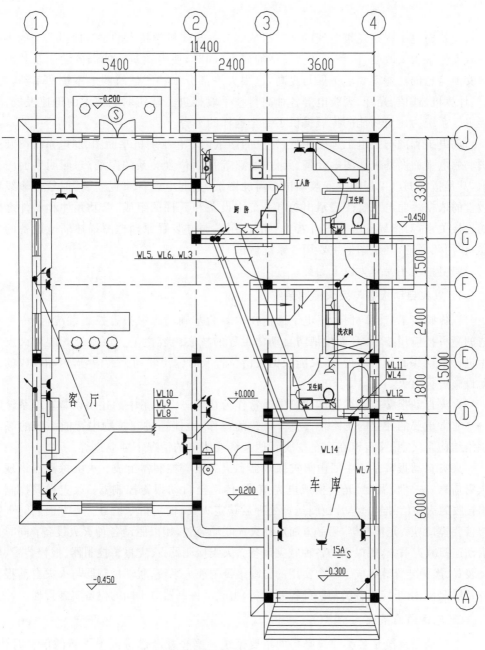

一层插座平面图

图 9-10 完成标注的一层插座平面图

9.3 建筑弱电工程图概述

建筑弱电工程是建筑电气的重要组成部分。现代科学技术的发展使得人类的生活方式发生了很大改变,满足了社会发展的需求,同时,使得建筑物的服务功能及其与外界交换信息的功能得到了扩展与提高,这很大一部分依赖于建筑弱电系统的革新。电子、计算机、通信、光纤、无线电等各种高科技手段促进了建筑弱电技术的迅速发展,智能电气系统为建筑功能的扩展提供了一个这样的平台。

弱电工程图与强电工程图相近,常见的图纸内容包括弱电平面图、弱电系统图及框图。弱电平面图是表达弱电设备、元件、线路等平面位置关系的图纸,与照明平面图类似,其是指导弱电工程施工安装调试必需的图纸,是弱电设备布置安装、信号传输线路敷设的依据。弱电系统图表示出弱电系统中设备和元件的组成,以及元件和器件之间的连接关系,对指导安装施工有着重要的作用。弱电装置原理框图描述弱电设备的功能、作用及原理,其他图形主要用于系统调试。

弱电系统主要分为以下七类。

1. 火灾自动报警与灭火控制系统

以传感技术、计算机技术、电子通信技术等为基础的火灾报警控制系统,是一种集成的高科技应用技术,是现代消防自动化工程的核心内容之一。该系统既能对火灾发生进行早期探测和自动报警,又能根据火情位置及时输出联动灭火信号,启动相应的消防设施进行灭火。

火灾自动报警控制在智能建筑中通常作为智能三大体系中的建筑设备管理系统的一个非常重要的独立的子系统。整个系统的运作,既能通过建筑物中智能系统的综合网络结构来实现,又可以在完全摆脱其他系统或网络的情况下独立进行。

火灾自动报警系统主要由火灾探测器和火灾报警控制器组成。火灾探测器将现场火灾信息——烟、温度、光转换成电光信号,传送至自动报警控制器;火灾报警控制器将接收的火灾信号经过芯片逻辑运算处理后认定火灾,输出指令信号。一方面启动火灾报警装置,如声、光报警等,另一方面启动灭火联动装置,用以驱动各种灭火设备;同时也启动连锁减灾系统,用以驱动各种减灾设备。火灾探测器、火灾报警控制器、报警装置、联动装置、连锁装置等组成了一个实用的自动报警与灭火系统,联动控制器与火灾自动报警控制器配合,用于控制各类消防外控制设备,由联动控制器对不同的设备实施管理。

2. 电话通信系统

电话通信系统是各类建筑必备的主要系统。当今社会已进入了崭新的信息时代,电话通信系统已成为建筑物内不可缺少的一项弱电工程。电话通信系统有三个组成部分:一是电信交换设备,二是传输系统,三是用户终端设备(收发设备)。

交换设备主要是电话交换机,是接通电话之间通信线路的专用设备。电话交换机发展很快,它从人工电话交换机发展到自动电话交换机,又从机电式自动电话交换机发展到电子式自动电话交换机,以至最先进的数字程控电话交换机。程控电话交换是当今世界上电话交换技术发展的主要方向,在我国已得到普遍应用。

电话传输系统按传输媒介分为有线传输和无线传输,从建筑弱电工程出发主要采用有线传输方式。有线传输按传输信息工作方式又分为模拟传输和数字传输两种。数字传输是将信息按数字编码 PCM 方式转换成数字信号进行传输,它具有抗干扰能力强、保密性强、电路易集成化等优点。现在的程控电话交换机采用数字传输各种信息。

用户终端设备,以前主要指电话机,随着通信技术的迅速发展,现在逐渐扩展到各种现代通信设备,如传真机、计算机终端设备等。

电话通信系统工程图主要有电话通信系统图、电话通信平面图。电话系统图是用来表述各电话平面之间的连接关系,以及整个电话系统基本构成的图纸。电话平面图主要用于表达电话的配线、穿管、敷设方式及相关设备的安装位置等,相对于照明平面图略为简单。电话通信系统图是工程施工的依据,因此,在读懂电话系统图后,还要将电话通信系统平面图读懂,弄清线路关系。

3. 广播音响系统

广播音响系统是建筑物内(一般指公共建筑如学校、商场、饭店、体育馆等)、企事业单位等内部的自有体系的有线广播系统。

广播音响系统工程图主要包括广播音响系统图、广播音响配线平面图、广播音响设备布置图等。系统图表达了整个系统的组成及功能,平面图则表达了设备的位置关系及线路关系。

4. 建筑中安全防范系统

安全防范系统涉及多个技术系统,较复杂,一般包括防盗报警系统、电视监视系统、进出口控制系统、电子巡更系统、停车库管理系统、访客对话系统等。

防盗报警系统,是在探测到防范区域有入侵者时能发出报警信号的专用电子系统,一般由探测器、传输系统和报警控制器组成。

进出口控制系统,用于实现人员出入控制,又称为门禁管制系统。

访客对话系统,是用于在来访客人与住户之间提供双向通话或可视电话,并由住户操控防盗门的开关及向保安管理中心进行紧急报警的一种安全防范系统。

电子巡更系统用于复杂的大型楼宇中,此类场所人员流动复杂,需由专人进行人工巡逻查视,定时定点执行任务。电子巡更系统是保安人员在规定的巡逻路线上,在指定的时间和地点向中心控制室发回信号以示正常。

5. 共用天线电视系统

共用天线电视(CATV)系统,即共用一套天线接收电视台电视信号,并通过同轴电缆传输、分配给许多电视机用户的系统。最初的共用天线电视系统主要是用于解决远离电视台的边远地区和城市中高层建筑密集地区难以收到信号的问题。随着社会的进步和技术发展,人们不仅要求接收电视台发送的节目,还要求接收卫星电视台节目和自办节目,甚至利用电视进行信息交流及沟通等;传输电缆也不再局限于同轴电缆,而是扩展到了光缆等。于是,出现了通过同轴电缆、光缆或其组合来传输、分配和交换声音和图像信号的电视系统,称为电缆电视系统,人们习惯称之为有线电视系统。这是因为它是以有线闭路形式传送电视信号,不向外界辐射电磁波,以区别于电视台的开路无线电视广播。其可节省设备费用,减少干扰,双向有线电视系统还可以上传用户信息到前端。有线电视系统是共用天线电视系统的发展趋势。

CATV系统的工程图纸包括共用天线电视系统图、设备平面图、设备安装图等。共用天线电视系统图用于表述设备间相互关系及整个系统的形式及系统所需完成的功能;其设备平面图用于表述配线、穿管、线路敷设方式、设备位置及安装等;其设备安装图则详细说明了各种设备的具体组成及安装方法等。

6. 楼宇自动化系统

楼宇自动化系统是将建筑物内的电力、照明、空调、运输、防灾、保安、广播等设备以集中监视、控制和管理为目的而构成的一个综合系统。一般来说,它包括两个子系统,一是设备自动化管理系统,二是保安监控系统。设备自动化管理系统对建筑物内所有电气设备、给水排气设备、空调通风设备进行测量、监视及控制。保安监控系统包括火灾报警、消防联动控制、消防广播、消防电话或巡更电话组成的火灾报警系统,防盗报警的红外、双鉴、声控报警与闭路电视监视及访问与对讲组成的保安系统。

7. 综合布线系统

一幢建筑物中弱电的传统布线相当复杂,有电话通信的铜芯双绞线,有保安监控的同轴电缆、控制用的屏蔽线缆,有计算机通信用的粗缆、细缆或屏蔽、非屏蔽型双绞线等,各种线路自成系统、独立设计、独立布线、互不兼容。在建筑物墙面、地面、吊顶内纵横交叉布满了各种线路,而且每个系统的终端插件也各不相同。当建筑物内局部房间需要改变用途,而这些系统的设施也要变化时,将是极为困难的。因此,能支持语言、数据、图像等的综合布线应运而生。

综合布线系统,也称为结构化布线系统,于1985年由美国电话电报公司贝尔实验室首先推出,是一种模块化的、高度灵活性的智能建筑布线网络,是用于建筑物和建筑群内进行语音、数据、图像信号传输的综合的布线系统。它的出现彻底打破了数据传输的界限,可以使两种不同的信号在一条线路中传输,从而为综合业务数据网络的实施提供了传输保证。综合布线的优越性在于它具有兼容性、开放性、灵活性、模块化、扩充性、经济性等特点。

9.4 某别墅弱电电气工程图绘制实例

设计思路

本例主要以前述的别墅工程为背景,介绍其室内弱电系统的设计及 AutoCAD 制图。该别墅的弱电工程包括电话及计算机配线系统、有线电视系统。

图纸的编排顺序为:弱电电气设计说明、系统图、平面图。其中,弱电电气设计说明包括设计依据、设计范围、系统的设计概况等,系统图用于表明弱电系统设备之间的关系及其功能,平面图用于表明弱电系统设备的平面位置关系及其线路敷设关系等。

9.4.1 弱电平面图绘制

弱电平面图的绘制步骤如下。

1. 图框及比例关系

图框可以直接从其他已完成的 CAD 图中复制,也可以采用图块的形式插入。

CAD 建筑制图比例一般采用 1∶1,而图框按反比例相对放大的形式获得比例图,如绘制 1∶150 的比例图,则应将 1∶1 原尺寸的图框放大至 150 倍。

2. 建筑平面图

对于建筑平面图的表达内容、制图要点及 CAD 实现,读者可查阅前述章节,也可学习一些建筑制图书籍。这里直接利用前面章节完成绘制的建筑平面图,快捷方便,如图 9-11 所示。

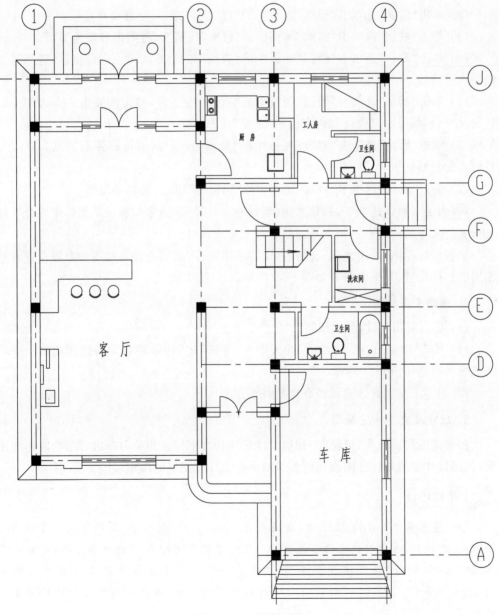

图 9-11　一层平面图

3. 相关图例符号的定位布置

绘制各图例符号,并根据设计意图布置在相应的位置。对于图例的 CAD 绘制流程,以下以电视天线四分配器为例进行简要介绍,如图 9-12 所示。

1   2   3   4   5   6   7

图 9-12 电视天线四分配器的绘制流程

(1)单击"默认"选项卡"绘图"面板中的"圆"按钮 ⊙,绘制圆,半径大约为 350。

(2)单击"默认"选项卡"绘图"面板中的"直线"按钮 ╱,绘制竖直直径。

(3)单击"默认"选项卡"修改"面板中的"修剪"按钮 ▼,将图形修剪为半圆。

(4)单击"默认"选项卡"绘图"面板中的"直线"按钮 ╱,以圆心为端点以适当尺寸绘制水平直线。

(5)单击"默认"选项卡"绘图"面板中的"直线"按钮 ╱,捕捉圆弧上一点为端点以适当尺寸绘制斜线(斜线绘制时应关闭"正交"状态按钮)。

(6)单击"默认"选项卡"修改"面板中的"复制"按钮 ㊙,捕捉圆弧上的点为基点和目标点复制斜短线。

(7)单击"默认"选项卡"修改"面板中的"镜像"按钮 ⚠,镜像斜短线。

📞 注意:默认情况下,镜像文字、属性和属性定义时,它们在镜像图像中不会反转或倒置。文字的对齐和对正方式在镜像对象前后相同。

根据设计意图,采用复制、旋转、移动等基本命令,将弱电设备的图例布置在建筑平面图的相应位置,其平面布置如图 9-13 所示。

4. 线路关系绘制

(1)将当前图层设置为"线路"。

(2)单击"默认"选项卡"绘图"面板中的"直线"按钮 ╱,将各设备连接起来。绘制完成后的线路如图 9-14 所示。

📞 注意:绘制时注意选择合适的线型。

5. 尺寸及文字标注说明

将当前图层设置为"标注"。利用尺寸标注和文字标注相关命令进行适当的标注说明,使得设计者的设计意图表达更为清晰。相关标注完毕的图形如图 9-15 所示。

📖 小技巧:

(1)有时在打开 dwg 文件时,系统打开 AutoCAD Message 对话框提示 Drawing file is not valid,告诉用户文件不能打开。这种情况下可以先退出打开操作,然后打开"文件"菜单,选择"绘图实用工具"→"修复"命令,或者在命令行直接用键盘输入 recover,接着在"选择文件"对话框中输入要恢复的文件,确认后系统开始执行恢复文件操作。

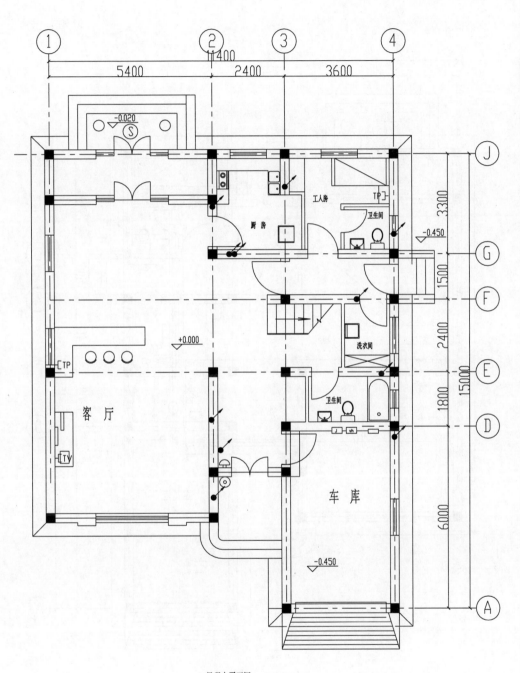

一层弱电平面图

图 9-13　弱电设备布置图

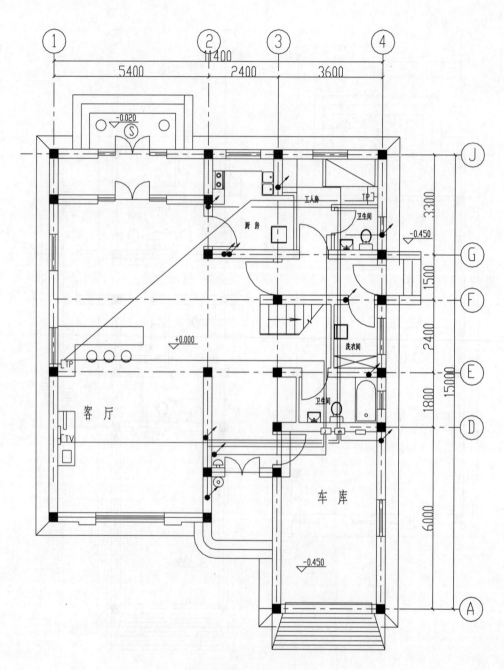

一层弱电平面图

图 9-14 绘制线路

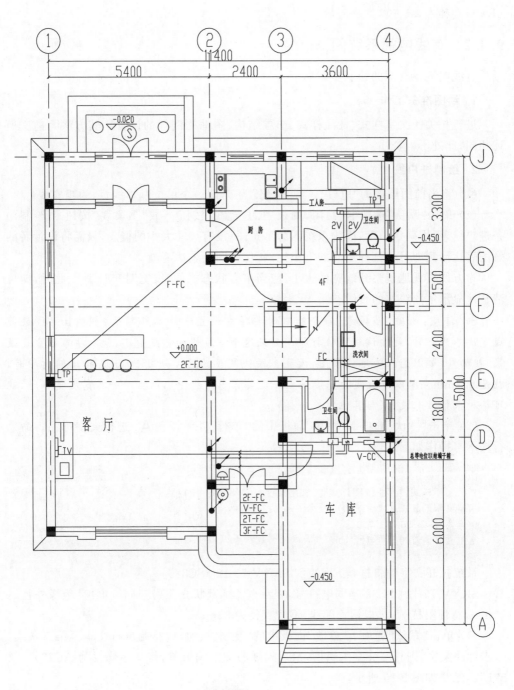

一层弱电平面图

图 9-15 相关标注

Note

9-3

（2）用 AutoCAD 打开一张旧图，有时会遇到异常错误而中断退出，这时首先使用上述介绍的方法进行修复，如果问题仍然存在，则可以新建一个图形文件，而把旧图用图块形式插入，就可以解决问题。

9.4.2　有线电视系统图

有线电视系统图的绘制步骤如下。

1．绘图准备工作

进行相关的文字样式、标注样式、图层结构、图框比例等的设置。其方法与前文所述相同，此处不再赘述。

2．绘制进户线

（1）将当前图层设为"电气"。线宽设置为 b，即一个单位基本线宽，为粗实线。

（2）单击"默认"选项卡"绘图"面板中的"直线"按钮╱或"多段线"按钮⊃绘制两条进户线，不用确定长度，因为系统图为示意图，没有尺寸大小的概念，只需将设计者的意图表达清楚即可。选择适当的大小比例，保证图纸表达清晰。

为方便直观地观察到线宽的大小，应当单击状态栏的"线宽"按钮▤。此时，即可清楚地显示不同线宽的直线。

☎**注意**：采用"多段线"命令绘制时要注意设置线段端点宽度。当 pline 线设置成宽度不为 0 时，就按该线宽值打印。如果这个多段线的宽度太小，就打印不出宽度效果（粗细）。如以毫米为单位绘图，设置多段线宽度为 20，当用 1∶100 的比例打印时，就是 0.2mm。所以多段线的宽度设置一定要考虑到打印比例。而若其宽度是 0 时，就可按对象特性来设置（与其他对象一样）。

（3）单击"默认"选项卡"注释"面板中的"单行文字"按钮**A**，进行文字标注。命令行提示与操作如下。

```
命令：_text
当前文字样式：　"系统图样式"　文字高度：　2.5000　注释性：　否
指定文字的起点或 [对正(J)/样式(S)]:(指定直线上一点)
指定高度〈2.5000〉:350✓
指定文字的旋转角度〈0〉:0✓
```

系统打开文字编辑框，输入文字"SKYV-75-12-2SC32"。

SKYV-75-12-2SC32 是弱电符号，表示聚乙烯藕状介质射频同轴电缆，绝缘外径是12mm，特性阻抗 75，2 根钢管配线，钢管直径为 32mm。

（4）单击"默认"选项卡"修改"面板中的"复制"按钮❀，复制单行文本至第二条线。双击标注文字，则打开文字编辑框，出现闪烁的文字编辑符，将文字修改为 AC220V 及WL15，结果如图 9-16 所示。

AC220V，WL15 是强电符号，表示交流 220V 电源，第 15 条照明回路。

3．绘制信号放大器（弱电进户线）

单击"默认"选项卡"绘图"面板中的"多边形"按钮⌂，绘制信号放大器的三角形，如图 9-17 所示。

SYKV-75-12-2SC32   SYKV-75-12-2SC32

AC220V   AC220V
WL15   WL15

图 9-16 线路标注   图 9-17 信号放大器

4. 绘制电视二分支器

单击"默认"选项卡"绘图"面板中的"直线"按钮／与"圆"按钮⊙,绘制电视天线二分支器,尺寸适当指定。结果如图 9-18 所示。

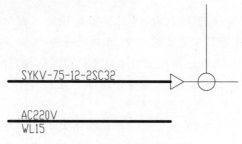

SYKV-75-12-2SC32

AC220V
WL15

图 9-18 绘制电视二分支器

5. 绘制负载电阻

单击"默认"选项卡"绘图"面板中的"直线"按钮／、"矩形"按钮▢和"注释"面板中的"多行文字"按钮**A**,绘制负载电阻,尺寸适当指定。结果如图 9-19 所示。

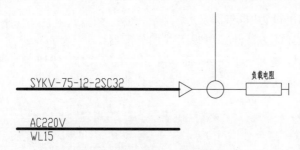

SYKV-75-12-2SC32   负载电阻

AC220V
WL15

图 9-19 绘制负载电阻

☎**注意**:这里各图形的绘制均未涉及尺寸大小的问题,主要是因为这是示意图,尺寸适当即可!

6. 插座及熔断器(强电进户线)

(1)单击"默认"选项卡"绘图"面板中的"直线"按钮／、"圆"按钮⊙、"图案填充"按钮▨和"修改"面板中的"修剪"按钮⊼等绘制插座。

(2)单击"默认"选项卡"绘图"面板中的"矩形"按钮▢,绘制熔断器。

(3)对熔断器型号进行文字标注,只需复制其他文本,更改文字为 10/5A 即可,如图 9-20 所示。

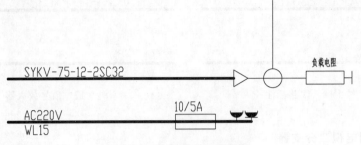

图 9-20　绘制插座及熔断器

 小技巧：

当使用"图案填充"按钮绘制时，所使用图案的比例因子值均为 1，即原本定义时的真实样式。然而，随着界限定义的改变，比例因子应作相应的改变，否则会使填充图案过密，或者过疏。因此，在选择比例因子时可使用下列技巧进行操作。

（1）当处理较小区域的图案时，可以减小图案的比例因子值；相反地，当处理较大区域的图案时，则可以增加图案的比例因子值。

（2）比例因子应恰当选择，要视图形界限的具体大小而定。

（3）当处理较大的填充区域时，要特别小心。如果选用的图案比例因子太小，则所产生的图案就像是使用 Solid 命令所得到的填充结果一样，这是因为在单位距离中有太多的线，不仅看起来不恰当，而且也增加了文件的长度。

（4）比例因子的取值应遵循"宁大不小"原则。

7. 绘制电视天线四分配器及电视出线口图符

（1）将当前图层设为"电气"。

（2）按前面讲述的方法绘制电视天线四分配器。

（3）单击"默认"选项卡"注释"面板中的"单行文字"按钮 A，进行文字标注，如图 9-21 所示，并将标注完的文字逐一复制到其他需要标注的位置，双击文字，可修改标注内容。

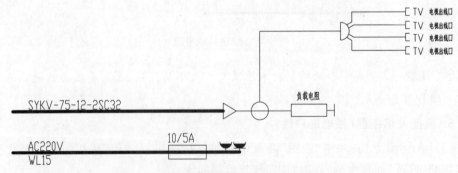

图 9-21　绘制电视天线四分配器及电视出线口

（4）单击"默认"选项卡"修改"面板中的"镜像"按钮，镜像另一个电视天线四分配器及电视出线口模块，如图 9-22 所示。

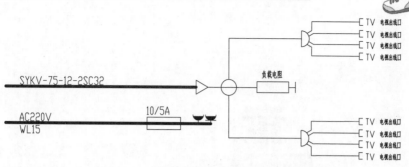

图 9-22　镜像四分配器及电视出线口模块

 小技巧：

（1）系统命令 mirrtext 控制 MIRROR 命令反映文字的方式，初始值为 0，其中：

0——保持文字方向；

1——镜像显示文字。

（2）系统命令 textfill 控制打印和渲染时 TrueType 字体的填充方式，初始值为 0，其中：

0——以轮廓线形式显示文字；

1——以填充图像形式显示文字。

8. 绘制电视前端箱虚线框，并标注

（1）绘制电视前端箱虚线框。

（2）单击“默认”选项卡“注释”面板中的“单行文字”按钮 A，标注前端箱：“VH”“电视前端箱”和“400×600×200”，结果如图 9-23 所示。

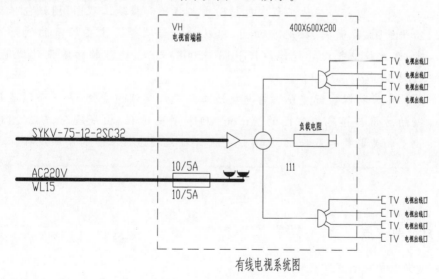

有线电视系统图

图 9-23　绘制虚线框

9. 结束绘制

绘制完毕后，如有相关特性说明，可利用“默认”选项卡“注释”面板中的“多行文字”按钮 A，继续进行文字标注。

第10章

防雷接地工程图

建筑防雷与接地工程图包括防雷工程图和接地工程图,图纸包括防雷平面图、立面图、接地平面图,以及施工说明等。主要涉及的规范有《民用建筑电气设计规范》(JGJ 16—2008)以及《建筑物防雷设计规范》(GB 50057—2010)。

本章将以实际建筑防雷与接地工程设计实例为背景,重点介绍某别墅的防雷与接地工程图的 AutoCAD 制图全过程,由浅及深,从制图理论至相关电气专业知识,尽可能全面详细地描述该工程的制图流程。

学 习 要 点

◆ 建筑物的防雷保护概述

◆ 建筑物接地电气概述

◆ 独立别墅防雷接地平面图实例

10.1 建筑物的防雷保护概述

建筑物的防雷保护措施,其目的是设法引导雷击时的雷电流按预先安排好的通道导入大地,从而避免雷电向被保护的建筑物放电,因而其设计主要是合理设置防雷设施。所谓防雷装置,是接闪器、引下线、接地装置、过电压保护器及其他连接导体的总称。接闪器则指直接接受雷击的避雷针、避雷网、避雷环、避雷带(线),以及用作接闪的金属屋面和其他金属构件等,其作为直接接受雷击的部分,能将空中的雷电荷接收并引入大地。

10.1.1 防止直接雷

一般情况下,防止直接雷可以采取以下几种方法。

1. 接闪器

1) 避雷针

避雷针指附设在建筑物顶部或独立装设在地面上的针状金属杆。避雷针在地面上的保护半径约为避雷针高度的 1.5 倍,其保护范围一般可根据滚球法来确定。此法是根据反复的实验及长期的雷害经验总结而成的,有一定的局限性。

2) 避雷带

避雷带是指沿着建筑物的屋脊、檐帽、屋角及女儿墙等突出部位,易受雷击部位暗敷的带状金属线。一般采用截面积 48mm²,厚度不小于 4mm 的镀锌或直径不小于 8mm 的镀锌圆钢制成。

3) 避雷网

在较重要的建筑物,或在面积较大的屋面上,纵横敷设金属线组成矩形平面网格,或在建筑物外部做一个整体较密的金属大网笼,对其实行较全面的保护。

2. 引下线

引下线也称引线,是连接接闪器与接地装置的金属导体,其作用是把接闪器上的雷电流连接到接地装置并引入大地。引下线有明敷设和暗敷设两种。

引下线明敷设是指用镀锌圆钢制作引下线,沿建筑物墙面敷设。

引下线暗敷设是利用建筑物结构混凝土柱内的钢筋,或在柱内敷设铜导体作防雷引下线。

3. 接地装置

将接闪器与大地作良好的电气连接的装置就是接地装置,其是引导雷电流泄入大地的导体。接地装置包括接地体和接地线两部分。接地体是埋入土壤中作为流散电流用的金属导体,其既可采用建筑物内的基础钢筋,也可采用金属材料进行人工敷设。接地下线是从引下线的断接卡或接线处至接地体的连接导体。

10.1.2 防止雷电感应及高电位反击

一级防雷保护措施要求防止雷电感应及高电位反击。目前普遍通用的做法是采用

Note

总等电位连接,即将建筑物内各梁、板、柱、基础部分内的主筋相互焊接,连接成整体形成相互连接的电气通路,柱顶主筋与避雷带相连,所有变压器的中心点、电子设备的接地点、进入或引出建筑物的各种管道及电缆等线路的 PE 线都通过建筑物基础一点接地。

10.1.3 防止高电位从线路引入

为防止高电位从线路引入,一级防雷保护措施要求:低压线路宜全线采用电缆直接埋地敷设,在入户端将电缆的金属外皮、钢管接到防雷电感应的接地装置上。当全线采用电缆有困难时,可采用架空线。在电缆与架空线连接处,还应装设避雷器。避雷器、电缆金属外皮、钢管和绝缘子铁脚、金具等应连接在一起接地,其冲击接地电阻不应大于 10Ω。

10.2 建筑物接地电气概述

为了保障人和设备的安全,所有的电气设备都应该采取接地或接零措施。因此,电气接地工程图是建筑电气工程图纸的重要部分,其描述了电力接地系统的构成,以及接地装置的布置及其技术要求等。

10.2.1 接地和接零

首先介绍两个基本概念。

地线:连接电力装置与接地体,且正常情况下不载流的导体(包括不载流的零碎线)。

零线:与变压器或发电机直接接地的中性点进行连接的中性线,或者支流回路中的接地中性线。

接地和接零通常有以下几种类型。

1. 工作接地(功能)

为使电气设备正常工作及消除故障,常把电路中的某一点进行接地,叫做工作接地。工作接地可直接接地,也可通过消弧线圈或击穿保险器等阀门装置与大地相连接。工作接地保证了电力系统的正常运行,如三相交流系统中发电机和变压器中性点接地,双极直流输电系统的中性点接地等。

2. 保护接地(安全接地)

为了保证人身和设备安全,将电气设备的金属外壳、底座、配电装置的金属框架和输电线路杆等外露导电部分接地,防止一旦绝缘损坏或产生漏电,人员触及发生电击。只有在电气设备发生故障时,保护接地才起作用。其可采用与接地体连接的接地方式,也可用与电源零线连接的接零方式。

3. 屏蔽接地

金属屏蔽在电场作用下会产生感应电荷,将金属屏蔽产生的静电荷导入大地的接地叫做屏蔽接地,如油罐接地。

4. 防雷接地

防雷接地既是功能接地,又具有保护接地效果。防雷接地是防雷装置中不可缺少的组成部分,它可将雷电导入大地,以减少雷电引起的电流,防止雷电流对人身及财产造成伤害。

5. 重复接地

在中性垂直接地系统中,将零线上的一点或者多点与大地进行再次连接,叫做重复接地。重复接地可以确保接零的安全可靠。例如建筑物在低压电源进线处所做的接地。

6. 接零

将电气设备的绝缘金属外壳或构架与中性垂直接地的系统中的零线进行连接,叫作接零。

10.2.2 接地形式

在低压配电系统中,接地的形式有三种,即 TN 系统、IT 系统和 TT 系统。

1. TN 系统

电力系统中有一点直接接地,受电设备的外露可导电部分通过保护线与接地点连接,这种接地形式称为 TN 系统。

按中性线与保护线的组合不同,TN 系统又可分为以下三种形式。

TN-S 系统:整个系统的中性线 N 与保护线 PE 是分形的。

TN-C 系统:整个系统的中性线 N 与保护线 PE 是合一的。

TN-C-S 系统:系统部分线路的中性线 N 和保护线 PE 是合一的。

2. IT 系统

电力系统的带电部分与大地间无直接连接,受电设备的外露可导电部分通过保护线接地,此接地形式称为 IT 系统。

3. TT 系统

电力系统中,有一点直接接地,受电设备的外露可导电部分通过保护线接至与电力系统接地点无直接关联的接地极,此种接地形式称为 TT 系统。

10.2.3 接地装置

接地装置包括接地体和接地线两部分。

1. 接地体

埋入地中并直接与大地接触的金属导体称为接地体,其可以把电流导入大地。自然接地体,是指兼作接地体用的埋于地下的金属物体,在建筑物中,可选用钢筋混凝土基础内的钢筋作为自然接地体。为达到接地的目的,人为地埋入地中的金属件,如钢管、角管、圆钢等称为人工接地体。作接地体用的直接与大地接触的各种金属构件、金属井管、钢筋混凝土建筑物的基础、金属管道和设备等都称为自然接地体,其分为垂直埋设和水平埋设两种。在使用自然、人工两种接地体时,应设测试点和断接卡,便于分开测量两种接地体。

2．接地线

电力设备或线杆等的接地螺栓与接地体或零线连接用的金属导体,称为接地线。接地线应尽量采用钢质材料,如建筑物的金属结构,结构内的钢筋、钢构件等;生产用的金属构件,如吊车轨道、配线钢管、电缆的金属外皮、金属管道等。但应保证上述材料有良好的电气通路。有时接地线因连接多台设备而被分为两段,与接地体直接连接的称为接地母线,与设备连接的一段称为接地线。

防雷接地工程图常用图例符号如图 10-1 所示。

序号	名　称		图　例	备　注
1	避雷针		●	
2	避雷带(线)		⊶——⊶	
3	实验室用接地端子板	明装	⊕#	1．一般面板底距地面1.2m,　以图上注明优先;
		暗装	⊕#	2．#为端子数　以阿拉伯数字1、2、3、…表示
4	接地装置	有接地极	•——•——•——•	
		无接地极	•————	
5	一般接地符号		⏚	如表示接地状况或作用不够明显,可补充说明
6	无噪声(抗干扰)接地		⏛	
7	保护接地		⏚	本图例可用于代替序号5的图例,以表示具有保护作用,例如在故障情况下防止触电的接地
8	接机壳或底板		⎇	
9	等电位		↓	
10	端子		○	
11	端子板		▢▢▢▢▢▢	可加端子标志
12	易爆房间的等级符号	含有气体或蒸气爆炸性混合物	⓪区①区②区	
		含有粉尘或纤维爆炸性混合物	⑩区⑪区	
13	等电位连接		——○——	
14	易燃房间的等级符号		㉑区㉒区㉓区	

图 10-1　防雷接地工程常用图例

10.3　独立别墅防雷接地平面图实例

👉 设计思路

建筑防雷平面图一般应标明建筑物屋顶设置避雷带或避雷网,利用基础内的钢筋作为防雷的引下线,埋设人工接地体的方式。其绘制相对于其他电气图较为简单。

防雷平面图内容的表达顺序如下。

（1）屋顶建筑平面图。

（2）避雷带或避雷网的绘制。

（3）相关图例符号的标注。

（4）尺寸及文字标注说明。

（5）个别详图的绘制，如避雷针的安装图等。

10.3.1　绘图环境配置

1. 文字样式设置

单击"默认"选项卡"注释"面板中的"文字样式"按钮 **A**，打开"文字样式"对话框，设置如图 10-2 所示。

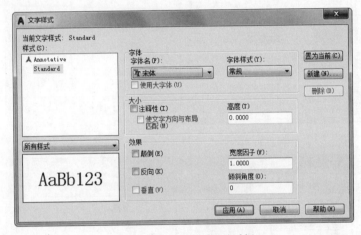

图 10-2　"文字样式"对话框

2. 标注样式设置

单击"默认"选项卡"注释"面板中的"标注样式"按钮，打开"标注样式管理器"对话框，如图 10-3 所示。单击"修改"按钮，打开"修改标注样式"对话框，在此对话框中进

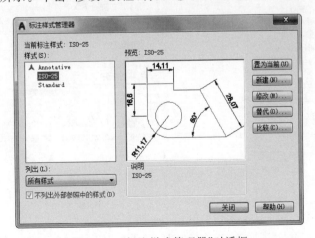

图 10-3　"标注样式管理器"对话框

行样式设置,标注样式设置包括文字样式、字高、建筑标记、尺寸线的长短、颜色、比例、单位等的设置,如图 10-4 所示。

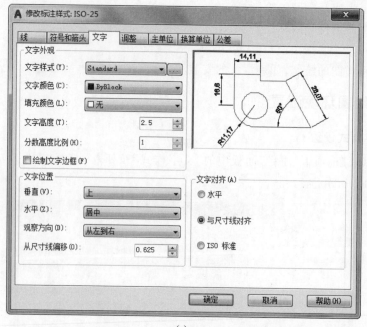

(a)

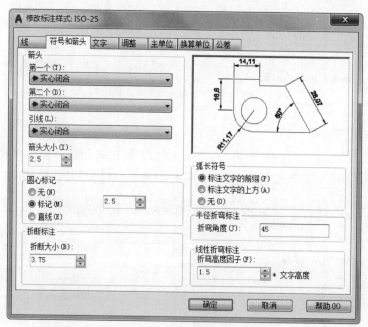

(b)

图 10-4　文字大小及符号和箭头设置

3. 图层设置

单击"默认"选项卡"图层"面板中的"图层特性"按钮 ,打开"图层特性管理器"选项板，设置图层名称（电气-防雷）、颜色、线型、线宽、状态（开、冻结、打印等），如图 10-5 所示。

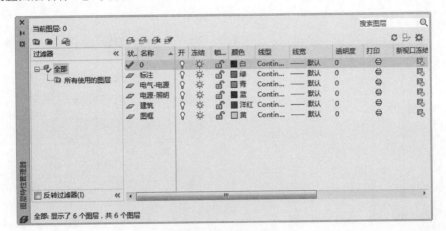

图 10-5　图层设置

4．图框及比例

（1）将当前图层设为"图框"。

（2）图框仍采用前述的 A4 标准图框，其绘制过程可参考前面章节。因涉及到平面位置关系，故一般采用与建筑平面图相同的比例，即 1∶100。也可先将绘制好的图框定义为图块，然后单击"默认"选项卡"块"面板中的"插入"按钮 来调用，再单击"默

认"选项卡"修改"面板中的"缩放"按钮 来进行图例比例设置。

（3）以上设置均可通过定制 DWT 模板文件，并调用来实现一步到位，比较快捷。定制模板文件过程中只需注意将文件保存为图形样板，即选择以 dwt 为后缀名，如图 10-6 所示。再次绘图时，只需打开该 DWT 模板文件，但绘图结束时则应将其保存格式还原，保存为 DWG 格式文件。

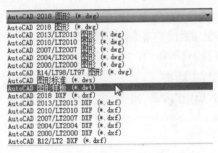

图 10-6　DWT 文件格式

10.3.2　别墅顶层屋面平面图绘制

顶层屋面平面图的绘制较为简单，主要是屋顶轮廓线的绘制等。一般用户可直接调用建筑专业提供的顶层 CAD 图，直接在其上绘制防雷平面图。

步骤如下。

1．绘制定位轴线及轴号

（1）将当前图层设置为"轴线"层。注意轴线的线型为点划线。

（2）绘制初始轴线。单击"默认"选项卡"绘图"面板中的"直线"按钮 ，绘制正交直线，绘制时，可单击状态栏上的"正交"按钮 ，进而可以在正交方向直接输入直线长度。分别绘制长大约 20000 的水平直线和长大约 23000 的竖直直线，如图 10-7 所示。

（3）轴线的编辑。单击"默认"选项卡"修改"面板中的"偏移"按钮 或"复制"按钮

$\boxdot$,通过指定偏移或复制的距离绘制轴网,结果如图10-8所示。

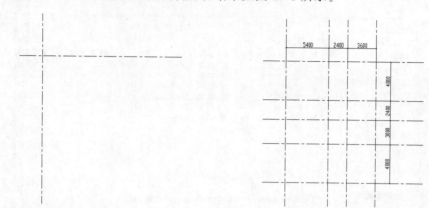

图10-7　绘制初始轴线　　　　　　　　　　图10-8　轴线编辑

（4）轴线命名。单击"默认"选项卡"绘图"面板中的"圆"按钮$\odot$,绘制轴圈。轴号采用单行文字插入轴圈内,注意单行文字的起点为文字的左下角,然后将轴圈及轴号逐一复制至各轴线末端,双击轴圈内文字,逐一修改轴号。

轴网绘制结果如图10-9所示。

2．绘制檐口轮廓线

（1）指定多线样式。选择菜单栏中的"格式"→"多线样式"命令,打开"多线样式"对话框,如图10-10所示。单击"新建"按钮,打开"创建新的多线样式"对话框,输入新样式名"檐口轮廓线",如图10-11所示。单击"继续"按钮,打开"新建多线样式：檐口轮廓线"对话框,在"封口"选项区的"直线"项后选中"起点"和"端点"复选框,单击"图元"列表框中的图元,在下面的"偏移"文本框中分别将偏移值改为1和0,如图10-12所示。单击"确定"按钮,回到"多线样式"对话框,在"样式"列表框中选择"檐口轮廓线"样式,如图10-13所示。单击"置为当前"按钮,再单击"确定"按钮,完成多线样式设置和指定。

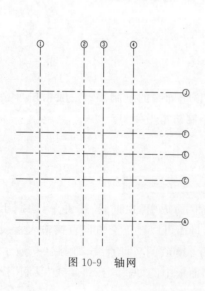

图10-9　轴网

图10-10　"多线样式"对话框

图 10-11 "创建新的多线样式"对话框

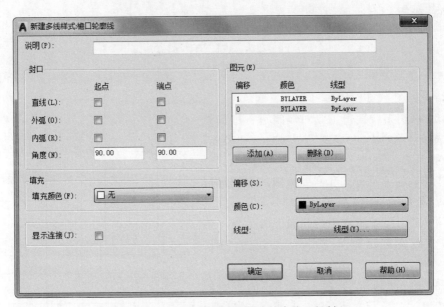

图 10-12 "新建多线样式：檐口轮廓线"对话框

图 10-13 指定多线样式

（2）选择菜单栏中的"绘图"→"多线"命令，绘制墙线。根据墙体的分布布置情况，连续绘制墙线，命令行提示与操作如下。

```
命令:_mline
当前设置:对正 = 上,比例 = 20.00,样式 = 檐口轮廓线
指定起点或 [对正(J)/比例(S)/样式(ST)]: j↙
输入对正类型 [上(T)/无(Z)/下(B)]〈上〉: z↙
当前设置:对正 = 无,比例 = 20.00,样式 = 檐口轮廓线
指定起点或 [对正(J)/比例(S)/样式(ST)]: s↙
输入多线比例〈20.00〉: 500 ↙(檐口宽 500mm)
指定下一点:(指定多线起点,打开捕捉方式,捕捉轴线交点)
指定下一点或 [放弃(U)]:(按 Enter 键结束绘制)
```

结果如图 10-14 所示。

（3）利用多线编辑工具对墙线进行细部修改。选择菜单栏中的"修改"→"对象"→"多线"命令，打开多线编辑工具，如图 10-15 所示。分别选择不同的编辑方式和需要编辑的多线进行编辑，结果如图 10-16 所示。

（4）采用同样的方法绘制和编辑另外一条多线，多线宽度设置为 200，结果如图 10-17 所示。

（5）单击"默认"选项卡"绘图"面板中的"圆"按钮⊙、"单行文字"按钮 A 或"修改"面板中的"复制"按钮％，绘制轴号，结果如图 10-18 所示。

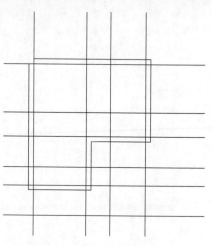

图 10-14　绘制多线

图 10-15　多线编辑工具

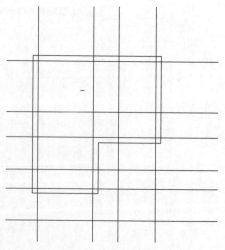

图 10-16　多线编辑

Note

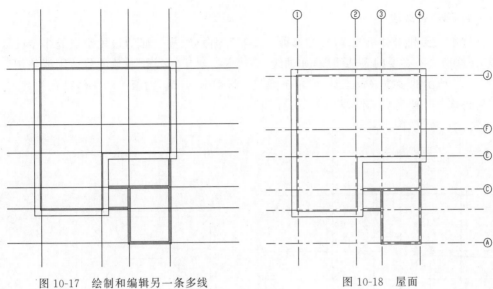

图 10-17　绘制和编辑另一条多线　　　　　　图 10-18　屋面

3．绘制屋脊线

（1）根据建筑制图要求可知，屋脊线为 45°斜线，此时，为得到 45°角，可右击状态栏"极轴追踪"按钮 ⊙，从弹出的快捷菜单中选择"正在追踪设置"命令，打开如图 10-19 所示的"草图设置"对话框，进行捕捉角度设置。选中"启用极轴追踪"复选框，并将"增量角"设置为 45，此时在模型空间制图时，系统将自动提示 45、90、135、180、225、…。"极轴追踪"的快捷键为 F10。

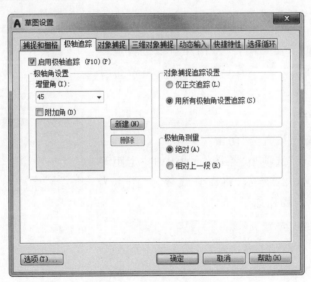

图 10-19　"草图设置"对话框

☏ **注意**：一定要选中"启用极轴追踪"复选框。

（2）单击"默认"选项卡"绘图"面板中的"直线"按钮 ╱，绘制 45°屋脊线，再将所有交点相连就得到平行的屋脊线，如图 10-20 所示。

4. 编辑各线段

这里主要利用对相关线段的"修剪""复制"等命令,逐一修剪线段交点处多余的线段,并修剪去不必要的表达线段,如轴线、墙线等。对于"多线"对象的修剪则要使用到图 10-15 所示的多线编辑工具,或单击"默认"选项卡"修改"面板中的"分解"按钮,分解后再修剪。修剪后的图样如图 10-21 所示。

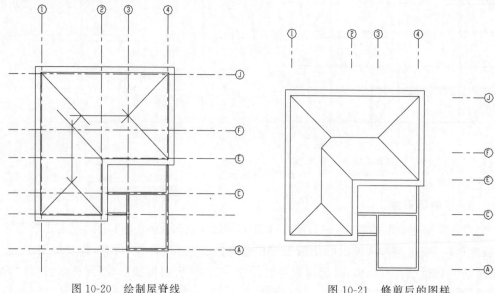

图 10-20　绘制屋脊线　　　　　　　　　　　　图 10-21　修剪后的图样

10.3.3　避雷带或避雷网的绘制

根据设计者的表达意图,一般沿屋脊线进行避雷带绘制,或进行避雷针的布置,避雷针及避雷带符号见图 10-1 所示图例。

1. 等分屋脊线

(1) 将当前图层设置为"防雷"。

(2) 单击"默认"选项卡"绘图"面板中的"定距等分"按钮,如图 10-22 所示,将屋脊线等分,距离为900。命令行提示与操作如下。

```
命令: MEASURE↙
选择要定距等分的对象:(依次选择各屋脊线)
指定线段长度或 [块(B)]: 900↙
```

2. 绘制避雷带

(1) 绘制"——×——×——"避雷带时,对于"×"符号只需利用"默认"选项卡"修改"面板中的"复制"按钮,进行连续复制生成即可。单击"对象捕捉

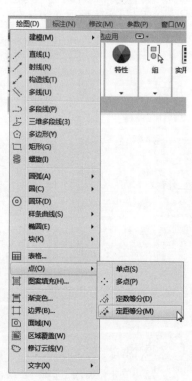

图 10-22　点的绘制

追踪"按钮 ，将避雷带符号逐一复制到定距等分得到的等分点。

（2）房屋四角还应布接地线。接地线采用虚线加短斜线标记，同时各角部配有避雷针，如图 10-23 所示。

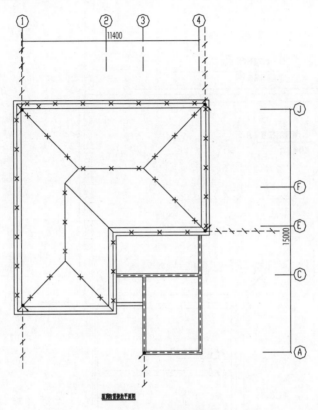

图 10-23　绘制避雷带

📞**注意**：由于避雷带符号布置均匀，也可将其视为一种线型。既然是一种线型，那就可以通过自定义的方式来定义，然后再加载该线型，进而以线对象绘制避雷带。

关于避雷带的线型，读者也可以尝试自己制作，然后添加至 CAD 线型文件内。

3．相关图例符号绘制

（1）采用基本的 AutoCAD 绘制命令进行图例绘制，主要是一些接地符号、分区符号及引下线等的标注。也可创建标准的图例模块，然后利用"插入块"命令 进行调用及修改。

（2）AutoCAD 设计中心提供了一些相关图例符号和一些常用的标准图例。一般而言，设计院均有本单位的图库。

4．尺寸及文字标注说明

（1）主要是进行一些必要的标注以及一些特定说明，以利于图纸的清晰表达。

（2）尺寸标注，应注意标注样式的设置，几个尺寸大小的确定。

（3）该别墅防雷的顶层平面图如图 10-24 所示。由图可知：避雷带沿屋脊线形成避雷网格，角部利用柱内钢筋作为地下引下线。

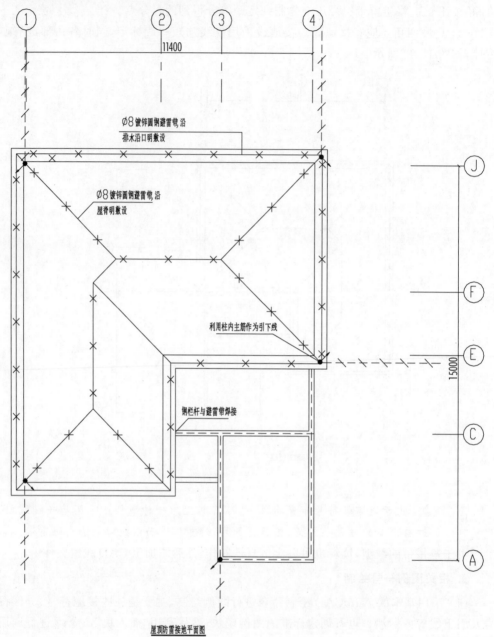

图 10-24　屋顶防雷接地平面图

第3篇 给水排水篇

本篇介绍建筑给水排水工程图基本知识，以及住宅楼给水工程图和住宅楼排水工程图的制作方法。

通过实例加深读者对AutoCAD功能的理解和掌握，以及学习典型建筑给水排水设计的基本方法和技巧。

第11章

给水排水工程基础

本章将结合建筑给水排水工程专业知识,介绍建筑给水排水工程施工图的分类、表达特点、表达内容和设计深度。

通过本章的学习,读者可以了解相关专业知识与 AutoCAD 给水排水工程制图基础,为后面具体学习建筑给水工程的 AutoCAD 制图的基本操作及技巧作铺垫。

学 习 要 点

◆ 给水排水施工图的一般规定及表达特点
◆ 给水排水施工图的表达内容
◆ 给水排水工程施工图的设计深度

11.1　概　　述

　　建筑给水排水工程是现代城市基础设施的重要组成部分,其在城市生活、生产及城市发展中的作用及意义重大。给水排水工程是指城市或工业单位从水源取水到最终处理的整个工业流程,一般包括:给水工程,即水源取水工程、净水工程(水质净化、净水输送、配水使用);排水工程,即污水净化工程、污泥处理处置工程、污水最终处置工程等。整个给水排水工程由主要枢纽工程及给水排水管道网工程组成。

　　建筑给水排水工程制图涉及多方面的内容,包括基本的工程制图方法、建筑施工图制图方法及建筑结构施工图制图方法等。在识读及绘制建筑给水工程图前,读者应对上述的一些制图方法有所接触,重点学习《建筑给水排水制图标准》(GB/T 50106—2010)。

11.2　给水排水施工图分类

　　给水排水施工图是建筑工程图的组成部分,按其内容和作用不同,分为室内给水排水施工图和室外给水排水施工图。

　　室内给水排水施工图用于表示房屋内给水排水管网的布置、用水设备以及附属配件的设置。室外给水排水施工图用于表示房屋外的给水排水管网的布置以及各种取水、储水、净水结构和水处理的设置。其主要图纸包括:室内给水排水平面图;室内给水排水系统图;室外给水排水平面图及有关详图。

11.3　给水排水施工图的一般规定
　　　　及表达特点

　　本节简要介绍给水排水施工图的一般规定和表达特点。

11.3.1　一般规定

　　建筑给水排水工程的 AutoCAD 制图必须遵循我国颁布的相关制图标准,其主要涉及《房屋建筑制图统一标准》(GB/T 50001—2017)、《建筑给水排水制图标准》(GB/T 50106—2010)等多项制图标准,另外,还有一些大型建筑设计单位内部的相关标准,读者可自行查阅,获得详细的相关条文解释,也可查阅相关建筑设备工程制图方面的教材或辅助读物进行参考学习。本节主要以 AutoCAD 2020 应用软件为背景,针对建筑给水排水工程工程制图的各基本规定,说明其在 AutoCAD 2020 中的制图操作过程,详细介绍 AutoCAD 在建筑给水排水工程制图方面的一些知识及技巧,以帮助读者迅速提高 CAD 工程制图的能力。

11.3.2 表达特点

给水排水施工图具有以下表达特点。

（1）给水排水施工图中的平面图、详图等图样采用正投影法绘制。

（2）给水排水系统图宜按 45°正面斜轴测投影法绘制。管道系统图的布图方向应与平面图一致，并宜按比例绘制，当局部管道按比例不易表示清楚时，可不按比例绘制。

（3）给水排水施工图中管道附件和设备等，一般采用标准（统一）图例表示。在绘制和阅读给水排水施工图前，应查阅和掌握与图纸有关的图例及其所表示的设备。

（4）给水及排水管道一般采用单线表示，并以粗线绘制。而建筑与结构的图样及其他有关器材设备均采用中、细实线绘制。

（5）有关管道的连接配件，属于规格统一的定型工业产品，在图中可不予画出。

（6）给水排水施工图中，常用 J 作为给水系统和给水管的代号，用 P 作为排水系统和排水管的代号。

（7）给水排水施工图中管道设备的安装应与土建施工图相互配合，尤其在留洞、预埋件、管沟等方面对土建的要求，须在图纸上予以注明。

11.4 给水排水施工图的表达内容

本节简要介绍给水排水施工图的表达内容。

11.4.1 施工设计说明

给水排水施工图设计说明，是整个给水排水工程设计及施工中的指导性文字说明。应主要阐述以下内容：给水排水系统采用何种管材、设备型号及其施工安装中的要求和注意事项；消防设备的选型、阀门符号、系统防腐、保温方法及系统试压的要求以及其他未说明的各项施工要求；给水排水施工图尺寸单位的说明等。施工设计说明包括以下内容。

（1）设计依据简述。

（2）给水排水系统概况，主要的技术指标（如最高日用水量，最大时用水量，最高日排水量，最大时热水用水量、耗热量，循环冷却水量，各消防系统的设计参数及消防总用水量等），控制方法；有大型的净化处理厂（站）或复杂的工艺流程时，还应有运转和操作说明。

（3）凡不能用图示表达的施工要求，均应以设计说明表述。

（4）有特殊需要说明的可分别列在有关图纸上。

11.4.2 室内给水施工图

1. 室内给水平面图的主要内容

室内给水平面图是室内给水系统平面布置图的简称，主要表示房屋内部给水设备的配置和管道的布置情况。其主要包括以下内容。

（1）建筑平面图及相关给水设备在建筑平面图中所在的位置。

（2）各用水设备的平面位置、规格类型等尺寸关系。

（3）给水管网的各干管、立管和支管的平面位置、走向、立管编号和管道安装方式（明装或暗装），管道的名称、规格、尺寸等。

（4）管道器材设备（阀门、消火栓、地漏等）、与给水系统相关的室内引入管、水表节点及加压装置的平面位置。

（5）屋顶给水平面图中应注明屋顶水箱的平面位置、水箱容量、进出水箱的各种管道的平面位置、设备支架及保温措施等内容。

（6）管道及设备安装预留洞位置、预埋件、管沟等方面对土建的要求。

2．室内给水平面图的表示方法

1）建筑平面图

室内给水平面图是在建筑平面图上，根据给水设备的配置和管道的布置情况绘出的，因此，建筑轮廓应与建筑平面图一致，一般只抄绘房屋的墙、柱、门窗洞、楼梯等主要构配件（不画建筑材料图例），房屋的细部、门窗代号等均可省略。

2）卫生器具平面图

房屋卫生器具中的洗脸盆、大便器、小便器等都是工业产品，只需表示它们的类型和位置，按规定用图例画出。

3）管道的平面布置

通常以单线条的粗实线表示水平管道（包括引入管和水平横管），并标注管径。以小圆圈表示立管，底层平面图中应画出给水引入管，并对其进行系统编号，一般给水管以每一引入管作为一个系统。

4）图例说明

为使施工人员便于阅读图纸，无论是否采用标准图例，最好能附上各种管道及卫生设备的图例，并对施工要求和有关材料等用文字说明。

3．室内给水系统图

给水系统图是给水系统轴测图的简称，主要表示给水管道的空间布置和连接情况。给水系统图和排水系统图应分别绘制。给水系统图宜采用正面斜等轴测绘制，其图示方法如下。

（1）给水系统图与给水平面图采用相同的比例。

（2）按平面图上的编号，分别绘制管道图。

（3）轴向选择，通常将房屋的高度方向作为 Z 轴，以房屋的横向作为 X 轴，房屋的纵向作为 Y 轴。

（4）系统图中水平方向的长度尺寸可直接在平面图中量取，高度方向的尺寸可根据建筑物的层高和卫生器具的安装高度确定。

（5）在给水系统图中，管道用粗实线表示。

（6）在给水系统图中出现管道交叉时，要判别可见性，将后面的管道线断开。

（7）给水系统图中的尺寸标注主要包括管径、坡度、标高等几个方面。

11.4.3 室内排水施工图

1. 室内排水平面图的主要内容

室内给水系统图即室内给水系统平面布置图,其主要表达了房屋内部给水设备的配置和管道布置及连接的空间情况。其主要内容如下。

(1) 系统编号。在系统图中,系统的编号与给水排水平面图中的编号应该是对应一致的。

(2) 管道的管径、标高、走向、坡度及连接方式等。在平面图中管长的变化无法表示,但在系统轴测图中应标注各管段的管径,管径的大小通常用公称直径来表示。在平面图中管道相关设备的标高亦无法表示,在系统图中应标注相关标高,主要包括建筑标高、给水排水管道的标高、卫生设备的标高、管件标高、管径变化处标高以及管道的埋深等。管道的埋深采用负标高标注。管道的坡度值及走向也应标明。

(3) 管道和设备与建筑的关系。主要指管道穿墙、穿梁、穿地下室、穿水箱、穿基础的位置及卫生设备与管道接口的位置等。

(4) 重要管件的位置。如给水管道中的阀门、污水管道中的检查口等,其应在系统轴测图中标注。

(5) 与管道相关的给水排水设施的空间位置,如屋顶水箱、室外储水池、水泵、加压设备、室外阀门井等与给水相关的设施的空间位置,以及与排水有关的设施,如室外排水检查井、管道等。

(6) 雨水排水系统图主要反映雨水排水管道的走向、坡度、落水口、雨水斗等内容。当雨水排到地下以后,若采用有组织排水方式,则还应反映出排出管与室外雨水井之间的空间关系。

2. 管线位置的确定

管道设备一般采用图形符号和标注文字的方式来表示,在给水排水平面图中不表示线路及设备本身的尺寸大小形状,但必须确定其敷设和安装的位置。其中平面位置是指根据建筑平面图的定位轴线和某些构筑物来确定照明线路和设备布置的位置,而垂直位置,即安装高度,一般采用标高、文字符号等方式来表示。

3. 室内排水平面图的表达方法

(1) 建筑平面图、卫生器具与配水设备平面图的表达方法,要求与给水管网平面布置图相同。

(2) 排水管道一般用单线条粗虚线表示,以小圆圈表示排水立管。

(3) 按系统对各种管道分别予以标志和编号。

(4) 图例及说明与室内给水平面图相似。

4. 室内排水系统图

室内排水系统图的图示方法如下。

(1) 室内排水系统图仍选用正面斜等轴测,其图示方法与给水系统图基本一致。

(2) 排水系统图中的管道用粗线表示。

(3) 排水系统图只需绘制管路及存水弯,卫生器具及用水设备可不必画出。

（4）排水横管上的坡度，因画图例小，可忽略，按水平管道画出。

（5）排水系统图中的尺寸标注主要包括管径、坡度、标高等几个方面。

11.4.4　室外管网平面布置图

1. 室外管网平面布置图的主要内容

室外管网平面布置图表明一个工程单位的（如小区、城市、工厂等）给水排水管网的布置情况，一般应包括以下内容。

（1）该工程的建筑总平面图。

（2）给水排水管网干管位置等。

（3）室外给水管网，需注明各给水管道的管径、消火栓位置等。

2. 室外管网平面布置图的表达方法

（1）给水管道用粗实线表示。

（2）在排水管的起端、两管相交点和转折点要设置检查井。在图上用2～3mm的圆圈表示检查井，两检查井之间的管道应是直线。

（3）用汉语拼音字头表示管道类别。

简单的管网布置可直接在布置图中注明管径、坡度、流向、管底标高等。

11.5　给水排水工程施工图的设计深度

该部分为摘录建设部颁发的文件《建筑工程设计文件编制深度规定》（2016年版）中给水排水工程部分施工图设计的有关内容，供读者学习参考。

11.5.1　总则

（1）民用建筑工程一般应分为方案设计、初步设计和施工图设计三个阶段；对于技术要求简单的民用建筑工程，经有关主管部门同意，并且合同中有不做初步设计的约定，可在方案设计审批后直接进入施工图设计。

（2）各阶段设计文件编制深度应按以下原则进行。

注意：① 方案设计文件，应满足编制初步设计文件的需要。

② 对于投标方案，设计文件深度应满足标书要求；若标书无明确要求，设计文件深度可参照本规定的有关条款。

③ 初步设计文件，应满足编制施工图设计文件的需要。

④ 施工图设计文件，应满足设备材料采购、非标准设备制作和施工的需要。对于将项目分别发包给几个设计单位或实施设计分包的情况，设计文件相互关联处的深度应当满足各承包或分包单位设计的需要。

11.5.2　施工图设计

在施工图设计阶段，给水排水专业设计文件应包括图纸目录、施工图设计说明、设计图纸、主要设备表、计算书。

☎ **注意**：图纸目录应先列新绘制图纸，后列选用的标准图或重复利用图。计算书一般为内部使用，根据初步设计审批意见进行施工图阶段设计计算。

设计图纸具体内容如下。

1. 给水排水总平面图

（1）绘出各建筑物的外形、名称、位置、标高、指北针（或风玫瑰图）。

（2）绘出全部给水排水管网及构筑物的位置（或坐标）、距离、检查井、化粪池型号及详图索引号。

（3）对较复杂工程，还应将给水、排水（雨水、污废水）总平面图分开绘制，以便于施工（简单工程可以绘在一张图上）。

（4）给水管注明管径、埋设深度或敷设的标高，宜标注管道长度，并绘制节点图，注明节点结构、闸站井尺寸、编号及引用详图（一般工程给水管线可不绘节点图）。

（5）排水管标注检查井编号和水流坡向，标注管道接口处市政管网的位置、标高、管径、水流坡向。

2. 排水管道高程表和纵断面图

（1）排水管道绘制高程表，将排水管道的检查井编号、井距、管径、坡度、地面设计标高、管内底标高等写在表内。

简单的工程，可将上述内容直接标注在平面图上，不列表。

（2）对地形复杂的排水管道以及管道交叉较多的给水排水管道，应绘制管道纵断面图，图中应表示出设计地面标高、管道标高（给水管道注管中心，排水管道注管内底）、管径、坡度、井距、井号、井深，并标出交叉管的管径、位置、标高；纵断面图比例宜为竖向1∶1000（或1∶50，1∶200），横向1∶500（或与总平面图的比例一致）。

3. 取水工程总平面图

绘出取水工程区域内（包括河流及岸边）的地形等高线、取水头部、吸水管线（自流管）、集水井、取水泵房、栈桥、转换闸门及相应的辅助建筑物、道路的平面位置、尺寸、坐标，管道的管径、长度、方位等，并列出建（构）筑物一览表。

4. 取水工程流程示意图（或剖面图）

一般工程可与总平面图合并绘在一张图上，较大且复杂的工程应单独绘制。图中标明各构筑物间的标高关系和水源地最高、最低、常年水位线和标高等。

5. 取水头部（取水口）平、剖面及详图

（1）绘出取水头部所在位置及相关河流、岸边的地形平面布置，图中标明河流、岸边与总体建筑物的坐标、标高、方位等。

（2）详图应详细标注各部分尺寸、构造、管径和引用详图等。

6. 取水泵房平、剖面及详图

绘出各种设备基础尺寸（包括地脚螺栓孔位置、尺寸），相应的管道、阀门、配件、仪表、配电、起吊设备的相关位置、尺寸、标高等，列出设备材料表，并标注出各设备型号和规格及管道、阀门的管径，配件的规格。

7. 其他建筑物平、剖面及详图

内容应包括集水井、计量设备、转换闸门井等。

8. 输水管线图

在带状地形图(或其他地形图)上绘制出管线及附属设备、闸门等的平面位置、尺寸,图中注明管径、管长、标高及坐标、方位。是否需要另绘管道纵断面图,视工程地形的复杂程度而定。

9. 给水净化处理厂(站)总平面布置图及高程系统图

(1) 绘出各建(构)筑物的平面位置、道路、标高、坐标,连接各建(构)筑物之间的各种管线、管径,闸门井,检查井,堆放药物、滤料等堆放场的平面位置、尺寸。

(2) 高程系统图应表示各构筑物之间的标高、流程关系。

10. 各净化建(构)筑物平、剖面及详图

分别绘制各建筑物、构筑物的平、剖面及详图,图中详细标出各细部尺寸、标高、构造、管径及管道穿池壁预埋管管径或加套管的尺寸、位置、结构形式和引用的详图。

11. 水泵房平、剖面图

注意: 水泵房一般指利用城市给水管网供水压力不足时设计的加压泵房,净水处理后的二次升压泵房或地下水取水泵房。

1) 平面图

应绘出水泵基础外框、管道位置,列出主要设备材料表,标出设备型号和规格、管径、阀件,起吊设备、计量设备等位置、尺寸。如需设真空泵或其他引水设备时,要绘出有关的管道系统和平面位置及排水设备。

2) 剖面图

绘出水泵基础剖面尺寸、标高,水泵轴线管道、阀门安装标高,防水套管位置及标高。简单的泵房,用系统轴测图能交代清楚的,可不绘剖面图。

12. 水塔(箱)、水池配管及详图

分别绘出水塔(箱),水池的进水、出水、泄水、溢水、透气等各种管道平面和剖面图或系统轴测图及详图,标注管径、标高、最高水位、最低水位、消防储备水位等及储水容积。

13. 循环水构筑物的平面、剖面及系统图

有循环水系统时,应绘出循环冷却水系统的构筑物(包括用水设备、冷却塔等),循环水泵房及各种循环管道的平面、剖面及系统图(当绘制系统轴测图时,可不绘制剖面图)。

14. 污水处理

如有集中的污水处理或局部污水处理时,绘出污水处理站(间)平面、高程流程图,并绘出各构筑物平、剖面及详图,其深度可参照给水部分(第 4.6.12 条、4.6.13 条)的相应图纸内容。

15. 建筑给水排水图纸

1) 平面图

(1) 绘出与给水排水、消防给水管道布置有关各层的平面,内容包括主要轴线编号、房间名称、用水点位置,注明各种管道系统编号(或图例)。

(2)绘出给水排水、消防给水管道平面布置、立管位置及编号。

(3)当采用展开系统原理图时,应标注管道管径、标高(给水管安装高度变化处,应在变化处用符号表示清楚,并分别标出标高,排水横管应标注管道终点标高),管道密集处应在该平面图中画横断面图将管道布置定位表示清楚。

(4)底层平面应注明引入道、排出管、水泵接合器等与建筑物的定位尺寸,穿建筑外墙管道的标高,防水套管形式等,还应绘出指北针。

(5)标出各楼层建筑平面标高(如卫生设备间平面标高有不同时,应另加注),灭火器放置地点。

(6)若管道种类较多,在一张图纸上表示不清楚时,可分别绘制给水排水平面图和消防给水平面图。

(7)对于给水排水设备及管道较多处,如泵房、水池、水箱间、热交换器站、饮水间、卫生间、水处理间、报警阀门、气体消防储瓶间等,当上述平面图不能交代清楚时,应绘出局部放大平面图。

2)系统图

(1)系统轴测图

对于给水排水系统和消防给水系统,一般宜按比例分别绘出各种管道系统轴测图。图中标明管道走向、管径、仪表及阀门、控制点标高和管道坡度(设计说明中已交代者,图中可不标注管道坡度),各系统编号,各楼层卫生设备和工艺用水设备的连接站位置。如各层(或某几层)卫生设备及用水点接管(分支管段)情况完全相同时,在系统轴测图上可只绘一个有代表性楼层的接管图,其他各层注明同该层即可。复杂的连接点应局部放大绘制。在系统轴测图上,应注明建筑楼层标高、层数及室内外建筑平面标高差。卫生间管道应绘制轴测图。

(2)展开系统原理图

对于用展开系统原理图将设计内容表达清楚的,可绘制展开系统原理图。图中标明立管和横管的管径、立管编号、楼层标高、层数、仪表及闸门、各系统编号、各楼层卫生设备和工艺用水设备的连接,排水管标立管检查口、通风帽等距地(板)高度等。如各层(或某几层)卫生设备及用水点接管(分支管段)情况完全相同时,在展开系统原理图上可只绘一个有代表性楼层的接管图,其他各层注明同该层即可。

(3)当自动喷水灭火系统在平面图中已将管道管径、标高、喷头间距和位置标注清楚时,可简化表示从水流指示器至末端试水装置(试水阀)等阀件之间的管道和喷头。

(4)简单管段在平面上注明管径、坡度、走向、进出水管位置及标高,可不绘制系统图。

3)局部设施

当建筑物内有提升、调节或小型局部给水排水处理设施时,可绘出其平面图、剖面图(或轴测图),或注明引用的详图、标准图号。

4)详图

特殊管件无定型产品又无标准图可利用时,应绘制详图。

Note

16. 主要设备材料表

主要设备、器具、仪表及管道附、配件可在首页或相关图上列表表示。

☎ **注意**：为合作设计时，应依据主设计方审批的初步设计文件，按所分工内容进行施工图设计。

11.6 职业法规及规范标准

规范或标准是工程设计的依据，其贯穿于整体工程设计过程，专业人员应首先熟悉专业规范的各相关条文，特别是一些强制条文。本节归纳出一些建筑给水排水工程设计中的常用规范标准，读者可选用查询。

给水排水工程设计人员必须熟悉相关行业国家法律法规及行业标准规范，应在设计过程中严格执行相关条文，保证工程设计的合理安全，符合相关质量要求，特别是对于一些强制性条文，更应提高警惕，严格遵守。职业工作中应注意以下法律法规。

（1）我国有关基本建设、建筑、城市规划、环保、房地产方面的法律规范。

（2）工程设计人员的职业道德与行为准则。

表 11-1 列出了给水排水工程设计中的常用法律法规及标准规范目录，读者可自行查阅，便于工程设计之用。其包含了全国勘察设计注册电气工程师复习推荐用法律、规程、规范。

表 11-1 相关职业法规及标准

文件类型	序号	文 件 名 称	
法律法规	1		中华人民共和国城市房地产管理法
	2		中华人民共和国城市规划法
	3		中华人民共和国环境保护法
	4		中华人民共和国建筑法
	5		中华人民共和国合同法
	6		中华人民共和国招标投标法
	7		建设工程质量管理条例
	8		建设工程勘察设计管理条例
	9		中华人民共和国大气污染防治法
	10		中华人民共和国水污染防治法
规范标准	1	GB 50013—2018	室外给水设计标准
	2	GB 50014—2006	室外排水设计规范（2016 年版）
	3	GB 50015—2019	建筑给水排水设计标准
	4	GB 50016—2014	建筑设计防火规范
	5	GB 50084—2017	自动喷水灭火系统设计规范
	6	GB 50336—2018	建筑中水设计标准
	7	GB/T 50265—2010	泵站设计规范
	8	GB/T 50102—2014	工业循环水冷却设计规范
	9	GB 50050—2017	工业循环冷却水处理设计规范

文件类型	序号	文件名称	
规范标准	10	GB/T 50109—2014	工业用水软化除盐设计规范
	11	GB 50219—2014	水喷雾灭火系统设计规范
	12	GB 50098—2009	人民防空工程设计防火规范
	13	GB 50140—2005	建筑灭火器配置设计规范
	14	GB 50096—2011	住宅设计规范
	15	GB 50038—2005	人民防空地下室设计规范
	16	CECS 41—2004	建筑给水硬聚氯乙烯管管道工程技术规程(附条文说明)
	17	CJJ/T 29—2010	建筑排水塑料管道工程技术规程
	18	GB 50268—2008	给水排水管道工程施工及验收规范
	19	GB 50241—2008	给水排水构筑物施工及验收规范
	20	GB 50242—2002	建筑给水排水及采暖工程施工质量验收规范
	21	GB 50261—2017	自动喷水灭火系统施工及验收规范
	22	GB 50319—2013	建设工程监理规范
	23	CJ 3020—1993	生活饮用水水源水质标准
	24	GB 5749—2006	生活饮用水卫生标准
	25	CJ 94—2005	饮用净水水质标准
	26	GB 3838—2002	地表水环境质量标准
	27	GB 8978—1996	污水综合排放标准
设计手册	1	严煦世,等.给水工程[M].4版.北京:中国建筑工业出版社,1999.	
	2	孙慧修.排水工程(上册)[M].4版.北京:中国建筑工业出版社,1999.	
	3	张自杰.排水工程(下册)[M].4版.北京:中国建筑工业出版社,2000.	
	4	王增长.建筑给水排水工程[M].北京:中国建筑工业出版社,1998.	
	5	上海市政工程设计研究院.给水排水设计(手册)(第3册)——城镇给水[M].2版.北京:中国建筑工业出版社,2003.	
	6	华东建筑设计院有限公司.给水排水设计(手册)(第4册)——工业给水处理[M].2版.北京:中国建筑工业出版社,2000.	
	7	北京市市政设计研究总院.给水排水设计手册(第5册)——城镇排水[M].2版.北京:中国建筑工业出版社,2003.	
	8	北京市市政设计研究总院.给水排水设计手册(第6册)——工业排水[M].2版.北京:中国建筑工业出版社,2002.	
	9	中国建筑标准化研究所等.全国民用建筑工程设计技术措施(给水排水)[M].北京:中国计划出版社,2003.	
	10	严煦世.给水排水工程快速设计手册(第1册)——给水工程[M].北京:中国建筑工业出版社,1995.	
	11	于尔捷,等.给水排水工程快速设计手册(第2册)——排水工程[M].北京:中国建筑工业出版社,1996.	
	12	陈耀宗,等.建筑给水排水设计手册[M].北京:中国建筑工业出版社,1992.	
	13	黄晓家,等.自动喷水灭火系统设计手册[M].北京:中国建筑工业出版社,2002.	
	14	聂梅生,等.水工业工程设计手册 建筑和小区给水排水[M].北京:中国建筑工业出版社,2000.	
	15	张自杰.环境工程手册 水污染防治卷[M].北京:高等教育出版社,1996.	

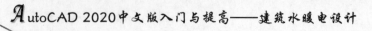

文件类型	序号	文件名称
设计手册	16	兰文艺,等.实用环境工程手册 水处理材料与药剂[M].北京:化学工业出版社,2002.
	17	北京市环境保护科学研究院,等.三废处理工程技术手册废水卷[M].北京:化学工业出版社,2000.
	18	顾夏声,等.水处理工程[M].北京:清华大学出版社,1985.
	19	周本省.工业水处理技术[M].北京:化学工业出版社,1997.
	20	孙力平,等.污水处理新工艺与设计计算实例[M].北京:科学出版社,2001.
	21	周玉文,等.排水管网理论与计算[M].北京:中国建筑工业出版社,2000.
	22	唐受印,等.废水处理工程[M].北京:化学工业出版社,1998.
	23	徐根良,等.废水控制及治理工程[M].杭州:浙江大学出版社,1999.
	24	李培红.工业废水处理与回收利用[M].北京:化学工业出版社,2001.
	25	王绍文,等.重金属废水治理技术[M].北京:冶金工业出版社,1993.
	26	高廷耀,等.水污染控制工程(下册)[M].北京:高等教育出版社,1999.
	27	秦钰慧,等.饮用水卫生与处理技术[M].北京:化学工业出版社,2002.
	28	罗光辉,等.环境设备设计与应用[M].北京:高等教育出版社,1997.

第 **12** 章

给水工程图

本章将以某四层钢筋混凝土结构综合办公楼的给水工程设计实例为背景,重点介绍某楼的给水工程图的全过程CAD制图,试图利用工程制图理论和相关电气专业知识详细描述该工程的制图流程,同时介绍CAD制图的一些常用小技巧,其对CAD制图速度的提高是非常有帮助的。读者在学习给水工程的制图知识及其CAD操作应用技巧的同时,也将对给水工程设计及CAD制图有更深层次的认识。

学 习 要 点

◆ 某综合办公楼给水平面图设计实例
◆ 某综合办公楼给水系统图设计实例

12-1

Note

12.1 某综合办公楼给水平面图设计实例

设计思路

建筑给水平面图是在建筑平面图的基础上,根据建筑给水排水制图的规定绘制出的用于反映给水设备、管线的平面布置状况的图样,图中应标注各种管道、附件、卫生器具、用水设备和立管的平面位置,以及标注管道规格、排水管道坡度等相关数值。通常制图时将各系统的管道绘制在同一张平面布置图上。根据工程规模,当管道及设备等较复杂,用一张图纸表达不清晰时,抑或管道局部布置复杂时,可分类(如卫生器具、其他用水设备、附件等)、分层(如底层、标准层、顶层)表达在不同的图纸上或绘制详图,以便于绘制及识读。建筑给水平面图是建筑给水排水施工图的重要组成部分,是绘制及识读其他给水排水施工图的基础。

建筑给水平面图的绘制步骤如下。

(1) 绘制房屋平面图(外墙、门窗、房间、楼梯等)。

室内给水工程 CAD 制图中,对于新建结构往往会由建筑专业提供建筑图,对于改建改造建筑则需进行建筑图绘制。

(2) 绘制用水设备图例及其平面位置。

(3) 绘制各给水管道的走向及位置。

(4) 对管线、设备等进行尺寸及附加文字标注。

(5) 附加必有的文字说明。

下面以某综合办公楼的给水平面图设计为例,具体讲述给水平面图绘制的一般步骤。

12.1.1 绘图环境设置

AutoCAD 室内给水平面图绘制基本设置按设置图幅、设置单位及精度、建立若干图层、设置对象样式的顺序依次展开,下面进行简要介绍。

1. 图层设置

用户可根据工程的性质、规模等合理设置各图层,以达到便于制图的目的,如图层个数太少,则绘制不便,而图层太多也无必要。

根据建筑 CAD 制图相关规范,建筑给水工程的图层代号如表 12-1 所示。

表 12-1 给水工程图层名称代号

中 文 名	英 文 名	解 释
给排-冷热	p-domw	生活冷热水系统,domestic hot and cold water systems
给排-冷热-设备	p-domw-eqph	生活冷热水设备,domestic hot and cold water equipment
给排-冷热-热管	p-domw-hpip	生活热水管线,domestic hot water piping
给排-冷热-冷管	p-domw-cpip	生活冷水管线,domestic cold water piping

具体设置过程如下。

单击"默认"选项卡"图层"面板中的"图层特性"按钮，打开"图层特性管理器"选项板，进行如图 12-1 所示的设置。

注意：（1）对各图层设置不同颜色、线宽、状态等。

（2）0 层不作任何设置，也不应在 0 层绘制图样。

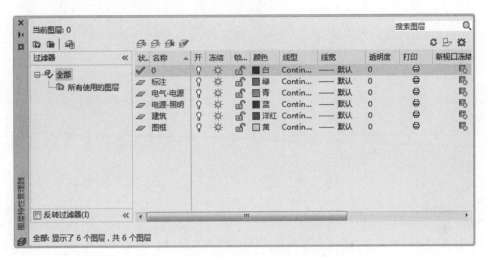

图 12-1　"图层特性管理器"选项板

2. 图纸与图框

采用 A1 图纸，幅面尺寸 $b \times l \times c \times a = 594\text{mm} \times 841\text{mm} \times 10\text{mm} \times 25\text{mm}$，$b$、$l$、$c$、$a$ 四个参数在图纸上所代表部位及尺寸参见前述章节。

按 1:1 比例，原尺寸绘制图框，图纸矩形尺寸为 $594\text{mm} \times 841\text{mm}$，图框矩形，在扣除图纸的边宽及装订侧边宽后，其尺寸为 $574\text{mm} \times 806\text{mm}$。

（1）将图层设置为"图框"，线型设置为粗实线，线宽取 $b = 0.7\text{mm}$。

（2）单击"默认"选项卡"绘图"面板中的"矩形"按钮□，绘制图框，命令行提示与操作如下。

```
命令: _rectang
指定第一个角点或 [倒角(C)/标高(E)/圆角(F)/厚度(T)/宽度(W)]:
指定另一个角点或 [面积(A)/尺寸(D)/旋转(R)]: d↙
指定矩形的长度〈10.0000〉: 841↙
指定矩形的宽度〈10.0000〉: 594↙
指定另一个角点或 [面积(A)/尺寸(D)/旋转(R)]: ↙
命令: RECTANG
指定第一个角点或 [倒角(C)/标高(E)/圆角(F)/厚度(T)/宽度(W)]:
指定另一个角点或 [面积(A)/尺寸(D)/旋转(R)]: d↙
指定矩形的长度〈210.0000〉: 806↙
指定矩形的宽度〈297.0000〉: 574↙
指定另一个角点或 [面积(A)/尺寸(D)/旋转(R)]: ↙
```

（3）单击"默认"选项卡"修改"面板中的"移动"按钮✛，调整图框内框与外框间的边宽及装订侧边宽。

（4）单击"默认"选项卡"绘图"面板中的"直线"按钮／和"修改"面板中的"复制"按钮❀，绘制图鉴，然后单击"默认"选项卡"注释"面板中的"多行文字"按钮 **A**，填写相应文字。绘制好的图框及图签如图 12-2 所示。

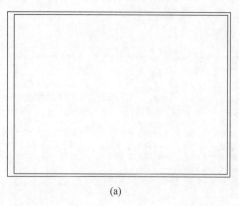

xx建筑设计院	xx公司综合办公楼	图 别	设施
		图 号	
制 图		比 例	1:125
审 核		日 期	2001.6

(a)   (b)

图 12-2　图框与图签

 小技巧：

使用"直线"命令时，若为正交轴网，可单击"正交"按钮，根据正交方向提示，直接输入下一点的距离，而不需要输入"@"符号；若为斜线，则可单击"极轴追踪"按钮，设置斜线角度，此时，图形即进入了自动捕捉所需角度的状态，可大大提高制图时直接输入距离的速度。注意，两者不能同时使用。

（5）单击"默认"选项卡"修改"面板中的"缩放"按钮□，对图框进行缩放。手工制图时是在 1∶1 的纸质图纸中绘制缩小比例的图样，而在 AutoCAD 电子制图中则恰恰相反，即将图样按 1∶1 绘制，而将图框按放大比例绘制，也即相当于"放大了的标准图纸"。

（6）本工程建筑制图比例为 1∶125，因为此比例为缩小比例，故只需将图框相对放大 125 倍，随后图样即可按 1∶1 原尺寸绘制，从而获得 1∶125 比例的图纸。给水排水平面图宜与建筑平面图采用同比例进行绘制，便于识读，并保持各专业制图图纸规格一致。

3. 文字样式

（1）单击"默认"选项卡"注释"面板中的"文字样式"按钮 **A**，在打开的"文字样式"对话框中进行样式参数设置，如图 12-3 所示。主要包括如下几项：新建字体样式名称、字体组合、宽度因子。用户可于左下角的预览窗口看到所设置的字体样式效果。

（2）这里采用土木工程 CAD 制图中常用的大字体样式，字体组合为"txt.shx＋hztxt.shx"（若 CAD 字库中没有该字体，读者可从 CAD 有关字体网站中下载并安装），宽度因子设置为 0.7，此处暂不设置文字高度，其高度仍然为 0.000，样式名为默认的 Standard。读者若想另建其他样式的字体，则需单击"新建"按钮，在打开的"新建文字样式"对话框中输入样式名，进行新的字体组合及样式设置，如图 12-4 所示。

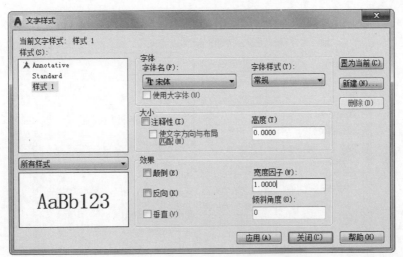

图 12-3　"文字样式"参数设置窗口

4. 标注样式

（1）单击"默认"选项卡"注释"面板中的"标注样式"按钮，打开"标注样式管理器"对话框（如图 12-5 所示），进行样式设置，用户可以选择"置为当前""新建""修改""替代"和"比较"几种方式，来完成标注样式的设置。此处单击"修改"按钮，打开如图 12-6 所示的"修改标注样式"对话框，进行各参数设置。

图 12-4　"新建文字样式"对话框

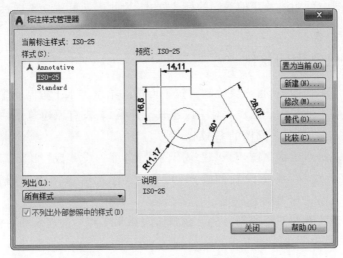

图 12-5　"标注样式管理器"对话框

（2）对标注样式进行设置，包括文字、单位、箭头等。此处应注意，各项涉及尺寸大小的，都应为以实际图纸上的表现尺寸乘以制图比例的倒数，即 100。如，本例需要在 A4 图纸上看到 3.5mm 的字，则此处的字高应设为 350，此方法同图框的设置。各项设置如下。

➤"线"选项卡：颜色、线型、线宽等均设置为 bylayer，即随层设置，其属性与"标

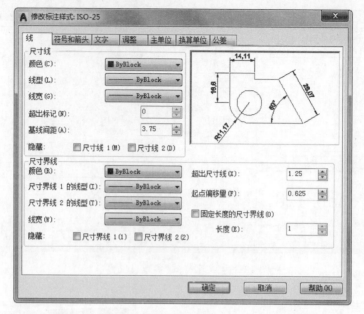

图 12-6 "修改标注样式"对话框的"标注样式"设置

注"图层属性相同。

➢ "符号和箭头"选项卡：选择建筑标记，引线为实心闭合，设置箭头大小。

➢ "文字"选项卡：设置文字样式、颜色随层、高度及位置。

➢ "调整"选项卡：使用全局比例为 125。

➢ "主单位"选项卡：小数、精度、句点。

（3）一幅图中可能涉及几种不同的标注样式，为此读者可建立不同标注样式，然后再使用。

12.1.2 建筑平面图绘制

在绘制给水平面图前，首先要绘制建筑平面图。给水排水工程制图中，对于新建结构往往会由建筑专业提供建筑图；对于改建改造建筑，若没有原建筑图，则可根据原档案所存的图纸，进行建筑平面图的 CAD 绘制。

此处为建筑给水工程制图，对于建筑图的线宽，统一设置成"细线"，即 $0.25b$。给水工程制图中各线型、线宽设置的要求，可参见《建筑给水排水制图标准》（GB/T 50106—2010）及前述相关章节。

下面简述建筑专业图的绘制方法。建筑给水排水工程中的建筑图主要是指建筑平面图的轮廓线，其绘制步骤如下。

1. 绘制定位轴线、轴号

（1）将当前图层设置为"建筑"（用户也可以建立建筑-轴线图层）。

📞 注意：定位轴线为点划线，线型设置如前述。

（2）单击"默认"选项卡"绘图"面板中的"直线"按钮 ，绘制两条轴线，分别为水平向及竖直向，长度分别为 80000 和 30000，绘制时使用"正交"按钮 ，结果如图 12-7 所示。

一层给水平面图 1:125

图 12-7　绘制轴线

（3）单击"默认"选项卡"修改"面板中的"偏移"按钮⊆，将水平轴线依次向下偏移 6300、2100、5700、1200，将竖直轴线依次向右偏移 2400、6900、7200、7500、7200、7500、7200、6900、2400，绘制出轴网。

（4）单击"默认"选项卡"绘图"面板中的"圆"按钮⊙，绘制轴号圆圈。轴号的圆圈在图纸上应为 8mm 直径的圆，此处的制图比例为 1：125，故其直径也应为 8mm× 125＝1000mm。

（5）单击"默认"选项卡"注释"面板中的"单行文字"按钮 **A**，将轴线编号，插入圆圈中。

（6）单击"默认"选项卡"修改"面板中的"复制"按钮，复制刚绘制的圆圈和轴线编号到轴网各个端点，并修改各轴线的轴号数字或字母值。修改时双击文字，出现闪烁的文字编辑符即进行编辑状态，轴号横向排列为数字，纵向排列为英文字母。

绘制好的轴网如图 12-8 所示。

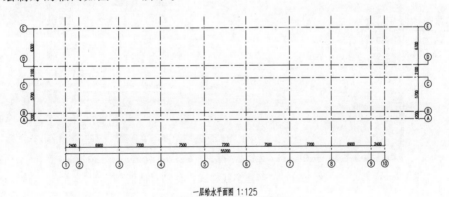

一层给水平面图 1:125

图 12-8　绘制定位轴线图

2．绘制墙线、柱

（1）更改当前图层为"墙线"（仍为建筑）。

（2）指定多线样式。选择菜单栏中的"格式"→"多线样式"命令，打开"多线样式"对话框，如图 12-9 所示。单击"新建"按钮，打开"创建新的多线样式"对话框，输入新样式名"墙1"，如图 12-10 所示。单击"继续"按钮，打开"新建多线样式：墙1"对话框，在

"封口"选项区的"直线"项后选中"起点"和"端点"复选框,如图 12-11 所示。单击"确定"按钮,回到"多线样式"对话框,在"样式"列表框中选择"墙 1"样式,如图 12-12 所示,单击"置为当前"按钮,再单击"确定"按钮,完成多线样式设置和指定。

图 12-9 "多线样式"对话框

图 12-10 "创建新的多线样式"对话框

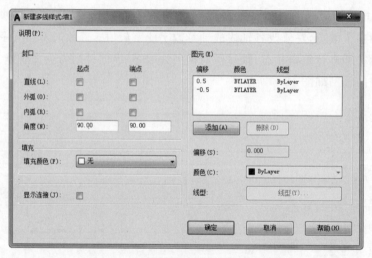

图 12-11 "新建多线样式:墙 1"对话框

(3)选择菜单栏中的"绘图"→"多线"命令,绘制墙线,具体位置和尺寸参照图 12-9 所示。命令行提示与操作如下。

```
命令: mline ✓
指定起点或[对正(J)/比例(S)/样式(ST)]：J✓
输入对正类[上(T)/无(Z)/下(B)]上：Z✓
指定起点或[对正(J)/比例(S)/样式(ST)]：S✓
输入多线比例：300 ✓  (墙体的厚度)
```

图 12-12　指定多线样式

（4）利用多线编辑工具对墙线进行细部修改。选择菜单栏中的"修改"→"对象"→"多线"命令，打开"多线编辑工具"对话框，如图 12-13 所示，分别选择不同的编辑方式对需要编辑的多线进行编辑，然后利用"分解""修剪"等命令对墙线进行细部修改。

图 12-13　"多线编辑工具"对话框

（5）绘制柱的截面图，形成柱网。单击"默认"选项卡"绘图"面板中的"矩形"按钮□，绘制柱子轮廓，柱子尺寸为 500×500。单击"默认"选项卡"绘图"面板中的"图案填充"按钮圈，对柱子轮廓进行填充，结果如图 12-14 所示。

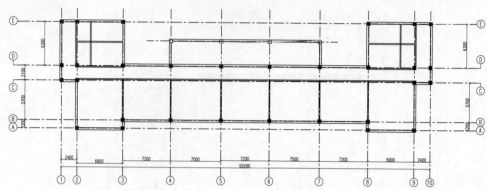

一层给水平面图 1:125

图 12-14　绘制墙线及柱的定位

 小技巧：

　　AutoCAD 可提供点坐标（ID）、距离（distance）、面积（area）的查询，给图形的分析带来了很大的方便，用户可以及时查询相关信息，进行修改。可依次选择菜单栏中的"工具"→"查询"→"距离"等来执行上述命令。

3. 线条编辑、门窗开洞

　　（1）更改当前图层为"建筑"。设置好颜色，线宽＝0.25b，此处取 0.15mm。

　　其中墙线（多线）的编辑应使用"多线编辑"工具。多线的编辑不支持普通线条的修改，若需使用常规的修改命令，则必须先利用"分解"命令将其分解，转化为普通线段才可以进行修改编辑。

　　（2）单击"默认"选项卡"修改"面板中的"修剪"按钮，修剪门窗洞口。

　　（3）单击"默认"选项卡"绘图"面板中的"直线"按钮／和"圆弧"按钮，绘制单扇平开门。

　　（4）单击"默认"选项卡"块"面板中的"创建"按钮，创建"单扇平开门"图块。
单击"默认"选项卡"块"面板中的"插入"按钮，插入"单扇平开门"图块。
同理，绘制双扇平开门。

4. 绘制楼梯

　　（1）单击"默认"选项卡"绘图"面板中的"直线"按钮／、"矩形"按钮□和"修改"面板中的"偏移"按钮，绘制楼梯。

　　（2）单击"默认"选项卡"绘图"面板中的"直线"按钮／，按 F8 键关掉正交模式，绘制出楼梯的剖切线。

　　（3）单击"默认"选项卡"修改"面板中的"修剪"按钮，剪掉多余的线段。

　　（4）选择菜单栏中的"标注"→"多重引线"命令，在踏步的中线处绘制出指示箭头。结果如图 12-15 所示。

5. 绘制卫生间

　　（1）绘制墙线。选择菜单栏中的"绘图"→"多线"命令，绘制墙线，其中墙宽为 60。

（2）绘制门洞。单击"默认"选项卡"修改"面板中的"分解"按钮，将多线墙体线进行分解，然后单击"默认"选项卡"绘图"面板中的"直线"按钮／和"修改"面板中的"修剪"按钮，绘制出门洞，门洞宽度为600。单击"默认"选项卡"修改"面板中的"镜像"按钮，镜像卫生间。结果如图12-16所示。

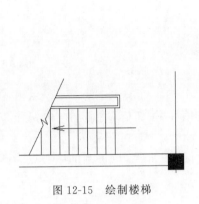

图 12-15　绘制楼梯　　　　　　图 12-16　绘制卫生间

（3）另外，室内基本布局设施的平面位置的绘制，如一些办公桌、椅子等图例或块，可以从CAD设计中心中查找并调用，以提高CAD制图速度；读者也可以自行创建此类的块以便调用。

（4）最终修改的结果如图12-17所示。

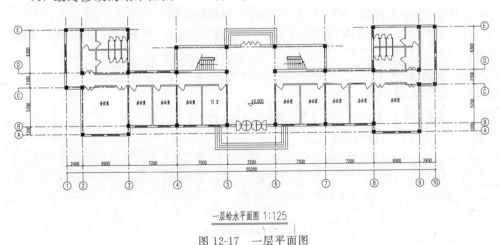

一层给水平面图 1:125

图 12-17　一层平面图

12.1.3　用水设备绘制

在建筑平面图的相应位置，给水排水设备的布置应满足生产生活功能、使用合理及施工方便，给水排水管线及各种给水排水设施等构配件尺寸较小，当采用较小比例绘制时，很难把种种卫生设备表达清楚，故一般用图形符号及图例来表示各种管线及给水排水设备。《房屋建筑制图统一标准》（GB/T 50001—2017）、《建筑给水排水制图标准》（GB/T 50106—2010）中规定管道都用单线表示，并给出了一些常用的给水排水设备图例,读者可查阅相关标准,熟悉各图例的表征意义,便于工程制图使用。

给水排水工程制图的设计说明、图例中应画出各图例符号并注明其具体表达含义,此处对图例符号的绘制进行简要介绍。

1. 洗脸盆图例绘制

(1)单击"默认"选项卡"绘图"面板中的"椭圆"按钮 ⬭,命令行提示与操作如下。

```
命令: _ellipse
指定椭圆的轴端点或 [圆弧(A)/中心点(C)]: c
指定椭圆的中心点:指定任意点作为椭圆的中心点
指定轴的端点: 300
指定另一条半轴长度或 [旋转(R)]: 150
```

(2)单击"默认"选项卡"修改"面板中的"偏移"按钮 ⊂,将椭圆向内偏移 25mm 形成轮廓线。

(3)单击"默认"选项卡"绘图"面板中的"圆"按钮 ⊙,以椭圆的中心点为圆心绘制半径为 25mm 的圆。绘制流程如图 12-18 所示。

2. 污水池图例绘制

(1)单击"默认"选项卡"绘图"面板中的"矩形"按钮 ▭,绘制边长为 360mm 的正方形。

图 12-18　洗脸盆绘制流程

(2)单击"默认"选项卡"修改"面板中的"偏移"按钮 ⊂,将正方形各边向内偏移 30mm 形成轮廓线。

(3)单击"默认"选项卡"绘图"面板中的"直线"按钮 ╱,绘制内部正方形的两条对角线。

(4)单击"默认"选项卡"绘图"面板中的"圆"按钮 ⊙,以对角线中心点为圆心绘制半径为 25mm 的圆。

(5)单击"默认"选项卡"修改"面板中的"修剪"按钮 ⛏,剪切掉圆内的直线,使其完全空心。绘制流程如图 12-19 所示。

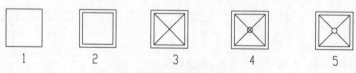

图 12-19　污水池绘制流程

关于建筑设备图例,AutoCAD 设计中心也提供了大量的"块",方便用户直接调用,如图 12-20 所示。

准备好所有给水设备图例后,更改当前图层为"给水-设备"。

单击"默认"选项卡"修改"面板中的"复制"按钮 ⸬ 等,按给水排水工程的设计布置的需要,将绘制好的图例一一对应复制到相应位置,注意复制时选择合适的"基点"。当给水排水设施为对称布置时,还可单击"默认"选项卡"修改"面板中的"镜像"按钮 ⚠,以提高制图速率。布置结果如图 12-21 所示。

Note

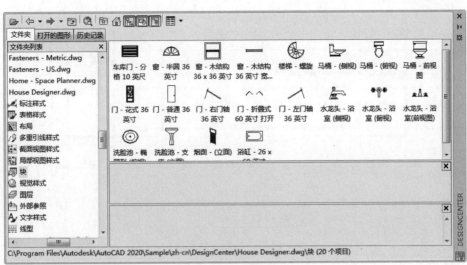

图 12-20　设计中心

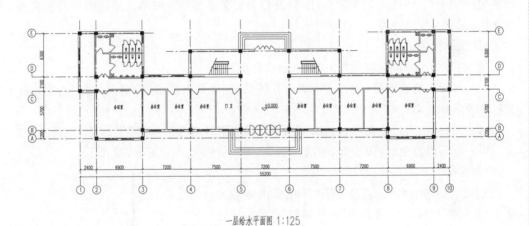

一层给水平面图 1:125

图 12-21　设备布置

12.1.4　管线绘制

用管线连接各给水排水设备,以表达其连接关系。在绘制管线前应注意其安装走向及方式,规划出较为理想的线路布局。绘制线路时应用中粗实线,并注意设定当前图层为"给水-管线"。

此楼为综合办公楼,仅有洗手间需要供水,供水管线连接的设备包括室外水井、室内用水设备(洗脸池、污水池、便池)。单击"默认"选项卡"绘图"面板中的"直线"按钮 ╱ ,将各设备连接起来,如图 12-22 所示。

12.1.5　图纸完善

1. 文字标注及相关必要的说明

更改当前图层为"标注",利用尺寸标注和文本标注相关命令进行相应的标注。

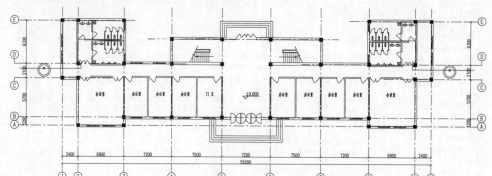

一层给水平面图 1:125

图 12-22　绘制连接管线

绘制建筑给水排水工程图一般采用图形符号与文字标注符号相结合的方法,文字标注包括相关尺寸、线路的文字标注,以及相关的文字特别说明等。绘制时应按相关标准要求,做到文字表达规范、清晰明了。

1) 管径标注

给水排水管道的管径尺寸以毫米(mm)为单位。

(1) 水煤气输送钢管(镀锌或不镀锌)、铸铁管、硬聚氯乙烯管、聚丙烯管等,用公称直径 DN 表示。

(2) 无缝钢管、焊接钢管、铜管、不锈钢管等,用"D 外径×壁厚"表示,如 D150×4。

(3) 钢筋混凝土管、陶土管、耐酸陶管等,采用管道内径 d 表示,如 d250。

2) 编号

当建筑物的给水引入管或排水排出管的根数大于 1 时,通常用汉语拼音的首字母和数字对管道进行编号。

如图 12-23 所示,圆圈内横线上方的汉语拼音字母表示管道类别,横线下方的数字表示管道进出口编号。

对于给水立管及排水立管,即穿过一层或多层的竖向给水或排水管道,当其根数大于 1 时,也应采用汉语拼音首字母及阿拉伯数字对其进行编号。如"JL-2"表示 2 号给水立管,J 表示给水;"PL-6"则表示 6 号排水立管,P 表示排水。

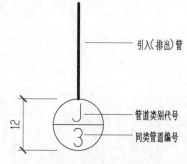

图 12-23　给水引入(排水排出)
管的编号方法

注意:立管在平面图及系统图中的表示方法不同,如图 12-24 所示。

3) 标高

前文已介绍,此处不再细述,读者也可参阅相关制图标准。

2. 指北针的绘制

指北针的图纸尺寸为直径 14mm 的圆,指针底部宽为 3mm,此图的比例为

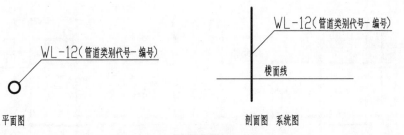

图 12-24 立管编号的表示方法

1：100，故应在 CAD 中画直径 1400mm 的圆，绘制流程如图 12-25 所示。

具体绘制步骤如下。

（1）保持当前图层为"标注"。

（2）单击"默认"选项卡"绘图"面板中的"圆"按钮⊙，绘制直径 1400mm 的圆。

（3）单击"默认"选项卡"绘图"面板中的"直线"按钮╱，绘制指针的一边。

（4）单击"默认"选项卡"修改"面板中的"镜像"按钮◭，镜像指针的另一边。

（5）单击"默认"选项卡"绘图"面板中的"图案填充"按钮▨，将指针填充为黑。

（6）单击"默认"选项卡"注释"面板中的"单行文字"按钮Ａ，标注指向文字为"北"或 N。

（7）单击"默认"选项卡"修改"面板中的"移动"按钮✥，将指北针移动至图样右上角。

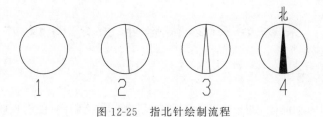

图 12-25 指北针绘制流程

3. 尺寸标注

（1）建筑的尺寸标注共三道：第一道是细部标注，主要是指门窗洞的标注；第二道是轴网标注；第三道是建筑长宽标注。

（2）保持当前图层为"标注"。利用尺寸标注的相关命令对尺寸进行标注，标注完成后，最终结果如图 12-26 所示。

 小技巧：

以 F 为字头的快捷键命令如下。

F1：获取帮助。

F2：实现作图窗口和文本窗口的切换。

F3：控制是否实现对象自动捕捉。

F4：数字化仪控制。

F5：等轴测平面切换。

Note

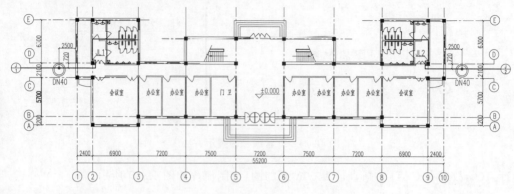

一层给水平面图 1:125

图 12-26 一层给水平面图

F6：控制状态行上坐标的显示方式。

F7：栅格显示模式控制。

F8：正交模式控制。

F9：栅格捕捉模式控制。

F10：极轴模式。

使用这些快捷键，可以快速地进行制图和查询。

12-2

12.2 某综合办公楼给水系统图设计实例

设计思路

给水系统图为轴测图，即采用正面斜等轴测投影法绘制的，能够反映管道系统三维空间关系的立体图样，其可以以管路系统作为表达对象，也可以以管线系统的某一部分作为表达对象，如厨房的给水、消防给水等。绘制给水系统图的基础是各层给水平面图，通过系统图，可以了解系统从下到上全方位的关系。

建筑室内给水系统图的绘制一般遵循以下步骤。

（1）画竖向立管及水平向管道。

（2）画各楼层标高线。

（3）画各支管及附属用水设备。

（4）对管线、设备等进行尺寸（管径、标高、坡度等）标注。

（5）附加必要的文字说明。

12.2.1 绘图环境设置

1. 图层设置

按照工程要求，进行图层设置。本例设置的图层如图 12-27 所示。

Note

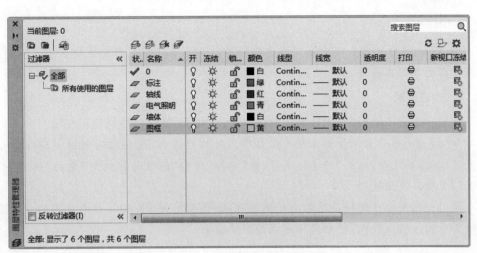

图 12-27　给水系统图图层设置

2．图纸与图框

（1）将图层设置为"图框"，线型设置为粗实线，线宽取 $b=0.7\mathrm{mm}$。

（2）采用 A1 图纸，单击"默认"选项卡"绘图"面板中的"矩形"按钮，绘制图框，按 A1 图纸尺寸绘制好图框，如图 12-28 所示。

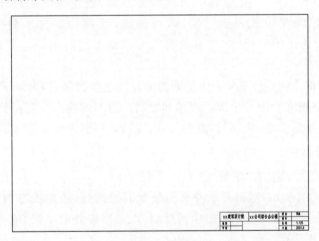

图 12-28　图框

（3）单击"默认"选项卡"修改"面板中的"缩放"按钮，对图框进行缩放。本工程建筑专业平面图及室内给水平面图比例为 1∶125，给水排水系统图宜采用与给水排水平面图相同的比例，也为 1∶125，所以这里将图框放大 125 倍。对于局部管线，或设备复杂而表达不清时，可不按比例绘制。

3．文字样式

字体采用 CAD 制图中的大字体样式，采用的字体组合为 txt.shx＋hztxt.shx。同一套图纸应尽量保持字体风格统一，故系统图的字体仍然采用上节给水平面图中的字体，用户也可以尝试新建某种字体组合。

小技巧：

当 AutoCAD 文件打开时出现字体乱码或"?"号，用户可采用安装相应字体或进行字体替换的方式来解决。

4．标注样式

此处为统一图纸风格，同样采用与给水平面图中相同的标注样式。

注意： 用户需注意标注样式设置字高时的数值，以及在比例制图中，标注样式设置时，其中的几个"比例"的具体效果，如"调整"项的"标注特征比例"中的"使用全局比例"，掌握其使用技巧。

当同一幅图纸中出现不同比例的图样时，如平面图为 1∶125，节点详图为 1∶20，应设置不同的标注样式，特别应注意调整测量因子。

12.2.2　给水系统图绘制

给水排水工程的系统轴测图不同于平面图，其表达了管道及相关设施布置及其连接的三维空间关系。在进行系统轴测图绘制之前必须确定好建筑自下而上各层管线及相关设施的平面布置关系，才能准确地在图中描绘出其三维空间关系。

用户在识读室内给水平面图后，绘制给水系统轴测图时，通常将建筑的南侧作为前面，将建筑的北侧作为后面，把建筑的西侧作为右面，把建筑的东侧作为左面。给水系统图中各线型、线宽设置及表达要求，可参见《建筑给水排水制图标准》（GB/T 50106—2010）及前述相关章节，线型及线宽可以在上述的图层设置时同时确定，也可绘图时局部调整。

轴测图绘制的空间顺序如下：由平面图的左端立管为起点，由地下到地面至屋顶，顺时针，由左及右按立管编号依次顺序排列绘制。由本章的给水工程平面图可知，给水系统共设有 2 根给水立管，绘制时，由左及右，应从第一根给水立管开始绘制。

1．绘制室外水井

（1）将当前图层设置为"建筑"。

（2）如图 12-29 所示，对室外水井只需绘制其轮廓线，采用线型为"细实线"，线宽为 0.25b，同时绘制出管线将穿越的建筑外墙，以及室内外地平线，检查井与外墙的相关尺寸可由平面图确定。

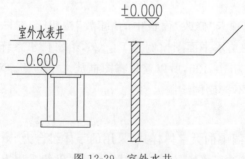

图 12-29　室外水井

（3）单击"默认"选项卡"绘图"面板中的"直线"按钮／，绘制相关的线段。

（4）单击"默认"选项卡"绘图"面板中的"图案填充"按钮▦，填充砖墙的剖面斜线。

（5）单击"默认"选项卡"注释"面板中的"多行文字"按钮 A，标注文字。标注完一行后，只需单击"默认"选项卡"修改"面板中的"复制"按钮❀，将其复制至其他相应需要标注的位置，并双击修改标注内容即可。

 小技巧：

标高的"±"号，在 AutoCAD 的文本编辑器中，输入%%p 就可以完成。其他很多特殊符号输入，也可以通过这种方式实现，具体操作方法是：单击"文字编辑器"选项卡"插入"面板中的@按钮，在打开的下拉菜单中选择"符号"子菜单中的相应命令，如图 12-30 所示，或按相应命令后面的提示在命令行中输入相应命令。对于其他更复杂的符号，还可以选择其中的"其他"命令，打开"字符映射表"对话框，如图 12-31 所示，选择需要的字符，然后单击"复制"按钮，回到 AutoCAD 的文本编辑器，执行 Ctrl+V 键盘命令粘贴进 AutoCAD 的文本编辑器。

图 12-30 "文字编辑器"选项卡

2. 绘制 J1 给水管线

（1）更改当前图层为"给水-管线"。

（2）给水管线采用"中粗实线"，线宽为 0.75b。制图时，由左及右、自下而上绘制，其水平及竖向尺寸由给水平面图中的平面尺寸及标高来确定。

（3）如图 12-32 所示，图中的"＝"线表示楼面线。由于是轴测图，故制图人员务必对照给水平面图确定立管的转弯走向等平面位置关系，以正确表达其在轴测图中的空间位置关系。如轴测图中 J1 管在一层有一段转向，对应其在给水平面图中管线遇到混凝土柱（涂黑部分）时的转弯（管线沿墙布置）。

图 12-31 "字符映射表"对话框

具体绘制步骤如下。

① 单击"默认"选项卡"修改"面板中的"复制"按钮，连续复制楼面线，表现出不同楼层的位置。若楼层均为标准层高，用户也可以单击"默认"选项卡"修改"面板中的"矩形阵列"按钮，绘制楼面线。

② 单击"默认"选项卡"绘图"面板中的"直线"按钮，绘制立管。因为其由多段连续直线构成，故也可用"多段线"命令绘制。

3. 标注各楼层标高

将当前图层设置为"标注"，标注各楼层的标高，标高值可由给水平面图中各楼面标高来确定，标高的标注方法前文已介绍，图 12-33 中"F1、F2、F3、……"表示底层、二层、三层、……。单击"默认"选项卡"修改"面板中的"复制"按钮，将文字逐一复制到需要标注的位置，再逐一双击修改标注内容。该类型的复制也可以通过单击"默认"选项卡"修改"面板中的"矩形阵列"按钮来实现，结果如图 12-33 所示。

☎ **注意**：复制时选择合理的基点，即插入点。

4. 绘制支管

将当前图层设置为"给水-管线"。支管的线型仍然为"中粗实线"，线宽为 $0.75b$。首先由给水平面图识读各支管线的连接空间关系。

绘制时注意极轴开关的运用，以及轴测图表达的管线与平面图中的管线的位置尺寸关系。

±0.000

室外水表井

−0.600

图 12-32 给水管线

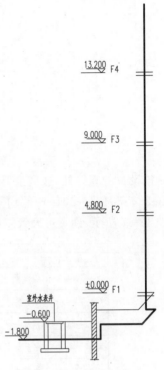

由给水平面图可知,支管由位于混凝土柱角的 JL1 引出,进入女洗手间,并继续分成三根支管。一根支管进入男洗手间,分别用于"三个大便器"及"两个洗脸盆""三个小便器""一个污水池"的给水。两根支管进入女洗手间,其中一根用于"三个大便器"的给水,另外一根用于"一个污水池"及"两个洗脸盆"的给水。由此清楚表达了各用水设备的给水管线关系,再根据平面图尺寸确定其轴测图的三维位置关系。

具体步骤如下。

(1)将光标移至状态栏的"极轴追踪"按钮 上右击,从弹出的快捷菜单中选择"正在追踪设置"命令,如图 12-34 所示,打开"草图设置"对话框。切换到"极轴追踪"选项卡,选中其中的"启用极轴追踪"复选框,在"增量角"下拉列表框中选择 45,在"对象捕捉追踪设置"选项区中选择"用所有极轴角设置追踪"单选按钮,在"极轴角测量"选项区中选择"绝对"单选按钮,如图 12-35 所示。单击"确定"按钮。

(2)单击"默认"选项卡"绘图"面板中的"直线"按钮 ／,依次绘制各管线,具体尺寸由给水平面图读取,结果如图 12-36 所示。

图 12-33　标注标高

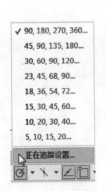

图 12-34　快捷菜单

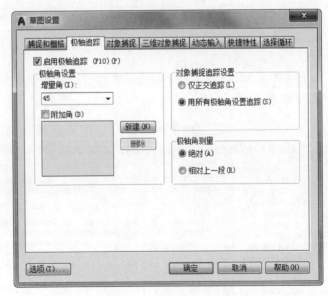

图 12-35　"草图设置"对话框

5. 绘制各用水设备及附件

将当前图层设置为"给水-设备"。

这里主要是各用水设备及附件的图例绘制。各图例绘制好后,逐一复制到需要配

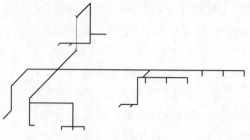

图 12-36　绘制支管

制该设备的管线处，这里主要是水龙头及冲水箱。关于图例，《建筑给水排水制图标准》（GB/T 50106—2010）中作了具体的说明，读者可查阅。此处给出了一些常用图例，如图 12-37 所示，读者可大致了解一下。

图		例			
	给水管	⊔ ⊓	P.S形存水弯	⊕	排水栓
	排水管		蹲便器冲洗水箱	⋈	闸阀
	明设水管		地面清扫口		截止阀
	水龙头		地漏	⋈	铜球阀
	洗脸盆排水		通气漏		角阀
	小便器排水		法兰管堵		对夹式碟阀
	污水盆排水		检查口		单口室内消火栓
	蹲式大便器排水				

图 12-37　给水设备

AutoCAD 设计中心 Pipe Fittings 项提供了一些管道常用的块，如图 12-38 所示，用户可以调用。

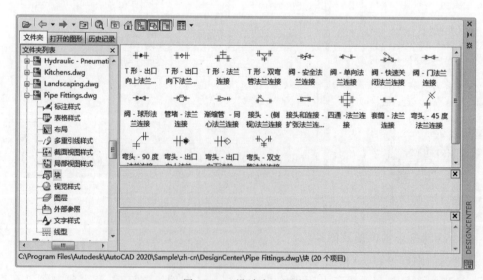

图 12-38　设计中心图块

在设计中心选中某个块,单击打开"插入"对话框,如图 12-39 所示,进行块的调用,将图块插入至相应支管线端即可。

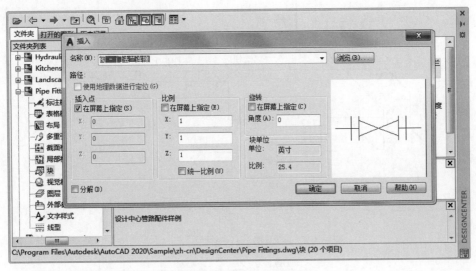

图 12-39 "插入"对话框

绘制好的支管线及附件如图 12-40 所示。

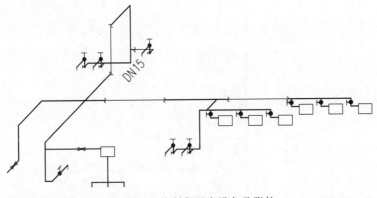

图 12-40 绘制各用水设备及附件

6.支管线标注

将当前图层设置为"标注"。

单击"默认"选项卡"注释"面板中的"单行文字"按钮 **A**,进行标注,继续单击"默认"选项卡"修改"面板中的"复制"按钮 等,将需要标注的文字复制到需要标注的设备旁,再逐一双击文字,根据需要进行编辑修改。相关标注如图 12-41 所示。

7.复制各支管线

因各楼层管线布置及用水设备相同,故只需复制相同支管线的图样即可。复制后形成的图样如图 12-42 所示。

8.相关编号及标高

(1)将当前图层设置为"标注"。

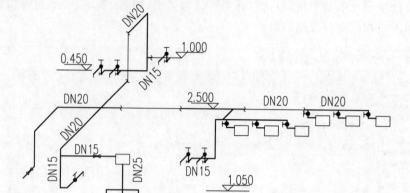

图 12-41　管线标注

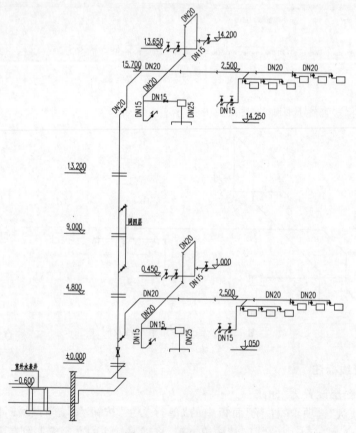

图 12-42　管线复制

（2）对管线进行编号，并对管径、标高进行最后的修改编辑，可得 JL-1 给水管的系统轴测图如图 12-43 所示。

其中 ⊕ 即表示编号为 1 的给水管，给水管的流量 $Q = 1.770$L/s，水压 $P = 0.220$MPa。

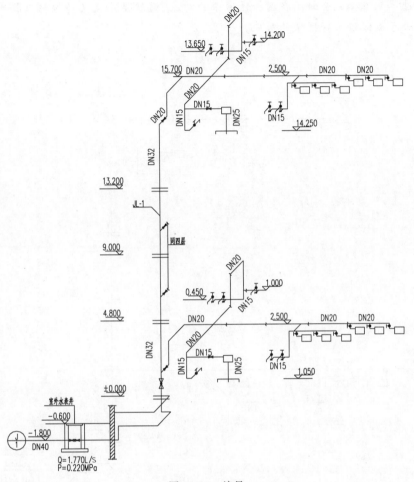

图 12-43　编号

9. 绘制 JL-2 给水管

(1) 将当前图层设置为"给水-管线"。

(2) 同 JL-1 给水管的绘制过程,绘制 JL-2 给水管的系统轴测图,如图 12-44 所示。

小技巧:

选择技巧:用户可以用鼠标一个一个地单击选择目标,将选择的目标逐个地添加到选择集中。AutoCAD 还提供了以下几种选择方式。

(1) Windows 窗选。直接在屏幕上自右至左拉一个矩形框,可只选择完全位于矩形区域中的对象。使用"窗口选择"选择对象时,通常需要待选的整个对象都要包含在矩形选择区域中才能被选中。

(2) Crossing 交叉选。直接在屏幕上自左至右拉一个矩形框,以选择矩形窗口包围的或相交的对象。

(3) 在"选择对象"提示下输入 wp (窗口多边形)或 cp (交叉多边形),按 Enter 键闭合多边形选择区域并完成选择。通过指定点来定义不规则形状区域,通过使用窗口

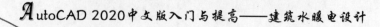

多边形选择来选择完全封闭在选择区域中的对象,通过使用交叉多边形选择可以选择完全包含于或经过选择区域的对象。

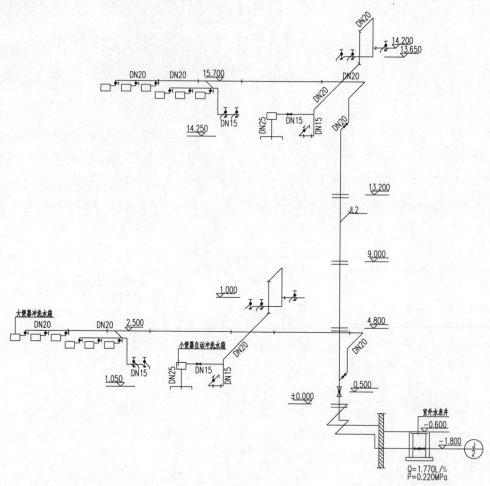

图 12-44　绘制 JL-2 管线

第13章

排水工程图

本章以某四层钢筋混凝土结构综合办公楼的排水工程设计实例为背景,重点介绍某楼排水工程图的全过程 CAD 制图,试图从工程制图理论和相关电气专业知识等方面详细描述该工程的制图流程。同时,还介绍 CAD 制图的一些常用小技巧,其对 CAD 制图速度的提高是非常有帮助的。读者在吸收排水工程的制图知识及其 CAD 操作应用技巧的同时,也将对排水工程设计及 CAD 制图有更深层次的认识。

学 习 要 点

◆ 某综合办公楼排水平面图设计实例
◆ 某综合办公楼排水系统图设计实例

13.1 某综合办公楼排水平面图设计实例

👉 设计思路

本实例首先进行了绘图环境的设置,然后进行了建筑平面图、排水设备、管线的绘制,最后对图纸进行了完善,完成对某综合办公楼排水平面图的绘制。

13.1.1 绘图环境设置

1.图纸与图框

(1)将图层设置为"图框",线型设置为粗实线,线宽取 $b=0.7\text{mm}$。

(2)采用 A1 图纸,单击"默认"选项卡"绘图"面板中的"矩形"按钮囗,绘制图框。按 A1 图纸尺寸绘制好两个图框,根据装订边的尺寸,单击"默认"选项卡"修改"面板中的"移动"按钮✛来调整。绘制好的图框及图签如图 13-1 所示。

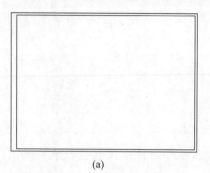

(a)　　　　　　　　　　　　　　(b)

图 13-1　图框及图签

(3)单击"默认"选项卡"修改"面板中的"缩放"按钮囗,对图框进行缩放。本工程建筑专业平面图及室内给水排水平面图比例为 1∶125,由于给水排水系统图宜采用与给水排水平面图相同的比例,同为 1∶125,所以这里将图框放大 125 倍。

2.图层设置

按照工程要求,进行图层设置。本例设置的图层如图 13-2 所示。

3.文字样式

字体采用 CAD 制图中的大字体样式,采用的字体组合为 txt.shx+hztxt.shx。因为同一套图纸应尽量保持字体风格统一,故排水图的字体仍然采用前文给水平面图中的字体。

4.标注样式

此处为统一图纸风格,同样采用与给水平面图中相同的标注样式。

 小技巧:

以上所有的图框及各图层、文字、标注设置都可以从样板文件 DWT 文件中调用,

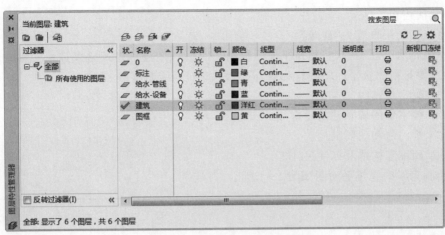

图 13-2 "图层特性管理器"选项板

也可以从 AutoCAD 设计中心 ▦ 调用,如图 13-3 所示。

由设计中心的列表可以看出,可以调用的项包括标注样式、表格样式、布局、多重引线样式、块、图层、外部参照、文字样式、线型等。用户可以根据需要直接添加,就会完成其已设置好的样式调用。

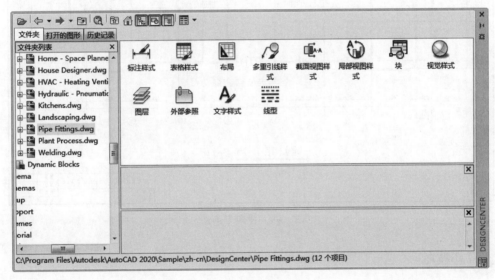

图 13-3 设计中心

13.1.2 建筑平面图绘制

首先是建筑图的绘制。给水排水工程制图中,对于新建结构,往往会由设计单位建筑专业提供电子版建筑图,其为上游输出图样,建筑方案决定下游的输出方案;对于改建改造建筑,若没有原电子版建筑图,则可根据原档案所存的图纸进行建筑平面图的 CAD 绘制。此部分的 CAD 制图操作不是很复杂,可参见建筑专业图纸的绘制方法。此处为建筑排水工程制图,建筑图的线宽统一设置成"细线",即 $0.25b$。给水排水工程制图中各线型、线宽设置的要求,可参见《建筑给水排水制图标准》(GB/T 50106—

Note

2010)及前述相关章节。

将当前图层设置为"建筑"。

室内排水平面图中,将建筑平面图绘制于"建筑"图层。建筑给水排水工程中的建筑图,主要是指建筑平面图的轮廓线,图层为"建筑",绘制步骤如下。

(1)画定位轴线。

(2)画主要的墙和柱的轮廓线。

(3)画门窗和次要结构。

(4)画细部构造及标注尺寸等。

绘制完毕的建筑平面图如图 13-4 所示。

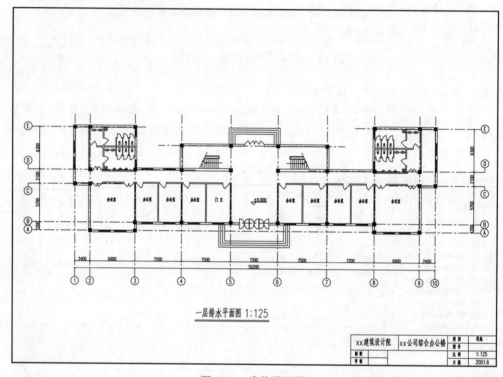

图 13-4   建筑平面图

小技巧:

利用 Offset(偏移)命令可将对象根据平移方向偏移一个指定的距离,创建一个与原对象相同或类似的新对象,它可操作的图元包括直线、圆、圆弧、多义线、椭圆、构造线、样条曲线等(类似于"复制")。当偏移一个圆时,它还可创建同心圆。当偏移一条闭合的多义线时,也可建立一个与原对象形状相同的闭合图形,可见其应用相当灵活。因此 Offset 命令无疑成了 AutoCAD 修改命令中使用频率最高的一条命令。

在使用 Offset 命令时,用户可以通过两种方式创建新线段:一种是输入平行线间的距离,这也是最常使用的方式;另一种是指定新平行线通过的点,输入提示参数 T后,捕捉某个点作为新平行线的通过点,这样就不需要输入平行线之间的距离了,而且还不易出错(此方式也可以通过"复制"来实现)。

13.1.3 排水设备绘制

在排水工程制图的设计说明、图例中,应绘制出各图例符号,并注明其具体表达含义。此处对几个图例符号的绘制进行简要介绍。

1. 雨水斗图例绘制

(1) 单击"默认"选项卡"绘图"面板中的"圆"按钮 ⊙,绘制半径为 30mm 的圆。

(2) 单击"默认"选项卡"绘图"面板中的"直线"按钮 ∕,绘制圆的竖向直径。单击"默认"选项卡"修改"面板中的"偏移"按钮 ⊆,将绘制的直径向两边各偏移 10mm。

(3) 单击"默认"选项卡"修改"面板中的"删除"按钮 ✐,删除直径。

(4) 单击"默认"选项卡"修改"面板中的"修剪"按钮 ⅀,修剪两条直线。

(5) 单击"默认"选项卡"绘图"面板中的"直线"按钮 ∕,绘制引线。

(6) 单击"默认"选项卡"注释"面板中的"单行文字"按钮 A,标注说明文字。

整个绘制流程如图 13-5 所示。

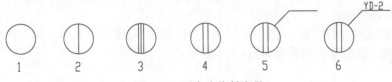

图 13-5 雨水斗绘制流程

2. 排水漏斗图例绘制

(1) 单击"默认"选项卡"绘图"面板中的"圆"按钮 ⊙,绘制半径为 30mm 的圆。

(2) 单击"默认"选项卡"修改"面板中的"偏移"按钮 ⊆,将圆向内偏移 20mm,形成同心圆。

(3) 单击"默认"选项卡"绘图"面板中的"直线"按钮 ∕,绘制管线,线宽设置为 b。

整个绘制流程如图 13-6 所示。

图 13-6 排水漏斗绘制流程

3. 圆形地漏图例绘制

(1) 单击"默认"选项卡"绘图"面板中的"圆"按钮 ⊙,绘制半径为 30mm 的圆。

(2) 单击"默认"选项卡"绘图"面板中的"直线"按钮 ∕,绘制管线。线宽设置为 b。

(3) 单击"默认"选项卡"绘图"面板中的"图案填充"按钮 ▨,将圆填充斜线阴影。

整个绘制流程如图 13-7 所示。

 小技巧:

为什么 CAD 绘制的圆有时显示为多边形?

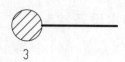

图 13-7　圆形地漏绘制流程

很多 CAD 初学者常常碰到此问题,即在绘制圆或打开文件时,经常发现圆或圆弧显示的却是多边形。这是由于系统命令 Viewres 设置的精度太低造成的,可适当将精度设置得高一点。如果是图形放大后才出现这种现象,则输入 RE(REGEN)命令(即进行模型重生成处理)进行重生成即可。这些显示效果不会影响打印的效果。

13.1.4　管线绘制

(1) 将当前图层设置为"排水-管线"。

(2) 首先根据室内给水平面图在室内排水平面图中布置各圆形地漏及排水立管,随后将地漏、用水设备的排水孔位置、排水立管位置用管线连接起来。底层排水平面图中应绘制排出管线。

(3) 管线绘制可用直线或多段线命令。对于管线及排水设备中对称布置的图样可以镜像复制。绘制完毕的管线如图 13-8 所示。

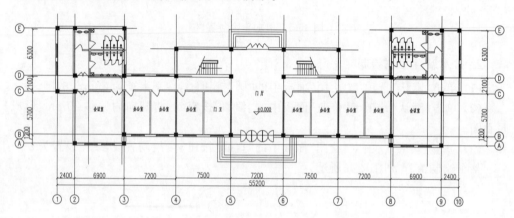

一层排水平面图 1:125

图 13-8　绘制管线

小技巧:

镜像对创建对称的图样非常有用,可以先绘制半个对象然后再镜像,而不必绘制整个对象。

默认情况下,镜像文字、属性及属性定义时,它们在镜像后所得图像中不会反转或倒置。文字的对齐和对正方式在镜像图样前后保持一致。如果制图时确实要反转文字,可将 MIRRTEXT 系统变量设置为 1,默认值为 0。其效果如图 13-9 所示。

MIRRTEXT值为0:

给水排水平面图
——————
给水排水平面图

MIRRTEXT值为1:

给水排水平面图
——————
图面平水排水给

图 13-9　镜像设置

13.1.5 图纸完善

1．文字标注及相关必要的说明

（1）将当前图层设置为"标注"。

（2）建筑给水排水工程图，一般采用图形符号与文字标注符号相结合的方法。文字标注包括相关尺寸、线路的文字标注，以及相关的文字特别说明等。绘制时应按相关标准要求，做到文字表达规范、清晰明了。

（3）管径标注：给水排水管道的管径尺寸以毫米（mm）为单位。水煤气输送钢管（镀锌或不镀锌）、铸铁管、硬聚氯乙烯管、聚丙烯管等，用公称直径 DN 表示。

（4）编号：①当建筑物的排水排出管的根数大于 1 时，通常用汉语拼音的首字母和数字对管道进行编号。②如图 13-10 所示，圆圈横线上方的汉语拼音字线表示管道类别，横线下方的数字表示管道进出口编号。③如图 13-11 所示，对于给水立管及排水立管，即穿过一层或多层的竖向给水或排水管道，当其根数大于 1 时，也应采用汉语拼音首字母及阿拉伯数字进行编号。如"JL-2"表示 2 号给水立管，J 表示给水；"PL-6"则表示 6 号排水立管，P 表示排水。注意，立管在平面图中及系统图中的表示方法不同。

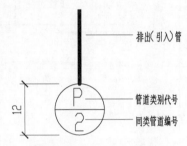

排水排出（给水引入）管的编号方法

图 13-10　编号一

立管编号的表示方法

图 13-11　编号二

（5）标高：对此前文已介绍，此处不再细述，读者也可参阅相关制图标准。

2．尺寸标注

（1）将当前图层设置为"标注"。

（2）按与前文所述相同的方法设置好标注样式。标注样式的设置包括文字、符号、调整等项。

完成后的标注如图 13-12 所示。

由一层室内排水平面图可知，共用 4 根排水引出管 P-1～P-4 及 8 根排水立管 PL-1～PL-8，其分别连接洗脸盆、污水池、大小便器和地漏。

 小技巧：

应灵活利用动态输入功能。

为实现动态输入功能，在光标附近提供了一个命令界面，以帮助用户专注于绘图区域。启用"动态输入"时，将在光标附近显示工具栏提示信息，该信息会随着光标移动而

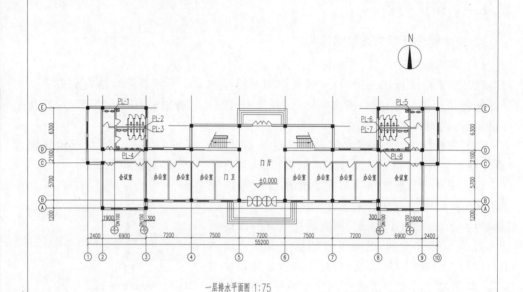

一层排水平面图 1:75

xx建筑设计院	xx公司综合办公楼	图别	竣施
		图号	
制图		比例	1:125
审核		日期	2001.6

图 13-12　标注

动态更新。当某条命令为活动时,工具栏提示将为用户提供输入的位置。

　　单击状态栏上的按钮 来打开和关闭动态输入功能。也可以利用快捷键F12将其关闭。动态输入功能有三个组件：指针输入、标注输入和动态提示。在按钮 上右击,从弹出的快捷菜单中选择"动态输入设置"命令,如图13-13所示,打开"草图设置"对话框的"动态输入"选项卡,如图13-14所示。选中相关复选框,可以控制启用"动态输入"时每个组件所显示的内容。

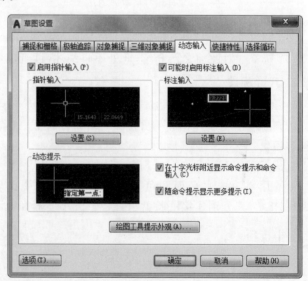

图 13-13　状态栏

图 13-14　"草图设置"对话框的"动态输入"选项卡

Note

13.2　某综合办公楼排水系统图设计实例

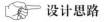设计思路

首先进行绘图环境的设置,然后绘制排水系统图,最后完成对某综合办公楼排水系统图的绘制。

13.2.1　绘图环境设置

1．图纸与图框

(1) 将图层设置为"图框",线型设置为粗实线,线宽取 $b=0.7$mm。

(2) 采用 A1 图纸,单击"默认"选项卡"绘图"面板中的"矩形"按钮囗,绘制图框,按 A1 图纸尺寸绘制好图框。

(3) 单击"默认"选项卡"修改"面板中的"缩放"按钮囗,对图框进行缩放。本工程建筑专业平面图及室内给水排水平面图比例为 1:125,给水排水系统图宜采用与给水排水平面图相同的比例,同为 1:125,所以这里将图框放大 125 倍。

2．图层设置

按照工程要求,进行图层设置,本例设置的图层如图 13-15 所示。

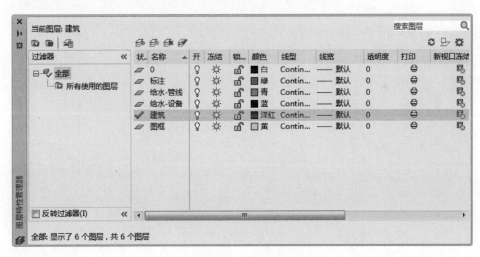

图 13-15　图层设置

3．文字样式

字体采用 CAD 制图中的大字体样式,采用的字体组合为 txt. shx＋hztxt. shx。同一套图纸应尽量保持字体风格统一,故排水图的字体仍然采用前文排水平面图中的字体。

4．标注样式

此处为统一图纸风格,同样采用与排水平面图中相同的标注样式。

13.2.2 排水系统图绘制

排水系统图与给水系统图原理相同,绘制方法类似,基本绘制步骤如下。

1. 绘制建筑外墙及地坪线

(1) 将当前图层设置为"建筑"。

(2) 建筑外墙及地坪线的绘制。只需绘制其轮廓线,采用线型为"细实线",线宽为 $0.25b$,外墙的相关尺寸如标高等可由平面图确定。绘制的外墙轴测图如图 13-16 所示。

2. 绘制 P-1 排水管线

(1) 将当前图层设置为"排水-管线"。

(2) 排水管线采用"粗实线",线宽为 b。制图时,由左及右、自下而上绘制,其水平及竖向尺寸由排水平面图中的平面尺寸及标高来确定。

(3) 图中的"="线表示楼面线。由于是轴测图,故制图人员务必对照排水平面图确定立管的转弯走向等平面位置关系,以正确表达其在轴测图中的空间位置关系。其他楼层的楼面线直接采用定距离复制即可完成。

(4) 立管的绘制,可以单击"默认"选项卡"绘图"面板中的"直线"按钮 ╱ 完成,但因为其由多段连续直线构成,故也可用"多段线"按钮 ⌒ 绘制。

(5) P-1 排水管线绘制结果如图 13-17 所示。

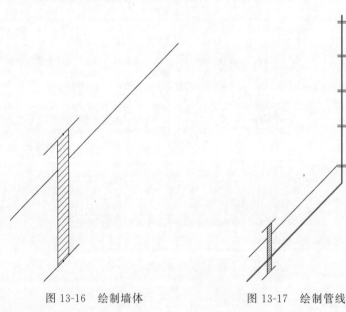

图 13-16 绘制墙体   图 13-17 绘制管线

 小技巧:

多段线的编辑。

除大多数对象使用的一般编辑操作外,可以使用 PEDIT 命令编辑多段线,具体如下。

（1）闭合。创建多段线的闭合线段，形成封闭域，即连接最后一条线段与第一条线段。默认情况下认为多段线是开放的。

（2）合并。可以将直线、圆弧或多段线添加到开放的多段线的端点，并从曲线拟合多段线中删除曲线拟合，以形成一条多段线。要将对象合并至多段线，其端点必须是连续无间距的。

（3）宽度。为多段线指定新的统一宽度。使用"编辑顶点"中的"宽度"选项修改线段的起点宽度和端点宽度，还可用于编辑线宽。

3．标注各楼层标高

（1）更改当前图层为"标注"。

（2）标注各楼层的标高。标高可由排水平面图中各楼面标高来确定。标高的标注方法前文已介绍，图13-18中"F1、F2、F3、……"表示底层、二层、三层、……。

（3）各层标高及文字标注通过"复制"命令完成，随后逐一双击文字对其进行编辑修改。标注结果如图13-18所示。

4．绘制支管

（1）更改当前图层为"排水-管线"。

（2）支管的线型仍然为"粗实线"，线宽为 b。首先由给水平面图识读各支管线的连接空间关系。

（3）由排水平面图可知，支管由位于混凝土柱角的PL-1引出，进入女洗手间，用于"两个洗脸盆""一个地漏"和"一个污水池"的排水。由此弄清了各用水设备与排水管线的连接关系，再根据平面图尺寸确定其轴测图的三维位置关系。

（4）支管的绘制是根据平面的管线与设备之间的连接来进行的，对于相同的支管线配置直接复制即可完成绘制，如图13-19所示。

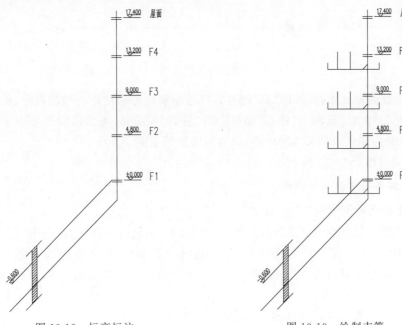

图 13-18　标高标注　　　　　　　　图 13-19　绘制支管

5. 对交叉管线进行编辑

管道空间交叉表示方法如图 13-20 所示,有单线法和双线法两种方法。

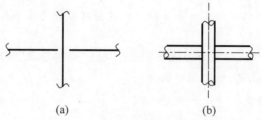

图 13-20　空间交叉管线表示

（a）单线法；（b）双线法

空间交叉时,上面或前面的管道应连通,下面或后面的管道应断开。具体步骤如下。

（1）单击"注释"选项卡"标注"面板中的"打断"按钮凸,对管道线进行断开编辑,命令行提示与操作如下。

```
命令：_break
选择对象：(选择要编辑的管线)
指定第二个打断点 或 [第一点(F)]：f↙
指定第一个打断点：(选择一点)
指定第二个打断点：(选择另一点,则两个断点间的线段将会被剪去)
```

如果使用定点设备选择对象,系统将选择对象并将选择点视为第一个打断点。在下一个提示下,可以继续指定第二个打断点或替换第一个打断点。效果如图 13-21 所示。

图 13-21　打断效果

（2）添加固定支架符号,即"×"符号。符号绘制只需捕捉 45°,绘制斜线,再镜像复制即可。单击"默认"选项卡"修改"面板中的"复制"按钮器,将"×"符号复制至各支管线上,复制时的基点选择叉线的中心,以表示支管固定点。

绘制结果如图 13-22 所示。

6. 绘制各用水设备及附件

（1）更改当前图层为"排水-设备"。

（2）这里主要是各用水设备及附件的图例绘制,绘制好各图例后,利用"复制"等命令将其粘贴到对应的支管位置上。关于图例,《建筑给水排水制图标准》(GB/T 50106—2010)作了具体的规定,读者可查阅。此处给出了一些常用图例,如图 12-37 所示,读者可大致了解一下。

绘制好的支管线及附属件的图形如图 13-23 所示。

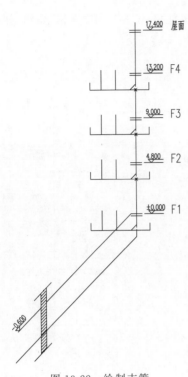
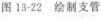

图 13-22　绘制支管

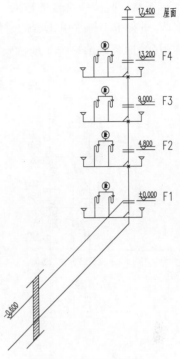

图 13-23　配置图例

小技巧：

使用 hatch 命令进行图案填充时找不到范围怎么解决？

在用 hatch 命令进行图案填充时常常碰到找不到线段封闭范围的情况，尤其是 DWG 文件本身比较大时，此时可以采用 layiso(图层隔离)命令让欲填充的范围线所在的层孤立或"冻结"，再用 hatch 命令进行图案填充就可以快速找到所需填充范围。

另外，填充图案的边界确定有一个边界集设置的问题(在"高级"栏下)。在默认情况下，hatch 命令通过分析图形中所有闭合的对象来定义边界。对屏幕中的所有完全可见或局部可见的对象进行分析以定义边界，在复杂的图形中可能耗费大量时间。要填充复杂图形的小区域，可以在图形中定义一个对象集，称作边界集。使用 hatch 命令不会分析边界集中未包含的对象。

7．管线标注

(1) 更改当前图层为"标注"。

(2) 此处采用"单行文字"标注。单击"默认"选项卡"修改"面板中的"复制"按钮 ，复制文字到相应位置，双击单行文字进行标注文字的修改。相关标注完成后，结果如图 13-24 所示。

8．相关编号及标高

(1) 当前图层仍保持为"标注"。

(2) 对管线进行编号，对管径、标高、坡度进行修改编辑。文字标注可使用"单行文

Note

字"命令,注意一些特殊符号的输入。采用类似的标注格式,多使用"复制"操作,并进行适当修改,可得 P-1 排水引出管的系统轴测图如图 13-25 所示。

其中 ⊕/1 即表示编号为 1 的排水引出管。

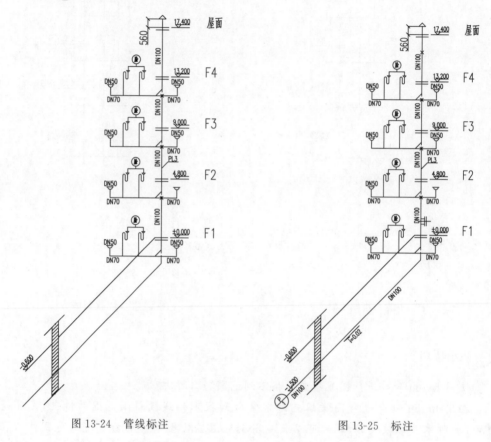

图 13-24　管线标注　　　　　　图 13-25　标注

小技巧:

在修改单行文本时,文本内容为全选状态,重新输入文字可直接覆盖原有的文字;利用右键快捷菜单可以进行文字的剪切、复制、粘贴、删除、插入字段、全部选择等编辑操作;单击"确定"按钮或按 Enter 键可以结束并保存文本修改。

在修改多行文本时,光标输入符默认在第一个字符前面,按 End 键或移动方向键可以将光标移到最后,由此可以输入文字增加内容;利用右键快捷菜单可以对文字进行编辑操作(如复制、粘贴、插入符号等);单击"确定"按钮可以结束编辑,并保存所作修改;在文本编辑框以外 CAD 工作区以内的任一地方单击也可以结束并保存文本的修改。

9. 绘制 P-2 排水引出管

(1)更改当前图层为"排水-管线"。

(2)采用与 P-1 排水引出管相同的绘制过程,绘制 P-2 排水引出管的系统轴测图。

(3)由排水平面图可知,P-2 排水引出管引出了 PL-2~PL-4 三根排水立管。PL-2

立管进入女洗手间,用于"一个地漏""三个便器"的排水;PL-3 立管进入男洗手间,用于"两个洗脸盆""一个地漏"和"三个便器"的排水;PL-4 立管进入男洗手间,用于"一个污水池"和"三个便器"的排水。由此弄清了各用水设备与排水管线的连接关系,再根据平面图尺寸确定其轴测图的三维位置关系。

(4) PL-2～PL-4 的管线布置相似,用户可灵活运用"复制"命令操作,进行管线、图例及标注的修改,以提高制图效率。一般而言,系统图只需表达空间连接关系,其对空间尺寸的表达是次要的。

最终结果如图 13-26 所示。

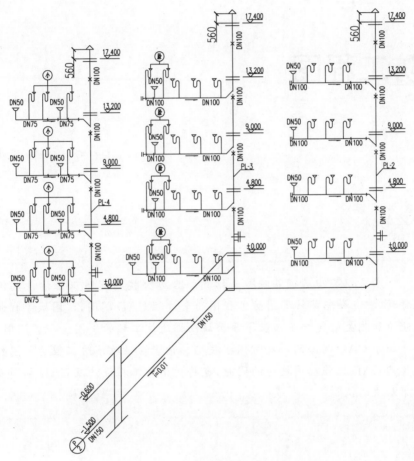

图 13-26 绘制其他排水引出管

小技巧:

使用复制命令复制对象时,可能误选某不该选择的图元,则需要删除该误选操作。此时可以在"选择对象"提示下输入 r(删除),并使用任意选择选项将对象从选择集中删除。如果使用"删除"选项并想重新为选择集添加该对象,则输入 a(添加)。

通过按住 Shift 键,并再次单击对象选择,或者按住 Shift 键然后单击并拖动窗口或交叉选择,也可以从当前选择集中删除对象。可以在选择集中重复添加和删除对象,该操作在图元修改编辑操作时是极为有用的。

第14章

消防工程图

本章以某四层钢筋混凝土结构综合办公楼的消防工程设计实例为背景,重点介绍某楼的消防工程图的全过程CAD制图,试图从工程制图理论和相关电气专业知识等方面详细描述该工程的制图流程。同时,还介绍了CAD制图的一些常用小技巧。读者在吸收消防工程的制图知识及其CAD操作应用技巧的同时,也将对消防工程设计及CAD制图有更深层次的认识。

学 习 要 点

◆ 某综合办公楼消防平面图设计实例
◆ 某综合办公楼消防系统图设计实例

14-1

Note

14.1 某综合办公楼消防平面图设计实例

👉 **设计思路**

现在的建筑结构越来越复杂,体量越来越巨大,其消防安全越发显得重要。一般的城市建筑中都具有消防设施,常用的消防措施是用水灭火,所以建筑消防系统也属于给水排水系统的范畴。

14.1.1 绘图环境设置

1. 图纸与图框

(1) 将图层设置为"图框",线型设置为粗实线,线宽取 $b=0.7$mm。

(2) 采用 A1 图纸,利用"矩形"命令绘制图框,按 A1 图纸尺寸绘制好图框。

(3) 单击"默认"选项卡"修改"面板中的"缩放"按钮 🗗,对图框进行缩放。本工程建筑专业平面图及室内给水排水平面图比例为 1:125,由于消防平面图宜采用与给水排水平面图相同的比例,同为 1:125,所以这里将图框放大 125 倍。

(4) 图框的调用可见前述,采用复制、插入图块、设计中心、样板文件等方法完成。

2. 图层设置

按照工程要求,进行图层设置,本例设置的图层如图 14-1 所示。

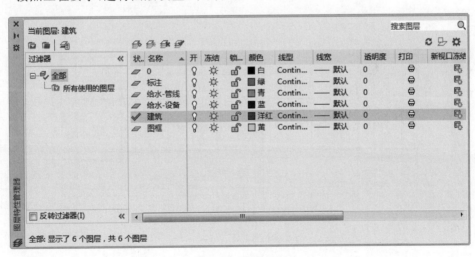

图 14-1 图层设置

3. 文字样式

字体采用 CAD 制图中的大字体样式,采用的字体组合为 txt.shx+hztxt.shx。因为同一套图纸应尽量保持字体风格统一,故消防图的字体仍然采用前文给水平面图中的字体。

4. 标注样式

此处为统一图纸风格,同样采用与给水平面图中相同的标注样式。

14.1.2 建筑平面图绘制

绘制建筑平面图时,可以直接在建筑专业提供的电子版建筑图中进行修改,此处为建筑消防工程制图,建筑图的线宽统一设置成"细线",即 $0.25b$。消防工程制图中各线型、线宽设置及使用的要求,可参见《建筑给水排水制图标准》(GB/T 50106—2010),本书前述章节也有介绍。

将当前图层设置为"建筑"。

室内消防平面图中,将建筑平面图绘制于"建筑"图层。建筑消防平面图中的建筑图,主要是指建筑平面图的轮廓线,图层为"建筑",其绘制步骤如下。

(1)画定位轴线。

(2)画主要的墙和柱的轮廓线。

(3)画门窗和次要结构。

(4)画细部构造及标注尺寸等。

相关要点见前述章节。绘制完毕的建筑平面图如图 14-2 所示。

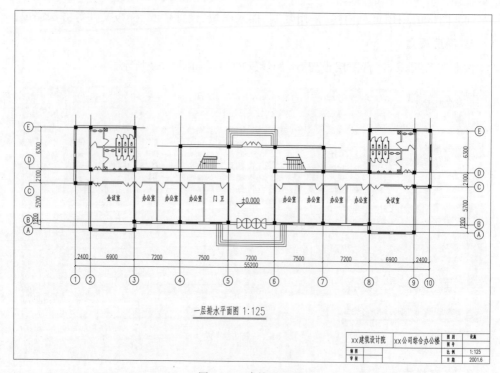

图 14-2　建筑平面图

14.1.3 消防设备图例绘制

更改当前图层为"消防-设备"。

《建筑给水排水制图标准》(GB/T 50106—2010)中规定了一些常用的消防设备图例,读者可查阅,作为一名该专业的设计人员应熟悉各图例的表征意义,以便工程制图时随时使用。

消防工程制图的设计说明、图例中应画出各图例符号并注明其具体表达含义,此处对几个图例符号的绘制作简要介绍。

1. 室内消火栓图例绘制

(1) 单击"默认"选项卡"绘图"面板中的"矩形"按钮▢,绘制长 600mm、宽 200mm 的矩形。

(2) 单击"默认"选项卡"绘图"面板中的"直线"按钮╱,绘制管线及对角斜线。

(3) 单击"默认"选项卡"绘图"面板中的"图案填充"按钮▨,填充图案。

整个绘制流程如图 14-3 所示。

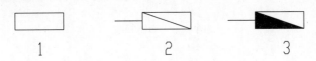

图 14-3　室内消火栓绘制流程

2. 推车式灭火器图例绘制

(1) 单击"默认"选项卡"绘图"面板中的"多边形"按钮⬠,绘制内接圆半径为 200mm 的等边三角形。

(2) 单击"默认"选项卡"绘图"面板中的"圆"按钮⊙,在三角形底边点处绘制适当大小的圆。

(3) 单击"默认"选项卡"修改"面板中的"移动"按钮✥,移动圆至合适位置。

(4) 单击"默认"选项卡"修改"面板中的"修剪"按钮✂,对圆进行修剪。

(5) 单击"默认"选项卡"修改"面板中的"镜像"按钮⊿,镜像复制圆。

(6) 单击"默认"选项卡"绘图"面板中的"图案填充"按钮▨,填充图案。

绘制流程如图 14-4 所示。

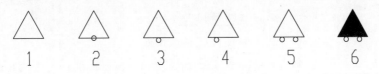

图 14-4　推车式灭火器绘制流程

14.1.4　管线绘制

(1) 将当前图层设置为"消防-管线"。

(2) 根据室内消防要求布置消防给水管线。

管线绘制使用"默认"选项卡"绘图"面板中的"直线"按钮╱或"多段线"按钮⤳。

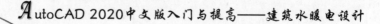

管线用于表达各设备之间的连接关系，对于管线及排水设备对称布置的图样，可以镜像复制。

绘制的管线如图14-5所示。

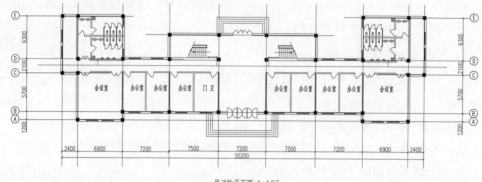

一层消防平面图 1:125

图14-5　绘制管线

14.1.5　布置消防设施

将绘制好的消防设施图例布置到指定的位置，常用命令为"复制""移动"。对称布置时可以使用"镜像"命令复制。结果如图14-6所示。

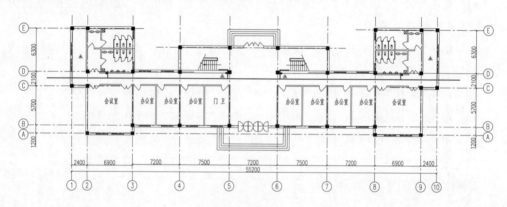

一层消防平面图 1:125

图14-6　布置设施

 小技巧：

要使图块在插入后，图块各对象的图层、颜色、线型与线宽都随图块插入层的图层设置，就在0层上用Bylayer颜色、Bylayer线型和Bylayer线宽制块，即0层上的Bylaye块插入后，其图块各对象所在的图层将变换为图块的插入层，其图块各对象的颜色、线型与线宽将与图块插入层的图层设置一致。

注意：应掌握0层的使用技巧。

14.1.6 完善图纸

1. 文字标注及相关必要的说明

（1）将当前图层设置为"标注"。

（2）建筑消防工程图的文字标注与给水排水工程图相同，标注结果如图14-7所示。

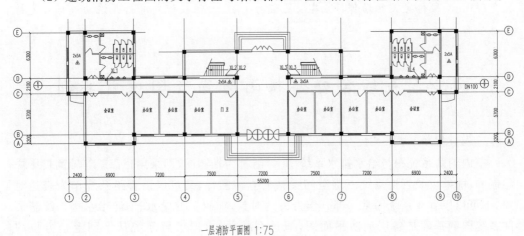

一层消防平面图 1:75

图 14-7　管线标注

2. 尺寸标注

建筑消防工程图的尺寸标注与给水排水工程图相同。标注后的结果如图14-8所示。

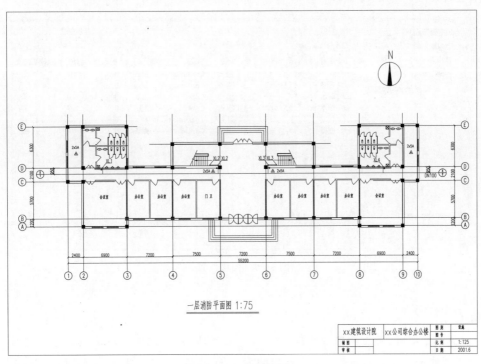

一层消防平面图 1:75

图 14-8　尺寸标注

小技巧：

用户在使用鼠标滚轮时，应注意鼠标中键的设置命令 mbuttonpan。有些用户会安装一些鼠标驱动程序，而导致鼠标滚轮失效。

该命令用于控制滚轮的动作响应。该参数初始值为 1。当其设置值为 0 时，支持菜单(.mnu)文件定义的动作；当其设置值为 1 时，按住按钮或滑轮并拖动鼠标可支持平移操作。

14.2　某综合办公楼消防系统图设计实例

设计思路

室内消防系统图与给水排水系统图一样，都为轴测图，即采用正面斜等轴测投影法绘制的，能够反映管道系统三维空间关系的立体图样，其可以以管路系统作为表达对象，也可以以管线系统的某一部分作为表达对象，如厨房的给水、消防给水等。绘制消防系统图的基础是各层消防平面图，通过系统图，可以了解系统从下到上全方位的关系。

14.2.1　绘图环境设置

消防系统图的 CAD 基本设置与给水排水系统图相同，这里不再赘述。本例设置的图层如图 14-9 所示。

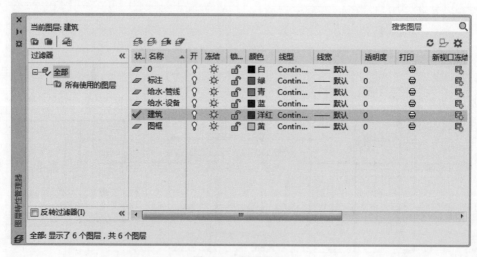

图 14-9　图层设置

小技巧：

CAD 制图时，每次画图都去设定图层是很烦琐的，为此可以将其他图纸中设置好的图层复制过来，方法如下：在某幅图中设定好图层，并在该图的各个图层上绘制线条,下次新建文件时,只要把原来的图复制粘贴过来就可以了,其图层也会跟着复制过来,这时再删除所复制的图样,就可以开始继续制图了,进而省去重复设置图层的时间。该方法类似于模板文件的使用。

14.2.2　消防系统图绘制

消防系统图的绘制思路与给水排水系统图相同,主要步骤如下。

(1)绘制建筑外墙及地坪线。

(2)将当前图层设置为"建筑"。

(3)建筑外墙及地坪线的绘制,只需绘制其轮廓线,采用线型为"细实线",线宽为 $0.25b$,外墙的相关尺寸(如标高等)可由平面图确定。绘制结果如图 14-10 所示。

(4)绘制 X1 给水管线

① 更改当前图层为"消防-管线"。

② 排水管线采用"粗实线",线宽为 b,制图时,由左及右、自下而上绘制,其水平及竖向尺寸由排水平面图中的平面尺寸及标高来确定。绘制的管线如图 14-11 所示。

(5)标注各楼层标高

将当前图层设置为"标注",标注各楼层的标高。绘制的标高如图 14-12 所示。

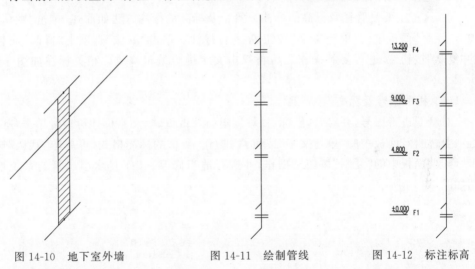

图 14-10　地下室外墙　　　　图 14-11　绘制管线　　　　图 14-12　标注标高

(6)绘制支管

① 更改当前图层为"消防-管线"。

② 支管的线型仍然为"粗实线",线宽为 b。首先由排水平面图识读各支管线的连接空间关系。绘制结果如图 14-13 所示。

(7)绘制各消防设备及附件

① 更改当前图层为"消防-设备"。

② 绘制好各图例后,利用"复制"等命令将其复制粘贴到对应的支管位置上并双击文字进行修改。绘制好的支管线及附属件如图 14-14 所示。

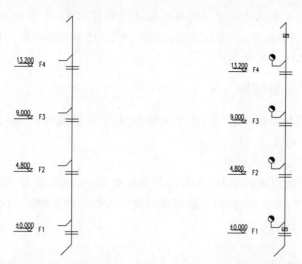

图 14-13　绘制支管　　　　图 14-14　绘制各消防设备及附件

（8）管线标注

① 更改当前图层为"标注"。

② 这里主要是管径及标高的标注。管径及标高的标注方法如前述，单击"默认"选项卡"注释"面板中的"单行文字"按钮 A 进行标注。单击"默认"选项卡"修改"面板中的"复制"按钮，进行复制操作之后再双击文字进行编辑修改。相关标注如图 14-15 所示。

（9）相关编号及标高

对管线进行编号，并对管径、标高、坡度进行修改编辑，文字标注可通过单击"默认"选项卡"注释"面板中的"单行文字"按钮 A 进行。类似的标注格式，可单击"默认"选项卡"修改"面板中的"复制"按钮操作，并进行适当修改。P-1 排水引出管的系统轴测图如图 14-16 所示。

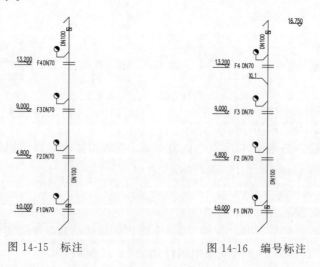

图 14-15　标注　　　　　图 14-16　编号标注

小技巧：

为什么有时无法修改文字的高度？

当定义文字样式时，如使用的字体的高度值不为 0，用 Dtext 命令输入文本将不提示输入高度，而直接采用已定义的文字样式中的字体高度，这样输出的文本高度是不变的，包括使用该字体进行的标注样式。

14.2.3　绘制给水引入管

（1）更改当前图层为"消防-管线"。

（2）采用与 X-1 消防排水引出管相同的绘制过程，绘制 X-2 给水引入管的系统轴测图。

绘制结果如图 14-17 所示。

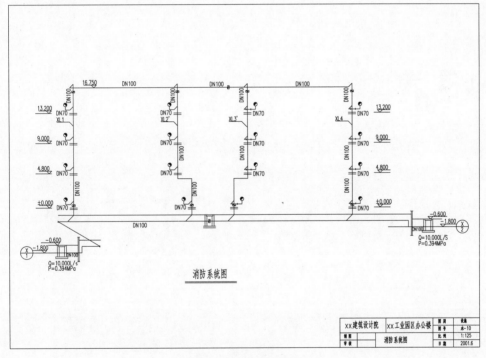

图 14-17　消防系统图

第4篇　暖通空调篇

本篇主要介绍暖通空调工程图基本知识，以及教学楼空调平面图和某住宅楼采暖工程图的绘制方法。

本篇通过实例加深读者对AutoCAD功能的理解和掌握，以及学习典型建筑暖通空调设计的基本方法和技巧。

第 **15** 章

暖通工程基础

本章导读

　　本章结合建筑设备工程制图基本知识,介绍建筑暖通空调专业工程制图的基本规定及要求,要求读者能够掌握建筑暖通空调工程制图基本概念,为下一步学习暖通空调工程的 AutoCAD 制图作准备。

学习要点

◆ 概述

◆ 暖通空调施工图相关规定

◆ 职业法规及规范标准

15.1 概　　述

建筑暖通空调专业属于建筑设备专业之一,指建筑采暖工程及建筑通风空调工程。关于暖通空调专业的制图,目前我国已出台了《暖通空调制图标准》(GB/T 50114—2010),该标准使得采暖工程与通风空调工程两者制图做到规范要求统一。该设备专业制图属于房屋建筑制图的范畴,同其他专业的建筑设备施工图类似,该专业的施工图的基本组成主要包括设备平面布置图、系统图及详图,所涉及的表达内容较多。本章首先介绍暖通空调施工图的基本概念及知识,作为该专业的工程设计制图人员,应首先从专业的角度熟悉暖通空调制图的基本专业知识,为该专业 CAD 制图的学习作准备。学习时应注意体会该专业制图的表达特点及与其他专业制图的不同之处。

采暖工程是指在冬季寒冷地区为人类生产生活创造适宜的温度环境,保证各生产设备正常运行,保证产品质量而保持室温要求的工程设施。采暖工程由三部分组成:热源(锅炉房、热电站、太阳能等)、输热系统(将热源输送到各用户的管线系统)和散热部分(各类规格的散热器)。采暖工程因热媒的不同可分为热水采暖、蒸汽采暖、地热采暖及太阳能采暖。采暖工程包括热源确定(采用热力公司热源还是自烧热源)、管线设计施工、住户暖气片设计及安装等。

通风空调工程的作用是把室内污浊或有害及受污染的气体排出室外,再将新鲜洁净或经循环处理的空气送入室内,使空气质量符合卫生标准及生产工艺标准的要求。根据其原理可分为自然通风与机械通风,机械通风又分为局部通风和全面通风。使室内空气的温度、湿度、清洁度均保持在一定范围内的全面通风则称为空气调节。空气调节是按人们的要求,把室内或某个场所的空气调节到所需的状态。调节的内容包括温度、湿度、气流,以及除尘和污染空气的排除等。

采暖通风工程施工图是建筑工程施工图的一部分,其分为采暖工程图与通风工程图,主要包括平面图、系统图、原理图、剖面图、详图等。

15.1.1　施工图的组成

采暖和通风工程是一种建筑设备工程,它是为了保证人的健康和生活、工作场所的舒适,或者是为了满足生产上的需要而建设的。采暖和通风工程图是表达采暖和通风工程设施的结构形状、大小、材料以及某些技术上的要求等的图纸,以供施工人员按图施工。

空调通风施工图包括以下内容。

1. 设计依据

一般通风与空调工程设计是根据甲方提供的委托设计任务书及建筑专业提供的图样,并依照通风专业现行的国家颁发的有关规范、标准进行的。

Note

2．设计范围

说明本工程设计的内容，如包括集中冷冻站、热交换站设计，餐厅、展览厅、大会堂、多功能厅及办公室、会议室集中空调设计，地下汽车库及机电设备机房的通风设计，卫生间、垃圾间、厨房等的通风设计，防烟楼梯间、消防电梯等房间的防排烟设计等。

3．设计资料

根据建筑物所在的地区，说明设计计算时需要的室外计算参数，说明建筑物室内的计算参数，及建设单位的要求和建筑的相关功能等。

如在北京地区夏季室外计算参数有：

空调计算干球温度为 33.2℃；

空调计算湿球温度为 26.4℃；

空调计算日均温度为 29.2℃；

通风计算干球温度为 28.6℃；

平均风速为 1.9m/s，风向为 N；

大气压力为 89.69kPa。

在北京地区冬季室外计算参数有：

空调计算干球温度为 -12.0℃；

空调计算相对湿度为 45%；

通风计算干球温度为 -5.0℃；

采暖计算干球温度为 -9.0℃；

平均风速为 2.8m/s，风向为 NNW；

大气压力为 102.9kPa。

同时还要说明建筑物内的空调房间室内设计参数，如室内要求的温度、相对湿度、新风量、换气次数、室内噪声标准等。

4．空调设计

说明空调系统的冷源和热源，本工程所选用的冷水机组和热交换站的位置，说明空调水系统设计、空调风系统设计，列出空调系统编号、风量、风压、服务对象、安装地点等详表。

5．通风设计

说明建筑物内设置的机械排风（兼排烟）系统、机械补风系统，列出通风系统编号、风量、风压、服务对象、安装地点等详表。

6．自控设计

说明本工程空调系统的自动调节，控制室内温度的情况。

7．消声减振及环保

说明风管消声器或消声弯头设置，说明水泵、冷冻机组、空调机、风机作减振或隔振处理的情况

8．防排烟设计

说明本工程加压送风系统和排烟系统的设置，列出防排烟系统的编号、风量、风压、

服务对象、安装地点等详表。

采暖工程施工图所包含内容与空调通风工程类似，不再赘述。

15.1.2　施工设计说明

施工设计说明中应详细描述本工程的材料、设备型号、相关的施工方法与要求、相关条文的解释等，有如下几点。

（1）通风与空调工程通风管材：通风及空调系统一般采用钢板、玻璃钢或复合材料等。

（2）风管保温材料及厚度、保温做法：说明通风空调系统风管一般采用的保温材料及厚度，保温做法。

（3）风管施工质量要求：说明风管施工的质量要求。

（4）风管穿越机房、楼板、防火墙、沉降缝、变形缝等处的做法。

（5）空调水管管材、连接方式，冲洗、防腐、保温要求：

① 说明冷冻水管道、热水管道、蒸汽管道、蒸汽凝结水管道的管材、管道的连接方式；

② 空调水管道安装完毕后，应进行分段试压和整体试压，说明空调水系统的工作压力和试验压力值；

③ 说明水管道冲洗、防腐、保温要求及做法、质量要求等。

（6）空调机组、新风机组、热交换器、风机盘管等设备安装要求　需说明在通风空调工程施工中，要与土建专业密切配合，做好预埋件及楼板孔洞的预留工作。

（7）其他未说明部分可按《通风与空调工程施工质量验收规范》（GB 50243—2016）标准规范中的相关内容，以及国家标准或行业标准进行施工。

说明图中所注的平面尺寸通常是以 mm 计的，标高尺寸是以 m 计的。风管标高一般指管底标高，水管标高一般指管中心标高。

在标注管道标高时，为便于管道安装，地下层管道的标高可标为相对于本层地面的标高，地下层管道的标高为绝对标高。

15.1.3　设备材料明细表

应说明通风与空调系统中主要设备的名称、规格、数量，如通风机、电动机、过滤器、阀门等，采用表单的形式将本工程所涉及的零件与设备统一归类描述，以便于施工单位识读图纸及安排设备采购。

15.1.4　平面图

采暖平面图是表示采暖管线及其设备平面布置情况的图纸，应注明相关的定位尺寸、设备规格等。

表达内容如下：

（1）采暖管线的干管、立管、支管的平面位置、走向、管线编号、安装方式等；

（2）散热器的平面位置、规格、数量及安装方式等；

（3）采暖干管上的阀门、支架、补偿器等的平面位置；

(4) 采暖系统设备,如膨胀水箱、集气罐、疏水器的平面位置、规格及各设备的连接管线的平面布置;

(5) 热媒入口及入口地沟情况,热媒来源、流向及室外热网的连接;

(6) 与土建施工配合的相关要求。

通风与空调施工平面图用于表示通风与空调系统管道和设备在建筑物内的平面布置情况,并注有相应的尺寸,如管线的定位、管线的规格等。

表达内容如下:

(1) 通风管道系统在房屋内的平面布置,以及各种配件,如异径管、弯管、三通管等在风管上的位置;

(2) 工艺设备如空调器、风机等的位置;

(3) 进风口、送风口等的位置以及空气流动方向;

(4) 设备和管道的定位尺寸。

注意: 平面图的图示方法和画法,可参见相关工程制图书籍(重点学习设备专业制图的绘图比例、房屋平面的表示、剖切位置及平面图的数量、风管画法、设备及附件画法、分段绘制、尺寸标注等)。

15.1.5 剖面图

剖面图用于表示采暖、通风与空调系统管道和设备在建筑物高度上的布置情况,并注有相应的尺寸,其表达内容与平面图相同。

剖面图中应标注建筑物地面和楼面的标高,应标注通风空调设备和管道的位置尺寸和标高,标注风管的截面尺寸,标出风口的大小等。

15.1.6 系统图

系统图是把整个采暖、通风与空调系统的管道、设备及附件采用单线或双线,用轴测投影方法形象地绘制出风管、部件及附属设备之间的相对空间位置关系的图,是用轴测投影法绘制的能反映系统全貌的立体图。其表达内容如下:

(1) 整个风管系统包括总管、干管、支管的空间布置和走向;

(2) 各设备、部件等的位置和相互关系;

(3) 各管段的断面尺寸和主要位置的标高。

15.1.7 详图

详图是表示通风与空调系统设备安装施工的局部具体构造和安装情况的图纸,并注有相应的尺寸,主要包括加工制作和安装的节点图、大样图、标准图等。

15.2 暖通空调施工图相关规定

建筑暖通空调工程的 CAD 制图必须遵循我国颁布的相关制图标准,其主要涉及《房屋建筑制图统一标准》(GB/T 50001—2017)、《暖通空调制图标准》(GB/T 50114—

2010)等多项制图标准,其对制图中应用的图线、比例、管道代号、系统编号、管道标注、图例等均作了详细规定。

通风与空调施工图制图时的表达方法与规定如下。

1. 通风与空调平面图(剖面图)

通风与空调平面图是表示通风与空调系统管道和设备在建筑物内平面布置情况的图示,并注有相应的尺寸。

在平面图中,建筑物轮廓线用粗实线绘制,通风空调系统的管道用粗实线绘制。

平面图中,通风空调系统的设置要用编号标出,如空调系统 K-1、新风系统 X-1、排风系统 P-1,等。

在平面图中,工艺和通风空调设备,如风机、送风口、回风口、风机盘管等均应分别标注或编号,要列入设备及主要材料表,说明型号、规格、单位和数量。

另外,平面图中还应绘出以下内容。

(1)设备的轮廓线,注明设备的尺寸。

(2)图中的通风空调系统的管道,应注明风管的截面尺寸、定位尺寸,以及通风空调系统的弯头、三通或四通、变径管等。

(3)通风空调管道上消声弯头、调节阀门、风管导流叶片、送风口、回风口等,并列出设备及主要材料表,说明型号、规格、单位及数量。

(4)风口旁标注箭头方向,表明风口的空气流动方向。

(5)在平面图中若通风管道比较复杂,在需要的部位应画出剖切线,利用剖切符号表明剖切位置及剖切方向,把复杂的部位在剖面图上表达清楚。

2. 系统图(轴测图)

由于通风与空调系统管路纵横交错,在平面图和剖面图上难以表达管线的空间位置。系统图则是可以表达通风与空调系统中管道和设备在空间的立体走向的一种图示,并注有相应的尺寸。

系统图能够将整个通风与空调系统的管道、设备及附件通过单线或双线,用轴测投影的方法绘制出风管、部件及附属设备之间的相对位置。

在系统图中,要标出通风与空调系统的设置编号,如空调系统 K-1、新风系统 X-1、排风系统 P-1、排烟系统 PY-2 等。

另外,在系统图中还应绘出以下几个方面的内容。

(1)绘出系统主要设备的轮廓,注明编号或标出设备的型号、规格等。

(2)绘出通风空调管道及附件,标注通风管断面尺寸和标高,绘出风口及空气的流动方向。

阅读施工图时,对各主要图样——平面图、剖面图和系统图应相互配合对照查看,一般是按照通风系统中空气的流向,从进口到出口依次进行,这样可弄清通风系统的全貌。再通过查阅有关的设备安装详图和管件制作详图,就能掌握整个通风工程的全部情况。

采暖施工图的表达方法与规定和通风与空调施工图类似,不再赘述。

15.3　暖通空调工程设计文件编制深度

设计思路

暖通空调工程设计包括方案设计、初步设计和施工图设计,本节将分别介绍其文件编制深度。

15.3.1　方案设计

采暖通风与空气调节设计说明:
(1) 采暖通风与空气调节的设计方案要点。
(2) 采暖、空气调节的室内设计参数及设计标准。
(3) 冷、热负荷的估算数据。
(4) 采暖热源的选择及其参数。
(5) 空气调节的冷源、热源选择及其参数。
(6) 采暖、空气调节的系统形式,简述控制方式。
(7) 通风系统简述。
(8) 防烟、排烟系统简述。
(9) 方案设计新技术采用情况,节能环保措施和需要说明的其他问题。

15.3.2　初步设计

采暖通风与空气调节初步设计应有设计说明书,除小型、简单工程外,初步设计还应包括设计图纸、设备表及计算书。

1. 设计说明

1) 设计依据
(1) 与本专业有关的批准文件和建设方要求;
(2) 本工程采用的主要法规和标准;
(3) 其他专业提供的本工程设计资料等。

2) 设计范围
根据设计任务书和有关设计资料,说明本专业设计的内容和分工。

3) 设计计算参数
(1) 室外空气计算参数;
(2) 室内空气设计参数。

注意:温度、相对湿度采用基准值,如有设计精度要求时,按±℃、％表示幅度。

4) 采暖
(1) 采暖热负荷;
(2) 叙述热源状况、热媒参数、室外管线及系统补水与定压;
(3) 采暖系统形式及管道敷设方式;

Note

（4）采暖分户热计量及控制；

（5）采暖设备、散热器类型、管道材料及保温材料的选择。

5）空调

（1）空调冷、热负荷；

（2）空调系统冷源及冷媒选择，冷水、冷却水参数；

（3）空调系统热源供给方式及参数；

（4）空调风、水系统简述，必要的气流组织说明；

（5）监测与控制简述；

（6）空调系统的防火技术措施；

（7）管道的材料及保温材料的选择；

（8）主要设备的选择。

6）通风

（1）需要通风的房间或部位；

（2）通风系统的形式和换气次数；

（3）通风系统设备的选择和风量平衡；

（4）通风系统的防火技术措施。

7）防烟、排烟

（1）防烟及排烟简述；

（2）防烟楼梯间及其前室、消防电梯前室或合用前室以及封闭式避难层（间）的防烟设施和设备选择；

（3）中庭、内走道、地下室等，需要排烟房间的排烟设施和设备选择；

（4）防烟、排烟系统风量叙述，需要说明的控制程序。

8）需提请在设计审批时解决或确定的主要问题

2. 设备表

表中列出主要设备的名称、型号、规格、数量等。

☎ **注意**：型号、规格栏应注明主要技术数据。

3. 设计图纸

（1）采暖通风与空气调节初步设计图纸一般包括图例、系统流程图、主要平面图。除较复杂的空调机房外，各种管道可绘单线图。

（2）系统流程图应表示热力系统、制冷系统、空调水路系统、必要的空调风路系统、防排烟系统以及排风、补风等系统的流程和上述系统的控制方式。

☎ **注意**：必要的空调风路系统是指有较严格的净化和温湿度要求的系统。当空调风路系统、防排烟系统、排风系统、补风系统等跨越楼层不多，且在平面图中可较完整地表示时，可只绘制平面图，而不必绘制系统流程图。

（3）采暖平面图

绘出散热器位置、采暖干管的入口、走向及系统编号。

（4）通风、空调和冷热源机房平面图

绘出设备位置、管道走向、风口位置、设备编号及连接设备机房的主要管道等，大型复杂工程还应注出大风管的主要标高和管径,管道交叉复杂处需绘局部剖面。

4．计算书(供内部使用)

对于采暖通风与空调工程的热负荷、冷负荷、风量、空调冷热水量、冷却水量、管径、主要风道尺寸及主要设备的选择,应作初步计算。

15.3.3 施工图设计

在施工图设计阶段,采暖通风与空气调节专业设计文件应包括图纸目录、设计与施工说明、设备表、设计图纸、计算书。现分别说明如下。

1．图纸目录

先列新绘图纸,后列选用的标准图或重复利用图。

2．设计说明和施工说明

(1)设计说明

应介绍设计概况和暖通空调室内外设计参数,热源、冷源情况,热媒、冷媒参数,采暖热负荷、耗热量指标及系统总阻力,空调冷热负荷、冷热量指标,系统形式和控制方法。必要时,需说明系统的使用操作要点,例如空调系统季节转换,防排烟系统的风路转换等。

(2)施工说明

应说明设计中使用的材料和附件,系统工作压力和试压要求,施工安装要求及注意事项。采暖系统还应说明散热器型号。

(3)图例。

(4)当本专业的设计内容分别由两个或两个以上的单位承担设计时,应明确交接配合的设计分工范围。

3．设备表

在施工图阶段,型号、规格栏应注明详细的技术数据。

4．平面图

(1)绘出建筑轮廓、主要轴线号、轴线尺寸、室内外地面标高、房间名称。底层平面绘出指北针。

(2)采暖平面绘出散热器位置,注明片数或长度,采暖干管及立管位置、编号,管道的阀门、放气、泄水、固定支架、伸缩器、入口装置、减压装置、疏水器、管沟及检查入孔位置。注明干管管径及标高。

(3)二层以上的多层建筑,其建筑平面相同的,采暖平面二层至顶层可合用一张图纸,散热器数量应分层标注。

(4)通风、空调平面用双线绘出风管,单线绘出空调冷热水、凝结水等管道。标注风管尺寸、标高及风口尺寸(圆形风管注管径、矩形风管注宽×高),水管管径及标高,各种设备及风口安装的定位尺寸和编号,消声器、调节阀、防火阀等各种部件位置及风管、风口的气流方向。

(5)当建筑装修未确定时,风管和水管可先出单线走向示意图,注明房间送、回风量或风机盘管数量、规格。建筑装修确定后,应按规定要求绘制平面图。

5.通风、空调剖面图

(1)风管或管道与设备连接交叉复杂的部位,应绘剖面图或局部剖面。

(2)绘出风管、水管、风口、设备等与建筑梁、板、柱及地面的尺寸关系。

(3)注明风管、风口、水管等的尺寸和标高,气流方向及详图索引编号。

6.通风、空调、制冷机房平面图

(1)机房图应根据需要增大比例,绘出通风、空调、制冷设备(如冷水机组、新风机组、空调器、冷热水泵、冷却水泵、通风机、消声器、水箱等)的轮廓位置及编号,注明设备和基础距离墙或轴线的尺寸。

(2)绘出连接设备的风管、水管位置及走向;注明尺寸、管径、标高。

(3)标注机房内所有设备、管道附件(各种仪表、阀门、柔性短管、过滤器等)的位置。

7.通风、空调、制冷机房剖面图

(1)当其他图纸不能表达复杂管道相对关系及竖向位置时,应绘制剖面图。

(2)剖面图应绘出对应于机房平面图的设备、设备基础、管道和附件的竖向位置、竖向尺寸和标高,标注连接设备的管道位置尺寸;注明设备和附件编号以及详图索引编号。

8.系统图、立管图

(1)分户热计量的户内采暖系统或小型采暖系统,当平面图不能表示清楚时应绘制透视图,比例宜与平面图一致,按45°或30°轴测投影绘制;多层、高层建筑的集中采暖系统,应绘制采暖立管图,并编号。上述图纸应注明管径、坡向、标高、散热器型号和数量。

(2)热力、制冷、空调冷热水系统及复杂的风系统应绘制系统流程图。系统流程图应绘出设备、阀门、控制仪表、配件,标注介质流向、管径及设备编号。流程图可不按比例绘制,但管路分支应与平面图相符。

(3)空调的供热、供热分支水路采用竖向输送时,应绘制立管图,并编号,注明管径、坡向、标高及空调器的型号。

(4)空调、制冷系统有监测与控制时,应有控制原理图,图中以图例绘出设备、传感器及控制元件位置;说明控制要求和必要的控制参数。

9.详图

(1)采暖、通风、空调、制冷系统的各种设备及零部件施工安装,应注明采用的标准图、通用图的图名图号。凡无现成图纸可选,且需要交代设计意图的,均需绘制详图。

(2)简单的详图可就图引出,绘局部详图;制作详图或安装复杂的详图应单独绘制。

10.计算书(供内部使用)

(1)计算书内容视工程繁简程度,按照国家有关规定、规范及本单位技术措施进行计算。

(2)采用计算机计算时,计算书应注明软件名称,附上相应的简图及输入数据。

（3）采暖工程计算应包括以下内容：

① 建筑围护结构耗热量计算；

② 散热器和采暖设备的选择计算；

③ 采暖系统的管径及水力计算；

④ 采暖系统构件或装置选择计算，如系统补水与定压装置、伸缩器、疏水器等。

（4）通风与防烟、排烟计算应包括以下内容：

① 通风量、局部排风量计算及排风装置的选择计算；

② 空气量平衡及热量平衡计算；

③ 通风系统的设备选型计算；

④ 风系统阻力计算；

⑤ 排烟量计算；

⑥ 防烟楼梯间及前室正压送风量计算；

⑦ 防排烟风机、风口的选择计算。

（5）空调、制冷工程计算应包括以下内容：

① 空调房间围护结构夏季、冬季的冷热负荷计算（冷负荷逐时计算）；

② 空调房间人体、照明、设备的散热和散湿量及新风负荷计算；

③ 空调、制冷系统的冷水机组，冷热水泵、冷却水泵、冷却塔、水箱、水池、空调机组、消声器等设备的选型计算；

④ 必要的气流组织设计与计算；

⑤ 风系统阻力计算；

⑥ 空调冷热水、冷却水系统的水力计算。

15.4　职业法规及规范标准

作为该专业领域的设计制图人员，应熟悉该专业的常用规范标准，其原因在于我国的工程设计均是以行业的规范或标准作为设计依据，从而保证了工程设计的质量安全，保证了工程设计有据可查并规范统一。本节推荐了许多行业书籍供读者查询学习。

暖通空调工程设计人员必须熟悉相关行业国家法律法规及行业标准规范，应在设计过程中严格执行相关条文，保证工程设计的合理，使其符合相关质量要求、满足有关节能耗能指标，特别是对于一些强制性条文，更应严格遵守。职业工作中应注意以下法律法规：

（1）我国有关基本建设、建筑、房地产、城市规划、环保、安全及节能等方面的法律与法规；

（2）工程设计人员的职业道德与行为规范；

（3）我国有关动力设备及安全方面的标准与规范。

表15-1列出了暖通空调工程设计中的常用法律法规及标准规范目录，读者可自行查阅，便于工程设计之用。其包含了全国勘察设计注册公用设备（暖通空调）工程师复习推荐用法律、规程、规范。

表 15-1　规范标准

文件类型	序号		文件名称
规范标准	1	GB 50019—2015	工业建筑供暖通风与空气调节设计规范
	2	GB 50016—2014	建筑设计防火规范
	3	GB 50067—2014	汽车库、修车库、停车场设计防火规范
	4	GB 50096—2011	住宅设计规范
	5	JGJ 26—2010	严寒和寒冷地区居住建筑节能设计标准
	6	GB 50242—2002	建筑给水排水及采暖工程施工质量验收规范
	7	GB 50243—2016	通风与空调工程施工质量验收规范
	8	GB 50189—2015	公用建筑节能设计标准
	9	GB 50176—2016	民用建筑热工设计规范
	10	GB 50264—2013	工业设备及管道绝热工程设计规范
	11	GB 50098—2009	人民防空工程设计防火规范
	12	GB 50038—2005	人民防空地下室设计规范
	13	GB 50073—2013	洁净厂房设计规范
	14	JGJ 134—2010	夏热冬冷地区居住建筑节能设计标准
	15	GB 50087—2013	工业企业噪声控制设计规范
	16	GB 16297—1996	大气污染物综合排放标准
	17	GB 3095—2012	环境空气质量标准
	18	GB 3096—2008	声环境质量标准
	19	GB/T 14294—2008	组合式空调机组
	20	JB/T 9066—1999	柜式风机盘管机组
	21	GB 18361—2000	溴化锂吸收式冷(温)水机组安全要求
	22	GB/T 18362—2008	直燃型溴化锂吸收式冷(温)水机组
	23	GB/T 18431—2014	蒸汽和热水型溴化锂吸收式冷水机组
	24	GB/T 18430.1—2007	蒸气压缩循环冷水(热泵)机组 第1部分：工业或商业用及类似用途的冷水(热泵)机组
	25	GB/T 18430.2—2016	蒸气压缩循环冷水(热泵)机组 第2部分：户用及类似用途的冷水(热泵)机组
	26	JB/T 9054—2015	离心式除尘器
	27	JB/T 8533—2010	回转反吹类袋式除尘器
	28	JB/T 8532—2008	脉冲喷吹类袋式除尘器
	29	JB/T 8534—2010	内滤分室反吹类袋式除尘器
	30	GB 50084—2017	自动喷水灭火系统设计规范
	31	GB 50015—2019	建筑给水排水设计标准
	32	GB 50041—2008	锅炉房设计规范
	33	CJJ 34—2010	城镇供热管网设计规范
	34	JGJ 129—2012	既有居住建筑节能改造技术规程
	35	GB 13271—2014	锅炉大气污染物排放标准
	36	GB 12348—2008	工业企业厂界环境噪声排放标准
	37	GB 50072—2010	冷库设计规范
	38	GB 50028—2006	城镇燃气设计规范
	39	GBZ 1—2010	工业企业设计卫生标准
	40	GBZ 2—2007	工作场所有害因素职业接触限值

续表

文件类型	序号	文　件　名　称
设计手册	1	陆跃庆.实用供热空调设计手册[M].北京：中国建筑工业出版社,1993.
	2	孙一坚.简明通风设计手册[M].北京：中国建筑工业出版社,1998.
	3	电子部十院.空气调节设计手册[M].2版.北京：中国建筑工业出版社,1995.
	4	核工业第二研究设计院.给水排水设计手册(第2册)建筑给水排水[M].2版.北京：中国建筑工业出版社,2001.
	5	锅炉房设计手册
	6	燃油燃气锅炉房设计手册
	7	冷藏库制冷设计手册

空调工程图设计

　　本章以某高层钢筋混凝土结构商业综合楼的空调工程设计为背景，重点介绍空调工程图的全过程 CAD 制图，并将土木工程制图理论与相关暖通专业知识相结合，详细描述工程制图的细节及其流程。同时，本章还为读者准备了许多 CAD 制图的常用小技巧，其对 CAD 制图速度的提高有着事半功倍的效果，可以阶梯性地帮助读者提高 AutoCAD 的应用能力。读者在熟悉及掌握空调通风工程制图知识及其 CAD 操作应用技巧的同时，也将会对空调通风工程设计及 CAD 制图有更深层次的认识。

学 习 要 点

◆ 某商业综合楼空调平面图设计实例
◆ 某商业综合楼空调系统图设计实例
◆ 某商业综合楼空调水系统图设计实例

16-1

Note

16.1 某商业综合楼空调平面图设计实例

空调工程的作用是：为满足人们的生活、生产需要，改善环境条件，用人工的方法使室内的温度、相对湿度、洁净度及气流速度等参数达到一定的规范要求。目前的空调系统有集中式、半集中式及分散式三种类型。

通风工程的作用是：将建筑室内污浊或有害空气排至室外(排风)，并将新鲜或净化过的空气送入室内(送风)，使空气达到卫生标准和生产工艺的要求。通风有自然通风及机械通风之分。

建筑室内空调平面图是在建筑平面图的基础上，根据建筑空调工程的表达内容及建筑空调制图的表达方法，绘制出的用于反映空调设备、风管、风口、管线等的安装平面布置状况的图样，图中应标注各种风管、管道、附件、设备等在建筑中的平面位置，以及标注风管、管道规格型号等相关数值。通常制图时是将各设备绘制在同一张平面布置图上。根据工程规模，当管道及设备等较复杂，用一张图纸表达不清晰时，抑或管道局部布置复杂时，可通过分类(如风管、设备、附件等)、分层(如底层、标准层、顶层)等方法表达在不同的图纸上或绘制详图，以便于表达及识读。

建筑空调平面图是建筑空调施工图的重要组成部分，是绘制及识读其他空调施工图的基础，其位于整套建筑空调施工图纸编排的首位。

16.1.1 空调平面图概述

1. 室内空调平面图表达的主要内容

室内空调平面图即室内空调系统于建筑中的平面布置图(建筑与空调设备的平面位置关系)，其主要表达了房屋内部空调设备的配置和管道的布置情况。其主要内容包括：

(1) 空调设备的主要轮廓(或图例)、平面位置、编号及型号规格；

(2) 风道、异径管、弯头、三通或四通管接头，风道应注明截面尺寸和平面定位尺寸；

(3) 导风板、调节阀、送风口、散流器等设备，标注其型号规格及定位尺寸；

(4) 对两个及两个以上的不同系统进行编号。

2. 图例符号及文字符号的应用

建筑空调平面图的绘制涉及很多空调设备图例及其相关表达方法，这些图形符号及标注的文字符号的表征意义在后文中将作展开介绍，读者也可参阅《暖通空调制图标准》(GB/T 50114—2010)进行学习。

3. 设备及管线的位置关系

管道设备一般采用图形符号和标注文字的方式来表示，在建筑空调平面图中不表示线路及设备本身的尺寸大小形状，但必须确定其敷设和安装的位置。空调设备及管线的平面位置是根据建筑平面图的定位轴线和某些构筑物的平面图来确定设备和线路布置的连接及位置关系，其垂直位置，即安装高度，一般采用标高、文字符号等方式来表示。

4. 建筑室内给水平面图的绘制步骤

建筑室内给水平面图的绘制遵循以下主要步骤：

（1）画房屋建筑平面图（外墙、门窗、房间、楼梯等）；

（2）室内空调工程 CAD 制图中，对于新建结构往往会由建筑专业提供建筑图，对于改建改造建筑则需进行建筑图绘制；

（3）画空调风管、风口图例及其在建筑图上的平面布置；

（4）画各空调管道的走向及位置；

（5）对设备、管线等进行尺寸及附加文字标注；

（6）附加必要的文字说明。

16.1.2 绘图环境设置

1. 图纸与图框

（1）将图层设置为"图框"，线型设置为粗实线，线宽取 $b=0.7\text{mm}$。

（2）采用 A1 图纸，幅面尺寸 $b\times l\times c\times a=594\text{mm}\times841\text{mm}\times10\text{mm}\times25\text{mm}$，$b$、$l$、$c$、$a$ 四个参数在图纸上所代表部位尺寸参见前述章节。

（3）按 1：1 比例，原尺寸绘制图框，图纸矩形尺寸为 $594\text{mm}\times841\text{mm}$，图框矩形，在扣除图纸的边宽及装订侧边宽后，其尺寸为 $574\text{mm}\times806\text{mm}$。

（4）两个图框，根据装订边的尺寸，单击"默认"选项卡"修改"面板中的"移动"按钮 ✛ 来调整。绘制好的图框及图签如图 16-1 和图 16-2 所示。

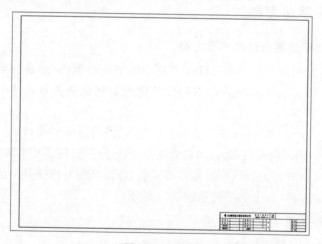

图 16-1　图框

XXX建筑设计股份有限公司		建 筑 工 程 设 计 甲级证书 XXXXXXX—XXX	工程名称			
审 定 人		校 核 人		图		图 别	
审 核 人		设 计 人				图 号	
工程主持人		制 图 人		名		版 号	
结构负责人		工程编号				日 期	

图 16-2　图签

（5）单击"默认"选项卡"修改"面板中的"缩放"按钮 🔲，对图框进行缩放。本工程建筑平面图的比例为 1：100，空调平面图宜采用与建筑平面图相同的比例，也为 1：100，所以这里将图框放大 100 倍。

 小技巧：

AutoCAD 中鼠标各键的功能如下。

左键：选择功能键（选像素、选点、选功能）

右键：绘图区——快捷菜单或 Enter 键功能。

（1）变量 SHORTCUTMENU 等于 0——Enter 键。

（2）变量 SHORTCUTMENU 大于 0——快捷菜单。

（3）环境选项——快捷菜单开关设定。

中间滚轮：

（1）旋转轮子向前或向后，实时缩放、拉近、拉远。

（2）按住轮子不放并拖曳，实时平移。

2．图层设置

用户可根据工程的性质、规模等合理设置各图层。根据《暖通空调制图标准》（GB/T 50114—2010），建筑空调工程的图层代号如表 16-1 所示，用户根据专业性质及工程概况等可作适当增减扩展，合理设置图层。

表 16-1　空调工程图层名称代号

中　文　名	英　文　名	解　释
暖通-空调	M-HVAC	暖通空调系统，HVAC system
暖通-空调-设备	M-HVAC-EQPM	暖通空调设备，HVAC equipment
暖通-空调-加热	M-HVAC-HEAT	空气加热器，HVAC air heater

本例设置的图层如图 16-3 所示。

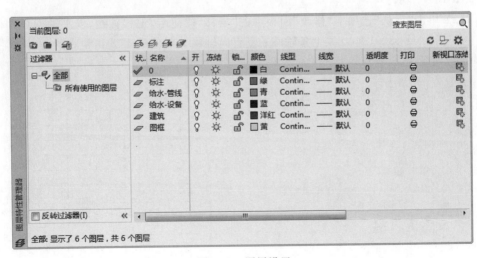

图 16-3　图层设置

3．文字样式

字体采用 CAD 制图中的大字体样式，采用的字体组合为 txt.shx＋hztxt.shx。同一套图纸应尽量保持字体风格统一。

4．标注样式

此处为统一图纸风格，采用与建筑平面图中相同的标注样式。具体设置方法与前面章节所述相同，这里不再赘述。

16.1.3　建筑平面图绘制

空调工程制图中，对于新建结构往往会由建筑专业提供电子版建筑平面图；对于改建改造建筑，若没有原电子版建筑图，则可根据原档案所存的图纸进行建筑平面图的 CAD 绘制。此部分的 CAD 制图操作，可见建筑专业图纸的绘制表达方法。此处为建筑空调工程制图，将建筑平面图的线宽统一设置成"细线"，即 $0.25b$。空调工程制图中各线型、线宽设置等表达的相关规定，可参见《暖通空调制图标准》(GB/T 50114—2010)及前述相关章节。

下面简述建筑平面图的绘制。

建筑空调工程中的建筑平面图，主要表达的是建筑的轮廓线，图层为"建筑"，其绘制步骤如下。

1．绘制定位轴线、轴号

绘制建筑平面图时，第一步是绘制轴网，用于定位，再根据定位轴网绘制建筑轮廓线。此处轴网绘制于"建筑"图层。

绘制建筑平面图时，其图层亦可再细分，如轴网、墙体、楼梯等，此处不再细述。定位轴线为点划线，线型设置如前述。

（1）单击"默认"选项卡"绘图"面板中的"直线"按钮 ╱ ，绘制两条轴线，分别为水平向及竖直向，长度分别为 45000mm 和 45000mm，绘制时使用"正交"状态按钮 ㄴ 。结果如图 16-4 所示。

（2）单击"默认"选项卡"修改"面板中的"偏移"按钮 ⊆ ，偏移轴线，水平轴网分别偏移 5 条 3900 及 4800、8400 共七条轴线；竖直向轴网分别偏移 11250 和 6 条 3900 共七条轴线，如图 16-5 所示。

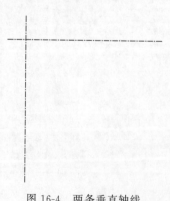

图 16-4　两条垂直轴线

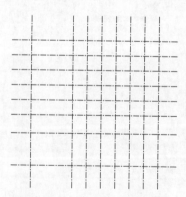

图 16-5　轴线偏移形成轴网

（3）单击"默认"选项卡"修改"面板中的"修剪"按钮，修剪轴线。

（4）单击"默认"选项卡"绘图"面板中的"圆"按钮，绘制轴号圆圈，轴号的圆圈在图纸上应为 8mm 直径的圆，此处的制图比例为 1∶100，故其直径也应为 8mm×100＝800mm。

（5）单击"默认"选项卡"注释"面板中的"单行文字"按钮 **A**，将轴线编号，插入圆圈中。

（6）单击"默认"选项卡"修改"面板中的"复制"按钮，复制刚绘制的圆圈和轴线编号到轴网各个端点，并修改各轴线的轴号数字或字母值。修改时双击文字，出现闪烁的文字编辑符即进行编辑状态。横向为阿拉伯数字，依次为 1、2、3、…，竖向为英文字母 A、B、C、…。

绘制修剪好的轴网如图 16-6 所示。

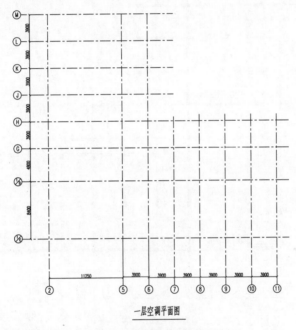

一层空调平面图

图 16-6　绘制定位轴线图

 小技巧：

对于非正交 90°轴线，可以使用"旋转"命令将正交直线按角度旋转，调整为弧形斜交轴网，也可使用"构造线"命令绘制定向斜线。

2．绘制墙线、柱

（1）重置当前图层。可将"建筑"图层深化为多个图层，在图层管理器中新建"墙线"图层，并置为当前图层。

（2）绘制墙线。墙线即为由两条平行线组成的轮廓。利用"多线"命令可以很好地实现绘制定距离的平行线。选择菜单栏中的"绘图"→"多线"命令，绘制墙线，多线设置及修改编辑如前述，多线中的比例即指墙的厚度，如墙厚为 240mm，则比例即为 240。

注意多线绘制时的"对正"方式,当墙线偏离轴线时,可使用"上"或"下"方式,该对正方式默认为"中"。对于定距离偏置,可使用"移动"命令进行修改。

（3）布置混凝土柱。单击"默认"选项卡"绘图"面板中的"矩形"按钮□和"圆"按钮⊙,绘制方柱和圆柱的截面。柱子根据制图标准要求应进行涂黑处理,可单击"默认"选项卡"绘图"面板中的"图案填充"按钮▩,进行填充。

（4）单击"默认"选项卡"修改"面板中的"复制"按钮%,将绘制好并已填充颜色的混凝土柱截面布置到各轴网相交处(注意选择合适的复制基点)。

（5）编辑多线。利用"多线编辑"命令(mledit)及"分解""修剪"等命令对墙线相交处及门窗开洞等处进行细部修改,结果如图 16-7 所示。

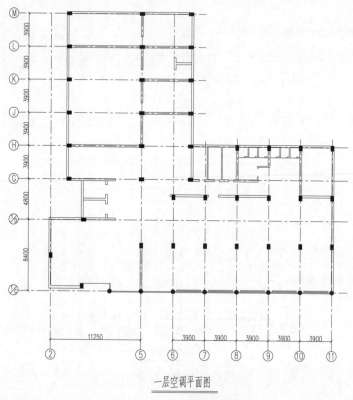

一层空调平面图

图 16-7　绘制墙体

3.建筑细部编辑修改

（1）基本修改。将当前图层设置为"建筑",设置好颜色,线宽 = 0.25b,取0.15mm。此处主要是建筑细部修改,如门窗洞口、楼梯及室内一些家具布置等。

（2）辅助线定位。进行一些门窗洞口等细部绘制时,常需要绘制一些辅助线来进行距离的确定,绘制完毕后应注意及时清理删除。如绘制墙间窗时,某窗宽为1200mm,这时可随意绘制两条间距为1200mm的平行直线,并将其复制至墙间指定位置,窗位于墙间的位置确定也利用辅助线方法完成,如可通过偏移轴线或墙线的方法进行。

绘制后的一层平面建筑图如图 16-8 所示。

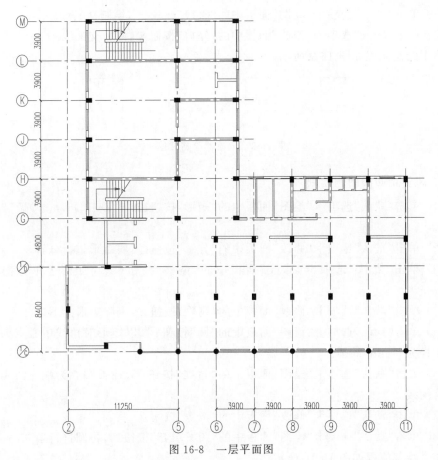

图 16-8　一层平面图

16.1.4　空调设备绘制

在建筑平面图的相应位置,空调设备布置应满足生产生活功能、使用合理及施工方便,风管、风口设施等构配件尺寸较小,当采用较小比例绘制时,很难把种种设备表达清楚,故一般采用图形符号及图例来表示各种管线及给水排水设备。《房屋建筑制图统一标准》(GB/T 50001—2017)、《暖通空调制图标准》(GB/T 50114—2010)中规定了管道可用单线法表示,并给出了一些常用的空调设备标准图例,读者可查阅相关标准,熟悉各图例的表征意义,以便于工程制图时灵活使用。

空调工程制图中应画出各图例符号并注明其具体表达含义,此处对图例符号的绘制作简要介绍。

1.散流器图例绘制

(1)单击"默认"选项卡"绘图"面板中的"多边形"按钮,绘制边长为 300mm 的正方形。

此为矩形散流器,当散流器为不可见时,将该轮廓线改为虚线。

(2)单击"默认"选项卡"修改"面板中的"偏移"按钮,将正方形向内偏移 80 形成轮廓线。

（3）单击"默认"选项卡"绘图"面板中的"直线"按钮╱，绘制交叉线。

（4）单击"默认"选项卡"修改"面板中的"修剪"按钮▓，修剪交叉线。

整个绘制流程如图 16-9 所示。

1　　　　　2　　　　　3　　　　　4

图 16-9　散流器绘制过程

2．风管止回阀图例绘制

（1）单击"默认"选项卡"绘图"面板中的"矩形"按钮▢，绘制长 360mm、宽 720mm 的矩形。

（2）单击"默认"选项卡"修改"面板中的"分解"按钮▢，将矩形进行分解。

（3）单击"默认"选项卡"修改"面板中的"偏移"按钮⊑，将矩形上下边向内偏移 30mm。

（4）单击"默认"选项卡"修改"面板中的"删除"按钮▰，删除矩形上下边。

（5）单击"默认"选项卡"绘图"面板中的"圆"按钮⊙，以矩形对角线中心点为圆心绘制半径为 50mm 的圆。

（6）单击"默认"选项卡"绘图"面板中的"直线"按钮╱，捕捉圆心为端点绘制短斜线作为阀线。

（7）单击"默认"选项卡"修改"面板中的"镜像"按钮▲，将斜线镜像。

（8）单击"默认"选项卡"绘图"面板中的"图案填充"按钮▨，将圆进行填充。

整个绘制流程如图 16-10 所示。

1　　2　　3　　4　　5　　6　　7

图 16-10　风管止回阀绘制流程

AutoCAD 设计中心也提供了大量的"块"，如图 16-11 所示，涉及多个行业的常用图例，方便用户直接调用。

对其他各图例读者可自行操作练习。

3．绘制风管及管线

（1）将当前图层设置为"空调-管线"。

（2）单击"默认"选项卡"绘图"面板中的"直线"按钮╱，绘制风管及管线。绘制管线前应注意其安装走向及方式，规划出较为理想的线路布局。绘制线路时应用中粗实线，并注意设定好当前图层为"空调-风管"。其平面位置关系应根据工程设计者的意图来确定，绘制时可采用辅助线的方法来定位，绘制完毕后再进行清理删除。

（3）细部修改。对绘制的草图，根据需要对管线的细部进行修改，如相交管线打断时的制图表达，弯管的倒角处理等。

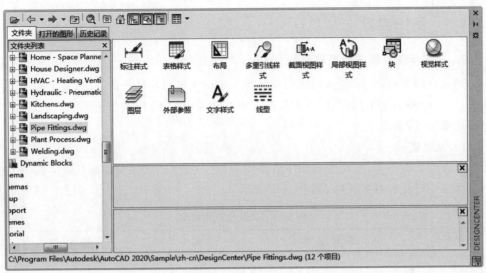

图 16-11　设计中心

（4）布置设备图例。根据空调工程的设计意图，将各设备图例通过"复制"布置到相应位置。

结果如图 16-12 所示。

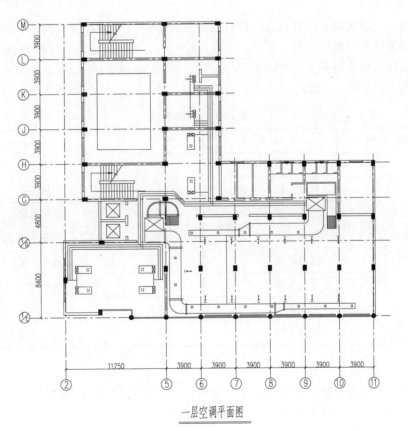

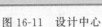

图 16-12　设备布置

16.1.5 图纸完善

1. 文字标注及相关必要的说明

建筑空调工程图,一般采用图形符号与文字标注符号相结合的方法,文字标注包括相关尺寸、线路的文字标注,以及相关的文字特别说明等,都应按相关标准要求,做到文字表达规范、清晰明了。

1）风道代号

风管的功能不同,空调工程图中以不同字母代号标注,表达其相应功能。暖通工程制图标准中对此有相关说明,如表 16-2 所示。

表 16-2 风管代号与名称

代号	风管名称	代号	风管名称
K	空调风管	H	回风管
S	送风管	P	排风管
X	新风管	PY	排烟管或排风、排烟共用管道

自定义的风道代号,应避免与相关标准中的代号产生冲突。

2）系统编号

当同一个建筑设备工程设计中同时具有供暖、通风、空调等两个及以上的系统时,应对不同系统进行相应编号。暖通空调系统编号、入口编号,应由系统代号和顺序号组成。系统代号由大写英文字母表示(N、L、H、…),如表 16-3 所示,当系统出现分支时,采用如图 16-13 所示的画法。

表 16-3 系统编号

字母代号	系统名称	字母代号	系统名称
N	(室内)供暖系统	X	新风系统
L	制冷系统	H	回风系统
R	热力系统	P	排风系统
K	空调系统	JS	加压送风系统
T	通风系统	PY	排烟系统
J	净化系统	P(Y)	排风兼排烟系统
C	避尘系统	RS	人防送风系统
S	避风系统	RP	人防排风系统

系统编号宜标注在总管处。

竖向布置的垂直管道系统应标注立管号,在不致引起误解时,可只标注序号,但应与建筑轴线编号有明显区别,如图 16-14 所示。

图 16-13 系统代号/编号画法

图 16-14 立管号的画法

小技巧：

对于此类编号，用户可以试着建立图块，利用块属性来修改标注的内容，再利用插入块来进行调用。诸多专业制图软件亦常有类似的图块插入命令，使用较便捷。

3) 管径标注

给水排水管道的管径尺寸以毫米(mm)为单位，相关标注方法见前述章节。

4) 风口、散流器的规格、数量及风量的表示方法

风口、散流器的规格、数量及风量的表示方法，如图 16-15 所示。

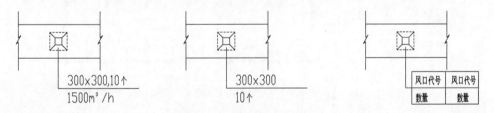

图 16-15 系统代号/编号画法

对于管线及设备型号的文字标注，一般均通过单击"默认"选项卡"注释"面板中的"单行文字"按钮 A 完成。因图纸中字高一般较统一，故在需要标注时，可直接复制某单行文字至标注位置，随后双击文字，进入文字编辑框，再根据标注需要，修改标注的文字内容。

文字标注较常用的命令还有 QLEADER，命令行提示与操作如下。

```
命令: qleader
指定第一个引线点或 [设置(S)]〈设置〉:(指定引线起点)
指定下一点:(指定引线第一个折点)
指定下一点:(指定引线末点)
```

指定文字宽度〈0〉:(文字的宽度)
输入注释文字的第一行〈多行文字(M)〉:(若标注多行文字,则输入 M)

2. 尺寸标注

尺寸标注包括建筑尺寸及设备尺寸等。其中矩形风管的截面尺寸应以"A×B"表示,其中 A 为视图投影的边长尺寸,B 为另一边尺寸。A、B 的单位为毫米。圆形风管的截面尺寸应以直径符号"φ"后跟毫米为单位的数值表示。

标注完成后的图形如图 16-16 所示。

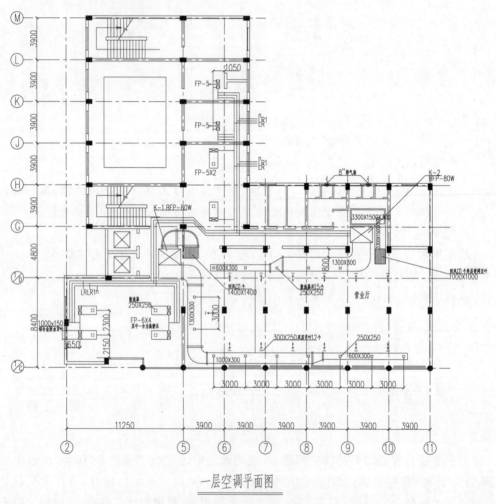

一层空调平面图

图 16-16　一层空调平面图

小技巧:

用户应根据各专业制图需要对标注样式进行调整,也可以从设计中心调用或从模板文件中调用,进行标注样式设置时还应注意标注比例的设置,如图 16-17 所示。

一般在绘制图形时,会根据情况不同而采用不同的比例,这就涉及到标注尺寸值的调整问题。下面举例说明标注线性比例和标注全局比例的区别。

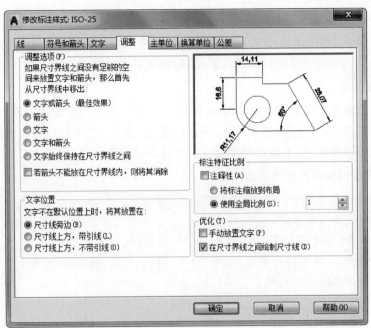

图 16-17　设置标注比例

　　如果图形都按 1：1 比例在 CAD 中绘制,在标注样式中标注比例设置为 1,此时进行尺寸标注,系统给出的默认尺寸值就是实物的实际值。

　　但在比例为 N：1 的情况下,图形进行了缩放,如果按照标注时系统给出的默认尺寸值,会按缩放后的值给出。如果想使得无论图形如何缩放,系统给出的默认尺寸值都按实物实际值标注,就要调整标注特征比例。

16.2　某商业综合楼空调系统图设计实例

16-2

设计思路

　　空调系统图是根据空调系统的平面图和竖向标高,将空调系统的全部管道、设备和部件由投影的方法绘制的 45°轴测图,以表明空调管道、设备、附件在空间的连接及走向、交错、高低等空间关系,而不是平面定位关系,轴测图中应标明空调系统的编号、设备部件的编号、风管的截面尺寸、设备名称及规格型号、风管的标高及材料明细表。空调工程系统图根据介质种类可分为水系统图及通风系统图。

16.2.1　空调系统图概述

1. 室内空调系统图表达的主要内容

　　室内空调系统图即室内空调系统空间布置图,其主要表达了房屋内部空调设备的配置和管道的布置及连接的空间情况。其主要内容包括:图样中应表示出空调系统中空气的输送管道、设备及控制装置等全部附件,并标注设备与附件的型号规格及编号。

2．图例符号及文字符号的应用

建筑空调系统图的绘制涉及很多的设备图例及一些设备的简化表达方法,关于这些图形符号及标注的文字符号的表征意义,后续文字中将顺带介绍。

3．管线位置

空调系统轴测图的布图方向一般与平面图一致,一般采用正面斜等测方法绘制,表达出管线及设备的立体空间位置关系,当管道或管道附件被遮挡,或转弯管道变成直线等局部表达不清晰时,可不按比例绘制。管线标高一般应标注中心标高。

4．建筑室内空调系统图的绘制步骤

建筑室内空调系统图的绘制一般遵循以下步骤:

(1) 绘制或插入图框;

(2) 画风管(单线或双线)及设备附件(风罩、风口、阀门等);

(3) 对管线、设备等进行规格、型号、尺寸(管径、标高、坡度等)标注;

(4) 附加必要的文字说明;

(5) 填写图签。

16.2.2　绘图环境设置

1．图纸与图框

(1) 将图层设置为"图框",线型设置为粗实线,线宽取 $b=0.7\text{mm}$。

(2) 采用 A1 图纸,单击"默认"选项卡"绘图"面板中的"矩形"按钮 □,绘制图框。

(3) 单击"默认"选项卡"修改"面板中的"缩放"按钮 □,对图框进行缩放。本工程建筑平面图的比例为 1：100,空调平面图宜采用与建筑平面图相同的比例,同为 1：100,所以这里将图框放大 100 倍。

2．图层设置

用户可根据工程的性质、规模等合理设置各图层,以达到便于制图的目的。建筑空调系统图可直接使用建筑空调平面图的图层,需要注意的是系统图中不用"建筑"图层,而平面图中则应用到该图层。

本例设置的图层如图 16-18 所示。

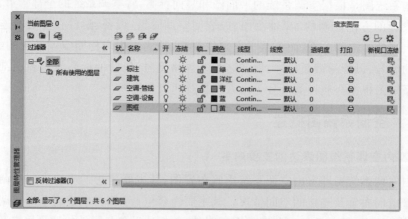

图 16-18　"图层特性管理器"选项板

3. 文字样式

字体采用 CAD 制图中的大字体样式,采用的字体组合为 txt.shx＋hztxt.shx。同一套图纸应尽量保持字体风格统一。

4. 标注样式

此处为统一图纸风格,采用与建筑平面图中相同的标注样式。具体设置方法与前面章节讲述的方法相同,这里不再赘述。

 小技巧:

读者可以根据《暖通空调制图标准》(GB/T 50114—2010)及《房屋建筑制图统一标准》(GB/T 50001—2017)中的制图要求,建立标准的标注样式,特别是对于尺寸线及文字的要求,应注意一些细节,如尺寸线之间的间距值,其短划线的长度,字号的设置等,以及这些设置在 AutoCAD 中的体现。

16.2.3 空调通风系统图绘制

空调工程系统轴测图源于平面图,但不同于平面图,其表达了管道及相关设施布置及其连接的三维空间关系。进行系统轴测图绘制之前必须首先确定好建筑自下而上各层管线及相关设施的平面布置关系,才能准确地在系统轴测图中描绘出其三维空间关系。用户在识读室内空调平面图后,在绘制系统轴测图时,通常根据系统的编号及组织,依风管的走向,从进口至出口、自底层向顶层绘制出风管及其设备附件。空调系统图中各线型、线宽设置及表达要求,可参见《暖通空调制图标准》(GB/T 50114—2010)及前述相关章节,线型及线宽可以在上述的图层设置时一同确定,也可在绘图时局部调整。

1. 插入图框

(1) 将当前图层设置为"图框"。

(2) 插入图框。单击"默认"选项卡"块"面板中的"插入"按钮 ,在下拉菜单中选择"其他图形中的块",打开"块"选项板,如图 16-19 所示,继续单击选项板右上侧的"浏览"按钮 ,选择已创建好的图框图块,单击"打开"按钮,将返回"块"选项板,若单击"分解"项,则块分解为一般对象,而不再是块对象,如图 16-19 所示。

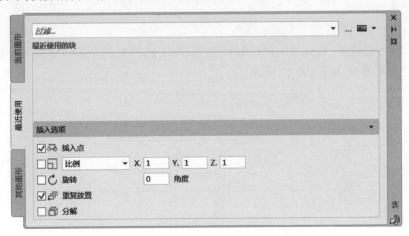

图 16-19 "块"选项板

2．绘制风管

（1）制图标准中，风管可采用双线或单线法绘制。若采用双线法时，则应根据其平面图中的截面尺寸绘制，这样能形象地反映出风管的空间尺度，立体感强，但制图复杂。若采用单线法，则较简洁，可用粗线表示风管，依其平面图的走向及标高表示出其空间布置及走向，但单线法无法表示风管的截面尺寸，截面尺寸需额外标注。采用单线法绘制风管时，可以以风管的中心线来表示风管。

（2）将当前图层设置为"空调-管线"。风管若采用单线法绘制，可以单击"默认"选项卡"绘图"面板中的"直线"按钮 ╱，但因风管线由多段连续线段构成，故也可单击"默认"选项卡"绘图"面板中的"多段线"按钮 ⟍ 绘制。

（3）采用"多段线"绘制时，风管绘制的水平向线段长度取自空调平面图，系统图中45°倾斜线段对应于平面图竖直向线段，其长度取后者在平面图中的一半。一般学习过工程制图的读者都较熟悉轴测图与正视图（平面图）两者尺寸的对应关系。图 16-20 所示即为大厅中的空调系统管线，其由两台变风量空调箱送风，绘制出风道的走向，走向根据风道在平面图的布置来确定。

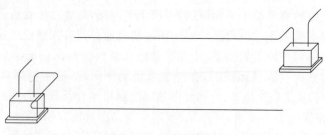

图 16-20　绘制管线

风管弯头处的绘制可通过单击"默认"选项卡"修改"面板中的"圆角"按钮 ⌒ 进行。

3．设备及附件

设备及附件只需绘制其外形轮廓，主要是散流器、风口及阀门的绘制，对于设备一般可由相关标准图例表示。系统图中的图例与平面图中的图例表示是有所区别的，应遵守《暖通空调制图标准》（GB/T 50114—2010）中的有关规定。

绘制步骤如下。

（1）将当前图层设置为"空调-设备"。

（2）将各散流器、风口的图例绘制好后，根据空调平面图中的位置关系，将其复制到风道的指定位置，如图 16-21 所示。

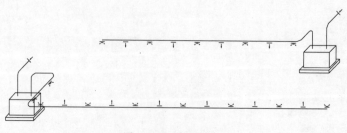

图 16-21　布置设备

当采用单线法表示风道时,若风道截面存在变化,应在其变化处示意出风道变截面,可采用变截面符号将其表示出来,即绘制变截面图例。该风道共有三个变截面处,利用"复制"命令将其布置于设计时确定的指定位置(由平面图确定)。变截面符号宽缘一侧为大截面,窄缘一侧为小截面,如图16-22所示。

图16-22　变截面符号

插入变截面符号的系统图如图16-23所示。

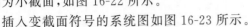

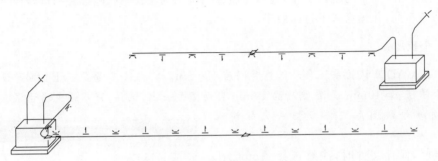

图16-23　布置变截面

4. 标注

系统图中应标注风管的各断面尺寸、主要部位的标高、设备标高、楼地面标高等,同时也应对风管、设备及附件按相关制图要求进行型号的标高及编号说明。关于相关标注的方法及要求,上文中已有介绍,读者也可查阅《暖通空调制图标准》(GB/T 50114—2010)中的相关说明。进行的标注如图16-24所示。

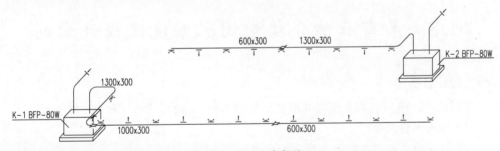

图16-24　文字标注

对于属性相同的标注,用户可以制作为图块,进行图块的属性修改,即可满足不同标注数值的需要,也可直接使用复制命令进行标注,再进行文字编辑修改。

关于标高标注:在不宜标注垂直尺寸的图样中,应标注标高。标高以米(m)为单位,精确到厘米(cm)或毫米(mm)。标高符号以等腰直角三角形表示,当标准层较多时,可只标注与本层楼地面的相对标高。水、汽管道所注标高未说明时,表示管道中心标高,若水、汽管道标注管外底或顶标高时,应在数字前加"底"或"顶"字。矩形风管所标注标高未说明时,表示管底标高;圆形风管所标注标高未说明时,表示管中心标高。平面图中无坡度要求的管道标高可以标注在管道截面尺寸后括号内,如"DN32(2.50)""200×200(3.10)"。必要时,应在标高数字前加"底"或"顶"字样。

由图16-24中的标注可以知道,风管截面1300×300表示风管截面宽为1300mm、高为300mm,在变截面处有变截面符号。风机有两台,标注内容为K-1BFP-80W及

K-2BFP-80W。

5．相关编号

对不同的系统进行相关编号。本章只绘制了空调系统，较简单，因而无须进行编号。对于复杂系统，则需要根据工程性质按相关要求进行系统编号，以便于识读。暖通制图标准中对此亦作了详细说明。

最后，完成图签的填写工作，包括图名、图别、比例、制图等。若需要打印，还可设置好页面或布局，并预览一下打印效果。

小技巧：

AutoCAD默认的系统自动保存时间为120min。将系统变量SAVETIME设成一个较小的值，如10min，则系统每隔10min自动保存一次，这样，可以避免由于误操作或机器故障导致图形文件数据丢失的情况发生。

同时，保存文件时，注意选择AutoCAD的保存版本。对于AutoCAD软件来讲，一般高版本兼容低版本，而低版本则不一定支持高版本，故在保存时，要注意选择CAD文件的保存版本。否则版本不对，可能导致文件无法正常打开。保存格式如图16-25所示。

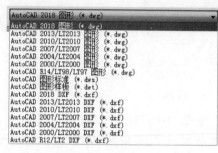

图16-25　保存格式

16.3　某商业综合楼空调水系统图设计实例

设计思路

常用的户式中央空调系统按其输送介质的不同，大致可分为3种：

（1）低速风管系统；

（2）以风冷式冷热水机组为代表的水系统；

（3）以VRV系统为代表的制冷剂系统。

其中，风冷式冷热水机组投资低、技术成熟、系统简单，应用较多。

空调水管系统的轴测图中管线一般以单线法表示，绘制的基本方法与空调风管系统图相似。

16.3.1　空调水系统图概述

1．室内空调系统图表达的主要内容

室内空调水系统图即室内空调水系统平面布置图，其主要表达了房屋内部给水设备的配置和管道的布置及连接的空间情况。图样中应表示出空调系统中空调水的输送管道、设备及控制装置等全部附件，并标注设备与附件的型号规格及编号。

2．图例符号及文字符号的应用

建筑空调水系统图的绘制涉及很多的设备图例及一些设备的简化表达方法，关于这些图形符号及标注的文字符号的表征意义，后续文字中将顺带介绍，读者亦可查阅相关标准。

3．管线位置

空调系统轴测图的布图方向一般与平面图一致，一般采用正面斜等测方法绘制，表达出管线及设备的立体空间位置关系，当管道或管道附件被遮挡，或转弯管道变成直线等局部表达不清晰时，可不按比例绘制。管线标高一般应标注中心标高。

4．建筑室内给水系统图的绘制步骤

建筑室内给水系统图的绘制一般遵循以下步骤：

（1）插入图纸图框；

（2）画管线（单线或双线）及设备附件（风罩、风口、阀门等）；

（3）标注管线、设备等的型号、规格及尺寸（管径、标高、坡度等）；

（4）附加必要的文字说明及系统编号等；

（5）填写图签。

16.3.2 绘图环境设置

1．图纸与图框

采用 A1 图纸，幅面尺寸 $b \times l \times c \times a = 594\text{mm} \times 841\text{mm} \times 10\text{mm} \times 25\text{mm}$。绘制图框时注意比例的运用。一般是采用既有图框，再根据工程规模大小，直接按所需比例，单击"默认"选项卡"修改"面板中的"缩放"按钮进行缩放。

2．图层设置

用户可根据工程的性质、规模等合理设置各图层，以达到便于制图的目的。

3．文字样式

字体采用 CAD 制图中的大字体样式，采用的字体组合为 txt. shx＋hztxt. shx。注意，同一套图纸应尽量保持字体风格统一。

4．标注样式

此处为统一图纸风格，采用与建筑平面图中相同的标注样式。具体设置方法与前面章节讲述的方法相同，这里不再赘述。

16.3.3 空调水系统图绘制

室内空调水系统图应根据空调的平面图绘制，其表达了管道及相关设施布置及其连接的三维空间关系。在绘制系统轴测图之前必须确定好建筑自下而上各层管线及相关设施的平面布置关系，才能准确地在系统轴测图中描绘出其三维空间关系。

1．绘制管线

（1）将当前图层设置为"空调-管线"。

Note

（2）单击"默认"选项卡"绘图"面板中的"多段线"按钮⊃，绘制管线。

绘制管线时，应注意不同的线型表示不同的含义。粗实线表示空调冷水供水管道（LR），粗虚线表示空调回水管道（LR1），细点划线表示空调冷凝水管道（n）。

采用"多段线"命令绘制管线时，也可先利用"直线"命令绘制好管线，随后再利用"多段线"命令进行描点，绘制出管线，最后再清理删除直线，前期的直线只起到辅助线的作用。绘制好管线雏形后，还应根据管线上下的空间位置关系作细部修改，特别是管线相交的地方应注意管线的修剪。

绘制完毕的管线如图 16-26 所示。

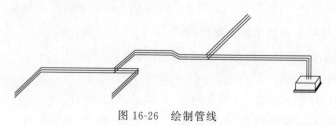

图 16-26　绘制管线

 小技巧：

如果对象线型选择 bylayer，新对象将继承其所在图层的关联线型；如果选择 byblock，将使用 Continous 线型绘制新对象，直到将它们编组为块。无论何时插入块，对象都将继承块的线型。由于 bylayer 是随图层定义线型，故用户在制图前务必定义好图层的各项设置。

2．设备及附件

（1）首先将当前图层设置为"空调-设备"。

（2）这里主要是绘制各风机盘管图例，对风机盘管只绘制出其轮廓线，同时应正确表达各设备与管线的连接关系。单击"默认"选项卡"修改"面板中的"复制"按钮℃，将风机盘管图例布置到相应位置，其位置由平面图确定，如图 16-27 所示。

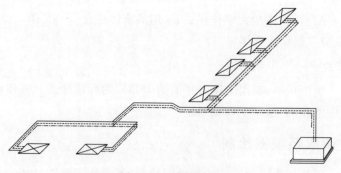

图 16-27　布置设备

对于常用设备的图例，用户可以根据需要将其创建为块，并保存在某图块库中，再次使用时插入图块即可；对于含某特征标注的块，用户可以利用块属性来定义，进行图块插入时，只需输入特征标注值即可。多数的设计单位都有自己的库文件夹，一些专业制图软件都有大量的图块库,方便用户使用,同时用户也可以从联机的设计中心或图块库中直接调用。

3．文字标注及相关必要的说明

首先将当前图层设置为"空调-设备"。

建筑工程图中,一般采用图形符号与文字标注符号相结合的方法进行标注。文字标注包括相关尺寸、线路的文字标注,以及相关的文字特别说明等,都应按相关标准要求,做到文字表达规范、清晰明了。以下给出暖通制图标准中管道等的标注格式。

1)管径标注格式

低压流体输送用焊接管道应标注公称通径或压力。公称通径的标记由字母 DN 后跟一个以毫米表示的数值组成,如 DN15、DN42;公称压力的代号为 PN。

输送流体用的无缝钢管、螺旋缝或直缝焊接钢管、铜管、不锈钢管,当需要注明外径和壁厚时,用"D 外径×壁厚"和"ϕ 外径×壁厚"表示,如 D108×4、ϕ108×4。在不致引起误解时,也可采用公称通径表示。

金属塑料管用 d 表示,如 d10。

2)管径标注方法

水平管道的规格宜标注在管道的上方,竖向管道的规格宜标注在管道的左侧。双线表示的管道,其规格可标注在管道轮廓线内,如图 16-28 所示。

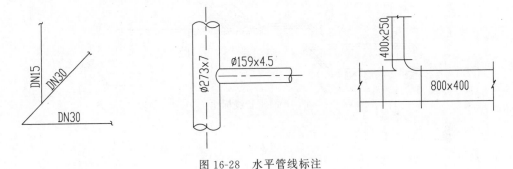

图 16-28　水平管线标注

当斜管道不在图示 30°范围时,其管径(压力)、尺寸应平行标注在管道的斜上方。否则,用引线水平或 90°方向标注,如图 16-29 所示。

多条管线的规格标注方式如图 16-30 所示,管线密集时采用中间图画法,其中短斜线标记可以统一采用实心圆点。

3)标高

标高的标注方法前文已介绍,此处不再细述,读者也可参阅相关制图标准。

文字标注常用的即为单行文字与多行文字,两者各有应用特点。前者适合于少量文字的编辑标注,比较快捷;后者则多应用于设计说明等大量文

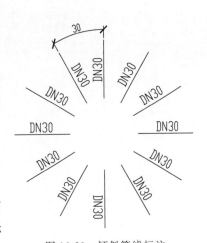

图 16-29　倾斜管线标注

Note

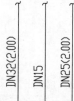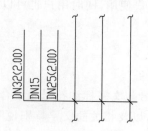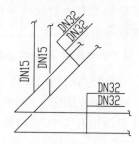

图 16-30　多条管线标注

本的编辑,其具有较强大的文字编辑功能。

标注时只需完成某一项标注,再单击"默认"选项卡"修改"面板中的"复制"按钮，将标注文字复制到需要标注处,并相应修改文字内容,而无须每次都重复"单行或多行文字"命令。修改时只需双击文字,即出现文字编辑符,随后可直接输入新的标注内容,结果如图 16-31 所示。

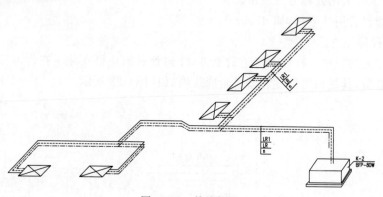

图 16-31　管线标注

第17章

采暖工程

　　本章以某高层钢筋混凝土结构住宅楼的采暖工程设计为背景,重点介绍采暖工程图的 CAD 制图全过程,并将土木工程制图理论与相关暖通专业知识相结合,详细描述工程制图的细节及其流程。同时,本章还为读者准备了许多 CAD 制图的常用小技巧,其对 CAD 制图速度的提高可达到事半功倍的效果,可以阶梯性地帮助读者提高 AutoCAD 的应用能力。读者在熟悉及掌握采暖工程制图知识及 CAD 操作应用技巧的同时,也将对采暖工程设计及 CAD 制图有更深层次的认识。

学 习 要 点

◆ 某住宅楼采暖平面图设计实例
◆ 某住宅楼采暖系统图设计实例

Note

17-1

17-2

17-3

17.1 某住宅楼采暖平面图设计实例

设计思路

室内采暖工程的任务,是将热媒通过室外热力管网及室内热力管网引至建筑内部的各个房间,并通过散热装置将热能释放出来,使室内保持适宜的温度环境,满足人们生产生活的需要。

采暖平面图是室内采暖施工图中的基本图样,其表示室内采暖管网和散热设备的平面布置及相互连接关系情况。视水平主管敷设位置及工程复杂程度的不同,采暖施工图应分楼层绘制或局部详图绘制。

采暖系统属于全水系统,其管网的绘制及表达方法与空调水、给水排水系统类似,尤其是风机盘管系统与采暖水系统较为相近。

17.1.1 采暖平面图概述

1. 采暖平面图表达的主要内容

室内采暖平面图主要表示采暖管道及设备在建筑平面中的布置,体现了采暖设备与建筑之间的平面位置关系,其表达的主要内容如下:

(1)室内采暖管网的布置,包括总管、干管、立管、支管的平面位置及其走向与空间连接关系;

(2)散热器的平面布置、规格、数量及安装方式,及其与管道的连接方式;

(3)采暖辅助设备(膨胀水箱、集气罐、疏水器等)、管道附件(阀门等)、固定支架的平面位置及型号规格;

(4)采暖管网中各管段的管径、坡度、标高等的标注,以及相关管道的编号;

(5)热媒入(出)口及入(出)口地沟(包括过门管沟)的平面位置、走向及尺寸。

2. 图例符号及文字符号的应用

采暖施工图的绘制涉及很多设备图例及一些设备的简化表达方法,如供热管道、回水管道、阀门、散热器等,关于这些图形符号及标注的文字符号的表征意义,后续内容中将顺带介绍。

3. 建筑室内采暖平面图的绘制步骤

建筑室内采暖平面图的绘制一般遵循以下步骤:

(1)插入图框并进行 CAD 基本设置(图层及样式);

(2)画建筑平面图;

(3)标注管道及设备在建筑平面图中的位置;

(4)标注散热器及附属设备在建筑平面图中的位置;

(5)进行标注(设备规格、管径、标高、管道编号等);

(6)附加必要的文字说明(设计说明及附注)。

17.1.2 绘图环境设置

1. 图纸与图框

采用 A1 图纸,幅面尺寸 $b \times l \times c \times a = 594\text{mm} \times 841\text{mm} \times 10\text{mm} \times 25\text{mm}$。绘制图框时注意比例的运用。一般是采用既有图框,再根据工程规模大小,直接按所需比例使用"缩放"命令回进行缩放。

2. 图层设置

用户可根据工程的性质、规模等合理设置各图层,以达到便于制图的目的。本例设置的图层如图 17-1 所示。

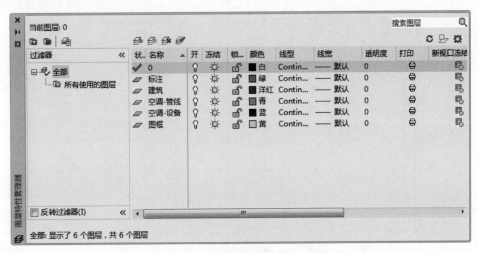

图 17-1 "图层特性管理器"选项板

3. 文字样式

字体采用 CAD 制图中的大字体样式,采用的字体组合为 txt.shx + hztxt.shx。同一套图纸应尽量保持字体风格统一。

4. 标注样式

此处为统一图纸风格,采用与建筑平面图中相同的标注样式。具体设置方法与前面章节讲述的方法相同,这里不再赘述。

17.1.3 建筑平面图绘制

室内采暖平面图表达了热力管道与散热设备的连接关系,及其与建筑的平面位置关系,用户在绘制采暖平面图时,应根据房屋平面图先后绘制管网及设备,并对相关设备进行标注说明。采暖平面图中各线型、线宽设置及表达要求,可参见《暖通空调制图标准》(GB/T 50114—2010),及前述相关章节,线型及线宽可以在上述的图层设置时一同确定,也可在绘图时局部调整,适当绘制详图。

一般可由建筑专业提供建筑平面 CAD 图,采暖工程图以建筑平面图为基本图样进行绘制。下面简述建筑专业图的绘制方法。

建筑空调工程中的建筑图,主要是指建筑平面图的轮廓线,只要求用细实线把建筑物与供暖有关的墙、柱、门窗、楼梯等部分绘出即可。

绘制步骤如下。

(1)将当前图层设置为"建筑"绘制定位轴线、轴号。

(2)单击"默认"选项卡"绘图"面板中的"直线"按钮╱,绘制两条轴线,分别为水平向及竖直向,长度分别为 25000mm 和 15000mm,绘制时使用"正交"状态按钮 ┗ 。

(3)单击"默认"选项卡"修改"面板中的"偏移"按钮 ⊂,偏移轴线,具体尺寸如图 17-2 所示。

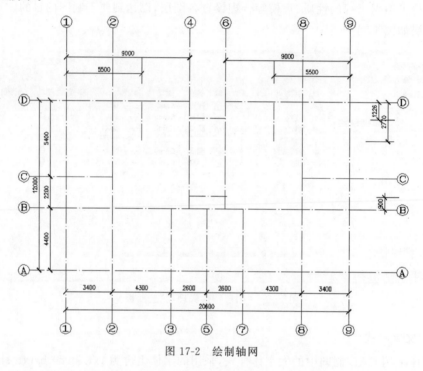

图 17-2   绘制轴网

(4)单击"默认"选项卡"修改"面板中的"修剪"按钮 ┣,修剪轴线。

(5)单击"默认"选项卡"绘图"面板中的"圆"按钮 ⊙,绘制轴号圆圈。轴号的圆圈在图纸上应为 8mm 直径的圆,此处的制图比例为 1∶100,故其直径应为 8mm×100＝800mm。

(6)单击"默认"选项卡"注释"面板中的"单行文字"按钮 A,将轴线编号,插入圆圈中。

(7)单击"默认"选项卡"修改"面板中的"复制"按钮 ♋,复制刚绘制的圆圈和轴线编号到轴网各个端点,并修改各轴线的轴号数字或字母值。修改时双击文字,出现闪烁的文字编辑符即进入编辑状态,横向为阿拉伯数字,依次为 1、2、3、…,竖向为英文字母 A、B、C、…。结果如图 17-2 所示。

(8)图层仍保持为"建筑"。若深化图层时,可将墙线单独绘制于某图层内。

(9)选择菜单栏中的"绘图"→"多线"命令,绘制墙线,承重墙厚为 200mm,非承重墙厚 120mm。绘制时,要注意对正方式,特别是对于墙线中心线与轴线不重合的情况

（即存在偏心）。同时可适当绘制一些辅助线来用于多线的端点定位，绘制完成后将其及时清理即可。

（10）编辑多线。利用多线编辑命令（mledit）及"分解""修剪"等命令对墙线相交处及门窗开洞等处进行细部修改。

（11）布置混凝土柱。单击"默认"选项卡"绘图"面板中的"矩形"按钮▭和"圆"按钮⊙，绘制方柱和圆柱的截面。对柱子根据制图标准要求应进行涂黑处理，单击"默认"选项卡"绘图"面板中的"图案填充"按钮▨，进行填充。具体尺寸和位置如图 17-3 所示。

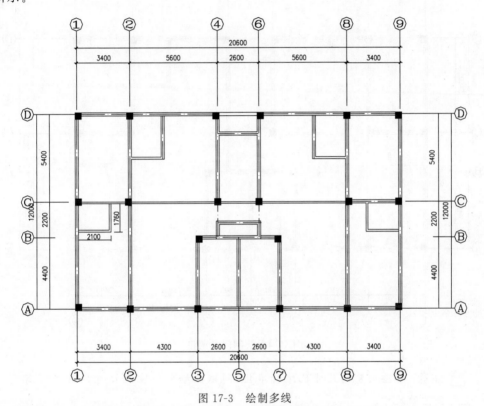

图 17-3　绘制多线

 小技巧：

空格键的灵活运用：默认情况下，按空格键表示重复 AutoCAD 的上一个命令，故用户在连续采用同一个命令操作时，只需连续按空格键即可，而无须费时费力地输入同一个命令。

（12）细部修改。将当前图层设置为"建筑"，设置好颜色，线宽＝0.25b，取0.15mm。此处主要是建筑细部修改，如门窗洞口、楼梯及室内一些家具布置等。

墙线（多线）的编辑应使用"对象"修改，多线的编辑不支持普通线条的修改，若需使用常规的修改命令，则必须先将其分解，转化为普通线段才可以进行修剪、打断等编辑操作。另外，一些图块，如办公桌、椅子、门窗等图例或块，可以从 CAD 设计中心中调用，也可以自行创建类似的库以便块的插入调用。

由于是做细部修改,故用户在制图时最好绘制一些辅助线来进行定位找点,特别是对于门、窗、阳台等。除了位置已经固定的门窗洞口外,其他门窗洞口尺寸和位置适当取值。这里取阳台门洞口宽度为 1500mm,取卫生间门洞口宽度为 750mm,取卫生间窗户洞口宽度为 900mm,取其他窗户洞口宽度为 900mm。如图 17-4 所示为绘制的洞口。

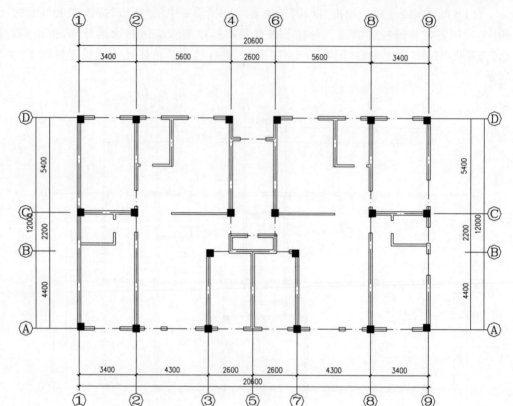

图 17-4 绘制门窗洞口

 注意:有些门窗的尺寸已经标准化,所以在绘制门窗洞口时应该查阅有关标准,选定合适的尺寸。

小技巧:

通常,在使用修剪命令选择修剪对象时是逐个单击选择的,但这样效率不高。要比较快地实现修剪的过程,可以这样操作:执行修剪命令 TR 或 TRIM,当命令行提示"选择修剪对象"时,不选择对象,而是按 Enter 键或按空格键,则系统默认选择全部对象!这样做可以很快完成修剪过程,没用过的读者不妨一试。

(13)绘制门窗、楼梯、阳台、窗台、卫浴设备等基本建筑单元。这里取厨房阳台外延 1500mm,客厅阳台外延 1000mm,窗台外延 450mm,绘制的建筑平面图如图 17-5 所示。

 小技巧:

可以将各种基本建筑单元制作成图块,然后插入当前图形,这样可以提高绘图效

Note

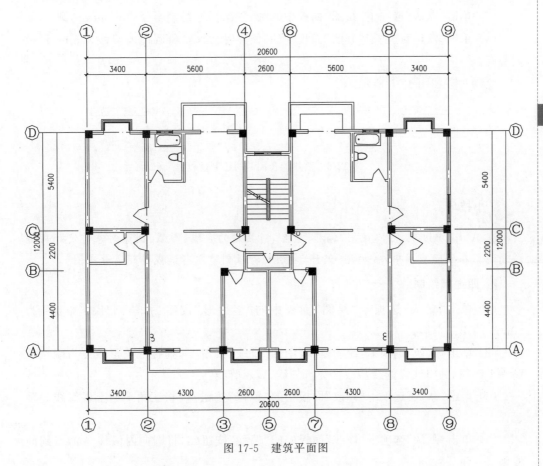

图 17-5　建筑平面图

率,同时加强绘图的规范性和准确性。

17.1.4　采暖设备绘制

在建筑平面图的相应位置绘制相关采暖设备,因散热器、阀门等构配件尺寸较小,当采用较小比例绘制时,很难把各种设备表达清楚,故一般用图形符号及图例来表示各种管线及设备。《房屋建筑制图统一标准》(GB/T 50001—2017)、《暖通空调制图标准》(GB/T 50114—2010)中规定了管道、设备等的标准图例,读者可查阅相关标准,在进行工程制图时熟练识读及应用。

采暖工程制图的设计说明、图例中应画出各图例符号并注明其具体表达含义。此处选取一些常用的图例符号,对其绘制过程作简要介绍。

1. 散热器及控制阀图例绘制

(1) 单击"默认"选项卡"绘图"面板中的"矩形"按钮□,绘制 900mm×120mm 的矩形。

(2) 单击"默认"选项卡"绘图"面板中的"直线"按钮╱,捕捉矩形左边中点为端点向左绘制水平线段,并将线段的线型改变为点划线,表示管线。

（3）单击"默认"选项卡"绘图"面板中的"圆"按钮⊙，绘制半径为60mm的圆。

（4）单击"默认"选项卡"修改"面板中的"偏移"按钮⊂，将圆向内偏移30mm，形成同心圆。

绘制过程如图17-6所示。

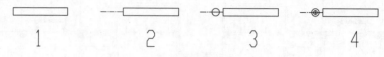

图 17-6　散热器及控制阀绘制过程

小技巧：

在AutoCAD中，可以使用"偏移"命令，对指定的直线、圆弧、圆等对象作定距离偏移复制。在实际应用中，常利用"偏移"命令的特性创建平行线或等距离分布图。

2．四通阀绘制

（1）单击"默认"选项卡"绘图"面板中的"多边形"按钮⬠，绘制外接圆半径为60mm的正三角形。

（2）单击"默认"选项卡"绘图"面板中的"直线"按钮／，捕捉三角形顶点为端点绘制水平线段，并将线段的线型改变为点划线，表示管线。

（3）单击"默认"选项卡"修改"面板中的"镜像"按钮⚠，将三角形向上以管线为轴镜像。

（4）单击"默认"选项卡"修改"面板中的"偏移"按钮⊂，将圆向内偏移300，得到同心圆。

（5）单击"默认"选项卡"修改"面板中的"旋转"按钮↻，将镜像的两三角形绕交点复制旋转90°。

（6）单击"默认"选项卡"绘图"面板中的"多点"按钮⋰，在三角形交点绘制一点。

（7）单击"默认"选项卡"绘图"面板中的"直线"按钮／，绘制一条过交点的竖直线段作为管线。

绘制过程如图17-7所示。

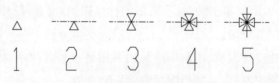

图 17-7　四通阀绘制过程

小技巧：

AutoCAD具有强大的夹点编辑功能，该功能集成了复制、旋转、镜像、拉伸、拉长、缩放等多种编辑操作。具体操作方法如下。

直接选中要编辑的对象，这些对象显示蓝色的编辑夹点，在其中一个夹点上再次单

击,选中此夹点,如图 17-8 所示。这时命令行提示进入某种编辑模式,可以按空格键来选择需要的编辑模式。如命令行提示:

图 17-8　夹点编辑

```
** 旋转 **
指定旋转角度或 [基点(B)/复制(C)/放弃(U)/参照(R)/退出(X)]:(表示当前的编辑模式是旋转
编辑,按空格键切换到下一种编辑模式)
** 比例缩放 **
指定比例因子或 [基点(B)/复制(C)/放弃(U)/参照(R)/退出(X)]:（再次按空格键切换到下一
种编辑模式)
** 镜像 **
指定第二点或 [基点(B)/复制(C)/放弃(U)/退出(X)]:(在镜像模式下对对象进行镜像编辑)
```

3. 自动排气阀图例绘制

(1) 单击"默认"选项卡"绘图"面板中的"矩形"按钮□,绘制 60mm×90mm 的矩形。

(2) 单击"默认"选项卡"绘图"面板中的"圆弧"按钮⌒,以矩形下边两顶点为端点绘制向下凸的半圆弧。

小技巧:

绘制圆弧时,应注意指定合适的端点或圆心,指定端点的时针方向也即为绘制圆弧的方向。比如,要绘制下半圆弧,则起始端点应在左侧,终端点应在右侧,此时端点的时针方向为逆时针,则得到相应的逆时针圆弧。

(3) 单击"默认"选项卡"修改"面板中的"修剪"按钮,将矩形下边修剪掉。

(4) 单击"默认"选项卡"绘图"面板中的"直线"按钮/,在图形正中位置绘制两条竖直线段,线段的起始端点分别为矩形的上边中点和圆弧顶点。

绘制过程如图 17-9 所示。

图 17-9　自动排气阀绘制过程

单击"默认"选项卡"修改"面板中的"复制"按钮或"块"面板中的"插入"按钮等,按采暖工程的设计布置的需要,将绘制好的图例一一对应复制到相应位置(平面位置关系可通过辅助线的方式来确定),注意复制时选择合适的"基点"(即以基点作为选中图样的插入点)。当工程对称布置时,还可单击"默认"选项卡"修改"面板中的"镜像"按钮,以提高制图速度。

删除图元有三种方法:

（1）ERASE：这是 AutoCAD 修改工具栏提供的"删除"快捷命令；

（2）Del 键：位于键盘上的 Del 键，其删除方法同 ERASE；

（3）Ctrl+X：这是 Windows 通用的快捷命令，可以直接将图元剪切删除。

17.1.5 采暖设备布置

1. 绘制热水给水管线

（1）将当前图层设置为"采暖-管线"。当图层深化时，可将给水管线与回水管线各定义相应的图层。

（2）绘制管线前应注意其安装走向及方式，一般可顺时针绘制，以立管（或入口）作为起始点。绘制热水给水管线粗实线，采用单线法。

管线绘制如图 17-10 所示。

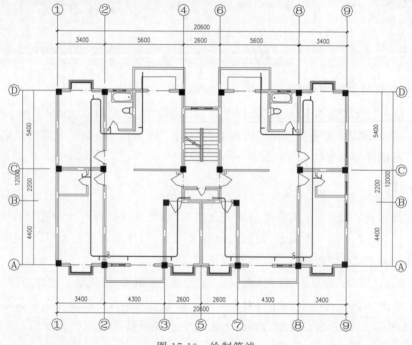

图 17-10　绘制管线

2. 布置散热器

按上述设备图例绘制方法，将散热器图例通过"复制"或"插入块"的方式布置到指定位置。其位置可利用辅助线的方式来确定，以便于"复制"时图元插入点的指定，再将其与供水管线相连，表示方法如图 17-11 所示。

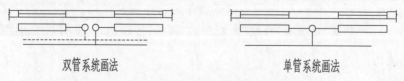

双管系统画法　　　　　　　　　　　单管系统画法

图 17-11　散热器系统画法

工程中也有采用不用供回水干管的设计，直接用立管将散热器连接起来。散热器布置如图 17-12 所示。

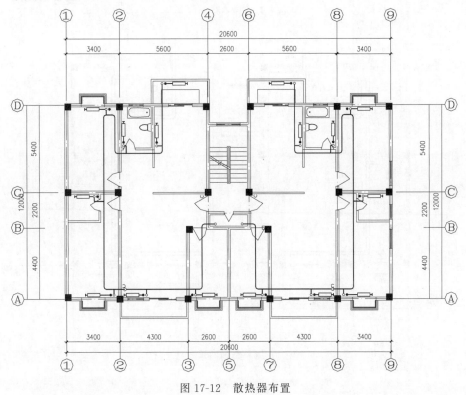

图 17-12　散热器布置

3．绘制热水回水管线

（1）当前图层仍保持为"采暖-管线"（图层深化时供水、回水管线各自建立图层）。

（2）本例为双管采暖系统，故通过热水回水管线将散热器串联起来，形成采暖系统。双管热水采暖系统中的每组散热器可以组成一个独立的循环管线，各组散热器可以独立调节热水流量，因此使用及维修方便。

（3）热水回水管线为粗虚线。管线的绘制仍然同前述，一般采用直线或多段线命令，绘制时需要捕捉端点，同时适当绘制一些辅助线，如图 17-13 所示。

17.1.6　图纸完善

1．文字标注及相关必要的说明

建筑采暖工程图，一般采用图形符号与文字标注符号相结合的方法来完成。文字标注包括相关尺寸、线路的文字标注，以及相关的文字特别说明等，都应按相关标准要求，做到文字表达规范、清晰明了。

1）管道代号

管道具有不同功能，空调工程图中以不同字母代号标注，来表达其相应功能，如图 17-14 所示。

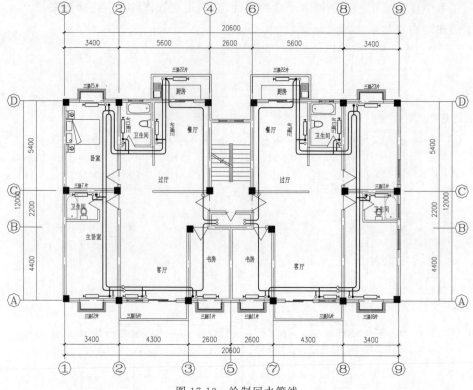

图 17-13　绘制回水管线

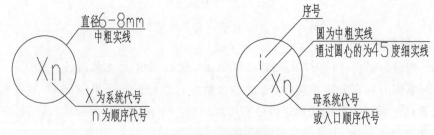

图 17-14　管道代号

2）立管编号

立管编号宜标注在总管处。竖向布置的垂直管道系统应标注立管号,在不致引起误解时,可只标注序号,但应与建筑轴线编号有明显区别,如图 17-15 所示。采暖热水供回水管编号方法为:对于立管,直接采用阿拉伯数字进行编号。入口号采用系统编号。旧的标准中采用 Ln 作为立管编号,采用 Rn 作为采暖入口编号。

图 17-15　立管编号

3）管径标注

供回水管道的管径尺寸以毫米（mm）为单位。管径尺寸标注位置根据以下几点确定。

（1）管径尺寸应注在变径处。

（2）水平管道管径尺寸应标注在管道上方；斜管道管径尺寸应标注在管道的斜上方，并与管道平行；竖管的管径尺寸应标注在管道左侧。

（3）当管道复杂密集时，可使用引线，引出标注或在附注中加以说明。

相关内容如前述，此处不作赘述。

4）标高与坡度

管道应标注管道中心的高程，位于管段的始端或末端。散热器宜标注底面标高，同一楼层或同一高程的散热器可只标注右端一组。管道坡度采用单边箭头表示，箭头指向下坡方向，坡度数值注写在箭头上方。更多相关说明前面章节已介绍，此处不再细述，读者也可参阅相关制图标准。

5）散热器的规格及数量标注

散热器在平面图上以标准矩形图例表示，并不具有尺寸意义，各种形式散热器的规格和数量按以下规定标注（如图17-16所示）：

（1）圆翼型散热器规格采用"根数×排数"；

（2）光管散热器规格采用"管径×长度×排数"；

（3）串片式散热器规格采用"长度×排数"；

（4）柱式散热器规格只标注数量。

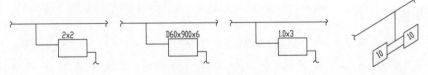

图17-16　散热器标注

标注方法：单击"默认"选项卡"注释"面板中的"单行文字"按钮 A，进行文字标注，单击"默认"选项卡"修改"面板中的"复制"按钮，将标注文字框复制到需要标注的设备，并编辑修改标注内容。

 小技巧：

对于此类编号，与轴号相类似，用户可以试着建立图块，利用块属性来修改标注的属性值，再利用插入块命令来进行调用。诸多专业制图软件亦常有类似的图块插入命令，使用较便捷。

2. 尺寸标注

矩形风管的截面尺寸应以"A×B"表示，其中 A 为视图投影的边长尺寸，B 为另一边尺寸。A、B 的单位为毫米。圆形风管的截面尺寸应以直径符号"ϕ"后跟以毫米为单位的数值表示。截面尺寸为文字标注，故一般采用"单行文字"操作进行标注。

标注完成后，最终结果如图17-17所示。

Note

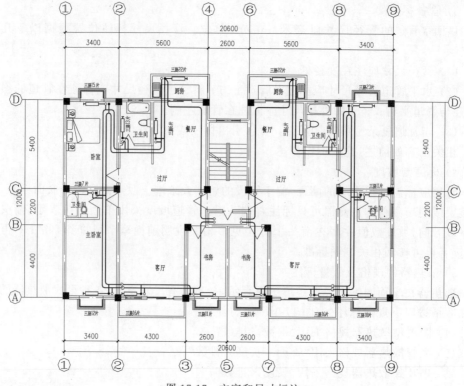

图 17-17　文字和尺寸标注

小技巧：

对于复杂表格，用户可以通过超链接的方式，将 Excel 或 Access 表格导入至 CAD 图纸中，其缺点是无法在 Excel 中添加编辑图例符号，只能完成文字部分的表单处理。

17-4

17.2　某住宅楼采暖系统图设计实例

设计思路

采暖系统轴测图，可以清晰地表示出室内采暖管网和各设备之间的连接关系及空间位置关系。

17.2.1　采暖系统图概述

1. 采暖系统图表达的主要内容

（1）室内采暖管网的空间布置，包括总管、干管、立管及支管的空间位置和走向，以及其规格；

（2）散热器的空间布置和规格、数量，以及与管道的连接方式；

（3）采暖辅助设备（膨胀水箱、集气罐等）、管道附件（如阀门）在管道上的位置及与管道的连接方式；

(4) 各管段的管径、坡度、标高等，以及立管的编号。

2．建筑室内采暖系统图的绘制步骤

(1) 插入图框，设置好比例；

(2) 根据管道在平面图中的位置，绘制管道轴测图；

(3) 根据散热器及其他附属设备(配件)在平面图中的位置，绘制其立面尺寸；

(4) 绘制相关图例；

(5) 进行标注(立管编号、管径、坡度、标高及设备规格等)。

17.2.2　绘图环境设置

1．图纸与图框

采用 A1 图纸，幅面尺寸 $b \times l \times c \times a = 594\text{mm} \times 841\text{mm} \times 10\text{mm} \times 25\text{mm}$。绘制图框时注意比例的运用。一般采用既有图框，再根据工程规模大小，直接按所需比例采用"缩放"命令进行缩放。

2．图层设置

用户可根据工程的性质、规模等合理设置各图层，以达到便于制图的目的。

3．文字样式

字体采用 CAD 制图中的大字体样式，采用的字体组合为 txt. shx＋hztxt. shx。对于同一套图纸应尽量保持字体风格统一。

4．标注样式

此处为统一图纸风格，采用与建筑平面图中相同的标注样式。具体设置方法与前面章节讲述的方法相同，这里不再赘述。

17.2.3　室内采暖系统图绘制

采暖工程系统轴测图不同于平面图，其表达了采暖设备、管道及相关设施布置及其连接的三维空间关系。在绘制系统轴测图之前必须首先确定好建筑自下而上各层管线及相关设施的平面布置关系，才能准确地在系统轴测图中描绘出其三维空间关系。用户在识读室内采暖平面图后，在绘制采暖系统轴测图时，通常将建筑的南侧作为前面，将建筑的北侧作为后面，将建筑的西侧作为右面，将建筑的东侧作为左面。系统图中各线型、线宽设置及表达要求，可参见《建筑给水排水制图标准》(GB/T 50106—2010)及前述相关章节，线型及线宽可以在上述的图层设置时一同确定，也可在绘图时局部调整。

轴测图绘制可遵循如下的空间顺序：由平面图的左端立管为起点，由地下到地面至屋顶，按顺时针方向，由左及右按立管编号依次顺序排列绘制。由本章的采暖工程平面图可知，采暖系统共设有排水立管、给水立管，绘制时，由左及右，应从第一根立管入口开始绘制。

1．插入图框

(1) 将当前图层设置为"图框"。

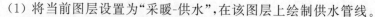

Note

（2）单击"默认"选项卡"块"面板中的"插入"按钮🔲，将所绘制的图框插入到当前图形中。

2. 绘制采暖热水供水管线

（1）将当前图层设置为"采暖-供水"，在该图层上绘制供水管线。

（2）对建筑外墙及地坪线只需绘制其轮廓线，采用线型为"细实线"，线宽为0.25b。外墙的相关尺寸，如标高等，可由平面图确定。

（3）单击"默认"选项卡"绘图"面板中的"直线"按钮／或"多段线"按钮🔲，绘制直线。绘制时注意系统图中管线长度与平面图中的管线长度的对应关系，也可根据需要首先绘制一些辅助线进行定位找点，绘制完成后将其删除即可，如图17-18所示。

（4）在绘制正面斜等测轴测图时，其倾斜角为45°，CAD制图时，可按下状态栏的"极轴"按钮，进行45°追踪捕捉（绘制界面中将出现45°的虚线捕捉）。

3. 绘制采暖热水回水管线

（1）当前图层仍为"采暖-管线"，也可将管线图层进行深化分类。

（2）单击"默认"选项卡"绘图"面板中的"直线"按钮／或"多段线"按钮🔲，绘制直线。考虑本采暖系统的设计情况，可单击"默认"选项卡"修改"面板中的"偏移"按钮⊑，偏移供水管线，再修改偏移得到的供水管线的图层设置或线型等，也可使用"格式刷"命令来完成样式的修改。绘制完成的图形如图17-19所示。

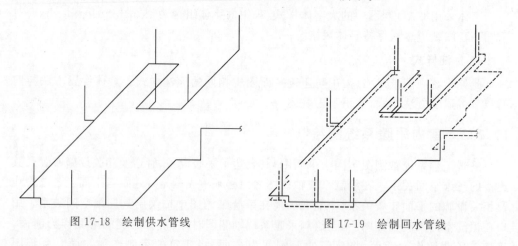

图17-18 绘制供水管线　　　　图17-19 绘制回水管线

 小技巧：

特性匹配功能：

使用"特性匹配"（matchprop）功能，可以将一个对象的某些或所有特性复制到其他对象。其菜单执行路径为："修改"→"特性匹配"。

可以复制的特性类型包括（但不仅限于）颜色、图层、线型、线型比例、线宽、打印样式和三维厚度。

4. 布置设备

AutoCAD设计中心的PIPE项提供了一些管道常用的块，选中某个块，可以进行调用,如图 17-20 所示。

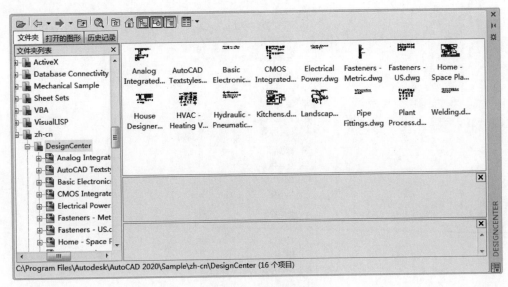

图 17-20　调用图块

　　读者可以根据需要创建一些图块,也可以选择设计中心中的相关图块,采用"复制"命令 或"插入块"命令 将相应的设备与管线相连接,如图 17-21 所示。

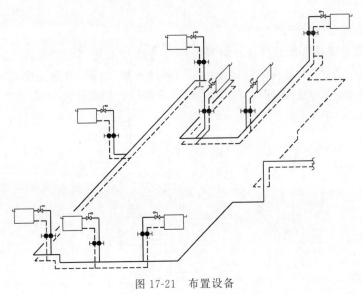

图 17-21　布置设备

 小技巧:

　　绘图时,可以使用新的对象捕捉修饰符来查找任意两点之间的中点。例如,在绘制直线时,可以按住 Shift 键并右击来显示"对象捕捉"快捷菜单,如图 17-22 所示。选择"两点之间的中点"命令之后,应在图形中指定两点。该直线将以这两点之间的中点为起点。

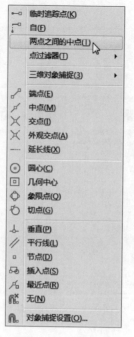

图 17-22　捕捉中点

5. 管线标注

（1）当前图层仍然保持为"标注"。

（2）这里主要是管径的标注。管径的标注方法如前述，单击"默认"选项卡"注释"面板中的"多行文字"按钮 **A** 进行标注。相同标注采用"复制"命令完成即可，其他标注内容，可选择复制文字框再进行文字内容的编辑修改。相关标注如图 17-23 所示。

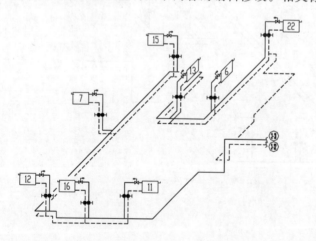

A 楼三层住宅采暖系统图

注　1.住宅采用聚乙烯管理地敷设,管径均为De30.
　　2.散热器的立支管采用镀锌钢管,管径均为DN25.

图 17-23　管线标注

通过镜像命令完成全楼层的采暖系统布置,完成后的图纸如图 17-24 所示。

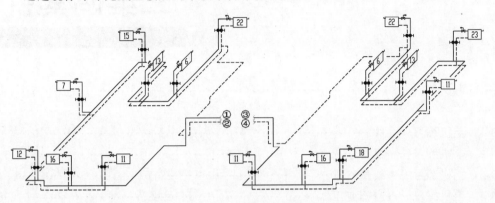

A 楼三层住宅采暖系统图

注 1.住宅采用聚乙烯管埋地敷设,管径均为De30.
2.散热器的立支管采用镀锌钢管,管径均为DN25.

图 17-24 采暖系统图

二维码索引

Note

参考文献

[1] 杨光臣. 建筑电气工程图识读与绘制[M]. 2版. 北京：中国建筑工业出版社，2005.

[2] 刘宝林. 建筑电气设计图集1[M]. 北京：中国建筑工业出版社，2002.

[3] 于国清. 建筑设备工程CAD制图与识图[M]. 北京：机械工业出版社，2005.

[4] 王子茹. 房屋建筑设备识图[M]. 北京：中国建材工业出版社，2001.

[5] 吴成东. 怎样阅读建筑电气工程图[M]. 北京：中国建材工业出版社，2001.

[6] 孙成群. 建筑工程设计编制深度实例范本——建筑电气[M]. 北京：中国建筑工业出版社，2004.

[7] 谭伟建. 建筑设备工程图识图与绘制吴成东. 怎样阅读建筑电气工程图[M]. 北京：机械工业出版社，2004.

[8] 图集编绘组. 建筑设备设计施工图集（上，下）[M]. 北京：中国建材工业出版社，2000.

[9] 王子茹. 房屋建筑设备识图[M]. 北京：中国建材工业出版社，2001.